"十四五"职业教育国家规划教材·修订版

成本核算与管理

（第 2 版）

主　编　崔红敏　方　岚
副主编　王久霞　岳　颖　翟昊钰
主　审　高　焕

北京理工大学出版社
BEIJING INSTITUTE OF TECHNOLOGY PRESS

内 容 简 介

本书以财政部新颁布的《企业会计准则》及其应用指南为依据，围绕会计工作任务选择课程内容，按照"理论和实践同步，教学做一体化"的教学模式进行编写的。

本书以企业成本会计工作为主线，强调实用性和针对性，注重提高学习者的操作能力。每个教学项目都提出了具体的知识目标、能力目标和品德素养目标，均有案例导入，在项目中设计了"提示""知识拓展""问题与思考""德育导行"特色段落，有的项目中还设有"阅读资料""知识归纳"等内容。每个项目后均附有项目练习，为该项目的教学和自学提供了方便。

本书配有《成本核算与管理项目训练》，主要包括分项目训练、综合训练、虚拟仿真综合实训。

本书可作为高职高专院校会计和相关专业项目化教学教材，也可作为会计相关从业人员工作的参考用书。

图书在版编目（CIP）数据

成本核算与管理／崔红敏，方岚主编 . --2 版 .
北京：北京理工大学出版社，2025.1.
ISBN 978-7-5763-4815-6

Ⅰ. F231.2；F275.3

中国国家版本馆 CIP 数据核字第 2025U71P37 号

责任编辑：吴 欣　　　**文案编辑**：吴 欣
责任校对：周瑞红　　　**责任印制**：施胜娟

出版发行／北京理工大学出版社有限责任公司
社　　址／北京市丰台区四合庄路 6 号
邮　　编／100070
电　　话／（010）68914026（教材售后服务热线）
　　　　　　（010）63726648（课件资源服务热线）
网　　址／http://www.bitpress.com.cn

版 印 次／2025 年 1 月第 2 版第 1 次印刷
印　　刷／三河市天利华印刷装订有限公司
开　　本／787 mm×1092 mm　1/16
印　　张／22.25
字　　数／520 千字
定　　价／56.00 元

前　言

党的二十大提出，高质量发展是全面建设社会主义现代化国家的首要任务，要坚持把发展经济的着力点放在实体经济上，推进新型工业化。成本核算与管理是推动企业精细化管理，提升运营能力和市场竞争力的重要工作也是企业财会人员必备专业技能之一。本教材贯彻落实立德树人根本任务，顺应数字经济转型发展需求，精准定位职业教育高质量技术技能人才培养目标，尊重高职学生的学习特点和规律。现根据《企业会计准则》的最新要求，紧跟管理会计转型步伐，着重培养数智时代学生的成本数据分析能力和降本增效决策能力，分阶段提高学生成本核算与管理的实践操作能力，在对现有教材兼收并蓄的基础上编写了本教材。

教材编写具备如下特点：

1. 体系完整，突出实用

本教材遵循"岗课赛证融通"理念，依据成本核算管理岗位职责，结合技能大赛考点和 X 证书技能要求，精心组织了较为丰富、全面的教学内容。以职业能力培养为重点，打破以往以知识传授为主要特征的传统学科课程模式，与行业企业合作进行基于工作过程的课程开发和设计。紧紧围绕"工作过程中的核心任务要素"来选择和组织课程的教学内容，按照"算为管用、管算结合"的理念逻辑，将核心教学内容重构为"核算要素费用—分配生产费用—计算产品成本—管理控制成本—行业拓展应用"，内容设置由易到难、由单项到复合，符合实际业务流程。

2. 结构合理，便于学习

本教材以任务为驱动，以项目为导向，结合成本会计核算与管理岗位的能力要求合理设计教材结构。每个项目有知识目标、能力目标、素质目标，配有知识图谱，每个任务按照"课前导引—知识导学—技能导练—课后导思—德育导行"五导教学模式，并配有微课等学习资料，结合案例资料、提示、问题与思考、知识拓展、项目小结及赛证链接等内容，全方位满足线上线下教学要求，同时培养学生自主学习能力。

3. 育训结合，理实一体

本教材按成本会计核算与管理任务要求，在每个项目后设计了项目训练、实务训练等内容，并配有《成本核算与管理项目训练》，既有项目训练、又有综合训练，本次修订特别增加了"真实企业降本增效虚拟仿真综合实训"，实训平台免费向学者开放，突出做中学、做中教，强化教育教学实践性和职业性相统一，增强学生对所学知识的认知和应用，做到知行合一。

4. 教材立体，在线学习

本教材注重书网互动，配有电子教材、在线课程，真实企业虚拟仿真实训项目，四位一体，为新形态一体化教材的典型代表。在线课程为河北省会计教学资源库重点打造课程，每学期在智慧职教慕课平台如期开课，教材中每一任务也配有视频课程，学生可通过扫描二维码进行在线学习。以此方式学习不再是枯燥的文字，而是通过互联网媒介拉近了学生与老师的距离，使教学不再局限于课堂。

5. 德育素养，潜心培育

本教材坚持德技双修，以立德、树人、培才、育匠为培养目标，重视学生正确思想品德和良好职业素质的培养。因此，我们在教材中分章节确定了有梯度的品德素养目标，并通过加入"德育导行""我对成本有话说"系列微课，以名言、案例等方式在讲授专业知识的同时给学生以更深层次的启发和引导。结合最新教育教学理念，我们致力于培养德、智、体、美全面发展的优秀人才，以满足社会对高素质技术技能人才的需求，促进学生综合素质提升。

本教材既可作为高职高专财会类专业教学用书，也可作为会计相关从业人员工作的参考用书。本书由唐山职业技术学院崔红敏、方岚担任主编，负责对全书进行修改总纂；王久霞、岳颖、翟昊钰担任副主编；李迎军（唐山盾石房地产开发有限公司财务总监、高级会计师、全国会计领军人才）参编；高焕（河北恒达会计服务有限公司总经理）担任主审。具体分工如下：崔红敏、李迎军编写项目1，方岚编写项目2、项目3，王久霞负责项目4，翟昊钰编写项目5，岳颖编写项目6及项目实训。王海燕、王亚楠老师参与了虚拟仿真实训项目的开发与编写。

由于我们学识水平有限，教材中难免有错误、疏漏之处，真诚希望广大读者在使用中提出宝贵意见，以便我们今后改进。

编 者

目　录

项目 1　熟悉成本知识

本项目知识图谱

知识目标

◇ 了解成本信息的作用、成本会计工作的组织形式。
◇ 理解会计职业道德。
◇ 掌握产品成本核算要求与基本流程，理解成本管理职能。
◇ 掌握支出、费用、成本的划分界限。

能力目标

◇ 能确认成本会计岗位承担的职责。
◇ 能正确划分支出、费用、成本项目。
◇ 能区分生产企业费用要素内容以及产品成本构成项目。
◇ 能运用成本核算的基本账户解决实际问题。

素质目标

树立正确的世界观、人生观和价值观，提升和优化自身职业素养，培养良好的品德，构建兼顾社会和个人双重意义的会计职业理想。

【任务导入】

张丹和林琳大学毕业以后，合伙开办了新华断桥铝门窗厂，专门生产断桥铝制品。根据需要，他们选定厂址后，购置了高频组框机等一批新型的生产设备，招聘了 30 多名技术工人和管理人员。该企业设有一个基本生产车间和供应、组装两个辅助生产车间。现在这个企业准备聘请一名成本会计，承担企业生产成本核算与管理工作。假如你被聘任，你该如何计算产品成本？如何制定企业内部的成本核算管理制度，怎样更好地开展成本核算与管理工作？

任务 1.1　认识成本与成本会计

课前导引：认识成本

1.1.1　成本及成本信息的作用

1. 成本概念

成本是商品经济的产物，是商品经济的一个价值范畴，是商品价值的重要组成部分。人们进行生产经营活动，必然会耗费一定的人力、物力、财力，这些耗费的货币表现及其对象化就是成本。简言之，**成本就是一个行为主体为达到预定的目标而发生的耗费**，如物质生产部门在生产产品的过程中要消耗原材料、支付职工工资、开支各项费用等。

商品作为用于交换的劳动产品，其价值是由 3 部分组成的，即物化劳动的转移价值、活劳动中劳动者为自己创造的价值和劳动者为社会创造的价值。马克思曾用一个公式表示了这种关系：$W = C + V + M$。$C + V$ 就构成了产品的成本。企业对发生的成本费用要进行分类、归集和分配，计算出产品的总成本与单位成本，并依据成本资料进行成本分析和成本考核，以加强成本管理，降低成本支出。

正确理解产品成本的概念需要从耗费和补偿两个方面进行考察。

按照持续经营的要求，企业的生产经营活动是不间断地进行的，产品的投入、产出也就连续不断，若在全部生产活动结束后再计算产品成本，显然不符合成本管理和会计核算的要求。为此，要按照会计期间的划分要求，结合产品的生产特点，按会计期间或按产品生产周期进行产品成本计算。在存在尚未完工的在产品的条件下，同一会计期间的产品成本与当期的生产费用不一致，需要按照会计分期假设和权责发生制原则确认应当归属一定种类和数量的产品的生产耗费，即只有对象化的生产耗费才构成产品成本。简言之，**产品成本是企业在一定期间为生产一定品种和数量的产品或提供一定数量的劳务而发生的各种耗费**。

不同行业的会计对成本的处理是不同的。成本遍及各行各业的各项活动，不是所有活动的成本都需要通过会计来核算和考核的，而是由活动的特点和管理的需要决定是否需要通过会计来核算和考核成本。政府机关和全额预算的事业单位等不以营利为目的的单位不进行成本核算与考核。以营利为目的的物质生产部门及企业化管理的事业单位需要进行成本核算与考核。

成本是一个发展的概念。随着商品经济的不断发展和企业管理要求的提高，成本概念的内涵与外延也在不断地发展、变化，成本范围也逐渐扩大。如在一些西方国家，将成本定义为：成本是指为了一定目的而支付的或应支付的用货币测定的价值牺牲。该定义使成本的外延远远超出了产品成本概念的范围，包含了产品成本以外的各种成本，如劳务成本、开发成本、质量成本、资金成本等。同样，成本的内涵决定了成本必须与管理相结合，要求成本的内容服从管理的需要。因此，在现代成本会计中，出现了许多新的成本概念，如变动成本、固定成本、边际成本、机会成本、目标成本、标准成本、沉没成本、可控成本、责任成本等，组成了多元化的成本概念体系。

2. 成本信息的作用

成本作为一个独立的经济范畴，是企业在生产经营过程中需要倍加关注的变量。其作用主要体现在以下四个方面。

(1) **成本是补偿生产耗费的尺度**。为了保证再生产的不断进行，企业必须用生产经营成果对生产耗费进行补偿，而成本就是衡量这一补偿份额大小的尺度。企业取得销售收入后，必须拿出相当于成本部分的数额以补偿投入到生产经营中的资金耗费，才能维持资金周转和再生产按原有规模进行。

(2) **成本是综合反映企业工作质量的重要指标**。成本是一项综合性的经济指标，企业生产、经营、管理活动各方面工作的业绩，都可以直接或间接地在成本上反映出来。因此，可以通过对成本的计划、控制、监督、考核和分析等成本管理工作来促使企业以及企业内各核算单位加强成本管理，提高经济效益。

(3) **成本是影响企业制定产品价格的重要因素之一**。无论政府还是企业，在制定产品价格时都应遵循价值规律的基本要求。但在现实经济活动中，产品的价值往往难以计算，而只能计算成本，通过成本间接地、相对地掌握产品价值，因此，成本就成为制定产品价格的重要因素。当然，影响产品定价的还有许多其他因素，如市场供求关系、价格管制政策、企业价格竞争策略等，成本只是影响产品定价的重要因素之一。

（4）**成本是企业进行经营决策的重要依据**。在市场经济条件下，企业要在竞争中获得生存和发展，就必须根据市场需要，结合自身的经营状况做出正确的决策。在市场价格一定的条件下，成本的高低直接影响企业的盈利水平和参与市场竞争的能力。企业根据决策目标从各种备选方案中选择最优方案，尽管需要考虑的因素有很多，但成本是其应考虑的主要因素之一。因为对决策方案的分析、评价离不开成本效益分析，而成本是效益分析的基础，它为决策提供了重要依据。为避免决策失误，必须充分认识和发挥成本在经营决策中的作用。

在制定决策过程中，管理人员必须持续地预测未来如何发展。对于制定决策来说，过去的信息是达到目的的一种工具，它有助于预测未来。过去的成本信息是进行决策分析的重要工具或依据，没有过去准确的成本信息是无法进行正确决策的。

3. 支出、费用与产品成本之间的关系

（1）支出、费用与成本。支出、费用与成本的概念如下：

① 支出。支出是会计主体在经济活动中发生的所有开支与耗费。企业的支出可分为资本性支出、收益性支出、所得税支出、营业外支出和利润分配性支出五大类。

资本性支出是指该支出的发生不仅与本期收入有关，也与其他会计期间的收入有关，而且主要是为以后各期的收入取得而发生的支出。在企业的经营活动中，供长期使用的、其经济寿命经历许多会计期间的资产，如固定资产、无形资产以及其他资产、对外投资等，都要作为资本性支出，即先将其资本化，而后随着它们为企业提供的效益，在各个会计期间转销为费用，如固定资产的折旧、无形资产的摊销等。

收益性支出是指一切支出的发生仅与本期收益的取得有关，因而它直接冲减当期收益，如企业为生产经营而发生的材料、工资等开支。

所得税支出是企业在取得经营所得与其他所得的情况下，按照国家税法规定向政府缴纳的税金支出。

营业外支出是指与企业的生产经营业务没有直接联系的支出，如企业支付的罚款、违约金、赔偿金以及非常损失等。这些支出尽管与企业生产经营活动没有直接联系，但是与其收入的取得还是有关系的，因而也把它作为当期损益的扣减项目。

利润分配性支出是指在利润分配环节的开支，如支付股利等。

② 费用。费用是指企业生产经营过程中所发生的经济利益的流出。费用可分为生产费用和期间费用。

生产费用是指企业在一定时期为生产产品而发生的各项支出，如生产产品而消耗的材料费用、职工薪酬、车间为组织产品生产发生的费用（包括车间发生的管理人员的薪酬，车间发生的办公费、水电费、折旧费，车间一般机物料消耗等）。

期间费用是指企业在一定会计期间为生产经营的正常进行而发生的各项费用，包括销售费用、管理费用、财务费用。销售费用是指企业在销售商品过程中发生的费用，包括运输费、展览费、广告费、商品维修费、预计产品质量保证损失、保险费、业务宣传费、专设销售机构人员职工薪酬等费用。管理费用是指企业为组织和管理生产经营所发生的费用，包括管理部门人员的职工薪酬、公司经费、工会经费、董事会费、差旅费、聘请中介机构费、咨询费、诉讼费、业务招待费、技术转让费、矿产资源补偿费、研究费用、排污费等。财务费用是指企业为筹集生产经营资金而发生的费用，包括利息支出（减利息收入）、汇兑净损失以及相关手续费、企业发生的现金折扣或收到的现金折扣等。

③ 成本。成本是一种耗费，有广义与狭义之分。广义成本指企业发生的全部费用，包括生产费用和期间费用。狭义成本通常仅指产品成本。产品成本是对象化的生产费用。

（2）支出、费用与产品成本的关系。如上所述，支出是企业在经济活动中所发生的所有开支与耗费。费用是支出的主要组成部分，在企业支出中凡是与生产经营有关的部分，都可表现或转化为费用，否则不能列为费用。收益性支出和所得税支出均可表现为费用，资本性支出中除了长期投资支出，其余的支出如企业用于购建固定资产、无形资产及其他资产的支出，都是按受益期摊提费用。利润分配支出和营业外支出同企业的生产经营活动没有直接关系，因而不表现或不转化为费用。产品成本是生产费用的对象化，生产费用是计算产品成本的基础，产品成本是生产费用的最后归宿。如果企业没有在产品，则当期生产费用即为当期完工产品成本；如果企业有在产品，则生产费用与完工产品成本的关系为：

本期完工产品成本 = 期初在产品成本 + 本期生产费用 - 期末在产品成本

4. 成本会计

成本会计是以成本费用为对象的一种专业会计。成本会计主要研究物质生产部门为制造产品而发生的成本即产品的生产成本，以及企业在生产经营过程中进行日常管理、销售产品和筹集资金等所发生的各种期间费用。期间费用是为保证企业生产经营活动的正常进行而发生的，与产品生产有一定的相关关系，但通常又是在经营期间发生的，不宜直接计入产品的生产成本。因此在企业会计实务中将期间费用单独核算，直接由当期的业务收入予以补偿。实际上成本会计是一种成本、费用会计。

成本会计的对象，不仅包括制造业的产品生产成本和发生的期间费用，还包括其他行业企业的成本和期间费用，如商品流通企业、交通运输企业、施工企业、房地产开发企业等。成本作为经济范畴，必定遍及各行各业的经济活动，这些行业企业在从事经济活动中发生的各种耗费自然也构成成本会计的对象。由于物质生产部门为制造产品所发生的成本，即产品的生产成本，具有典型的意义，因此，本书以制造业的成本核算作为主要内容予以阐述。

同时，随着管理型会计转型需要，成本管理职能受到重视和强化，该工作领域的内容和方法也随着成本范围的扩大和管理手段的发展不断扩大和变化。

（1）成本管理的概念。成本管理是指企业生产经营过程中各项成本预测、成本决策、成本计划、成本核算、成本分析、成本控制、成本考核等一系列科学管理行为的总称。成本管理的意义包括成本管理在质和量上的规定性，也体现了在时间和目的上的具体要求。在质的方面，要求在企业管理现代化的总的思想指导下运用科学的思想、组织、方法和手段，改变

知识导学：成本会计
的主要工作

当前企业成本管理的落后面貌。在量的方面，要求成本指标有明显的进步，达到或赶上国内外先进水平。从时间上说，成本管理是逐步前进的动态过程，要求成本管理水平不断提高，逐步达到成本管理的要求。从目的来说，要求通过成本管理，创造最佳经济效益。

（2）成本管理的内容。根据成本管理的具体目标，成本管理的内容包括成本预测、成本决策、成本计划、成本控制、成本核算、成本分析和成本考核。

① 成本预测。成本预测是指运用一定的科学方法，对未来成本水平及其变化趋势做出科学的估计。通过成本预测，掌握未来的成本水平及其变动趋势，有助于减少决策的盲目性，使经营管理者易于选择最优方案，做出正确决策。成本预测是加强成本管理的第一个基本环节。在成本预测时，既要分析研究企业内部环境的发展变化，又要分析研究企业外部环境的发展变化。所有这些因素，都要进行周密的调查，进行具体的计算，以期做出尽可能正确的预测。

② 成本决策。成本决策是指根据成本预测及有关成本资料，运用定性与定量的方法，抉择最佳成本方案的过程。成本决策可分为宏观成本决策和微观成本决策。它贯穿于整个生产经营过程，涉及面广。因此，在每个环节都应选择最优的成本决策方案，才能达到总体的最优。做出最优的成本决策，是制订成本计划的前提，对提高企业的生产经营管理水平和经济效益具有重要的意义。

③ 成本计划。成本计划是企业生产经营总预算的一部分，它是以货币形式规定企业在计划期内产品生产耗费和各种产品的成本水平以及相应的成本降低水平和为此采取的主要措施的书面方案。成本计划属于成本的事前管理，是企业生产经营管理的重要组成部分，通过对成本的计划与控制，分析实际成本与计划成本之间的差异，指出有待加强控制和改进的领域，达到评价有关部门的业绩，增加产量，节约成本，从而促进企业发展的目的。企业的整体预算从销售预算开始，最终流向预计利润表和预计现金流量表，而成本计划是主要的中间环节。

④ 成本控制。成本控制是指根据成本计划，制定生产经营过程中所发生各项费用的限额，对各项实际发生的成本费用进行严格审查，及时揭示执行过程中的差异，并分析其原因。通过成本控制，可以及时揭示存在问题，消除生产中的无谓损失，实现成本管理的要求。成本控制是成本管理工作中的重要环节。上述成本预测和成本计划，都是成本控制的目标和依据。成本控制的实施应贯穿于全过程，既有事前控制，也有事中控制，还有事后控制。

⑤ 成本核算。成本核算是指对生产经营中所生产的各种费用，按照一定的对象和标准进行记录、归集、计算和分配，并进行相应的账务处理，以计算确定各个对象的总成本和单位成本。成本核算是成本管理工作的核心，是履行成本管理职责的最基本要求。成本核算所提供的资料，必须客观、真实；成本核算要求准确及时；所采用的成本计算方法要符合企业的生产类型和生产工艺过程的特点；成本开支的范围要符合国家的规定。加强成本核算，对于有效地开展成本预测、成本计划、成本控制、成本分析和成本考核具有极为重要的基础作用。

⑥ 成本分析。成本分析是指主要利用成本核算所提供的有关资料，分析成本水平及其构成，用以了解成本的变动情况，系统地研究成本变动的原因、成本节约或超支的原因。通过成本分析，以深入了解成本变动的规律，寻求降低成本的途径，并为新的经营决策提供依据。在进行成本分析时，尤其要注重产品成本的技术经济分析，还应注意分析企业管理水平和内部控制制度，及时总结工作中的经验和教训，以促进企业经济效益的提升。

⑦ 成本考核。成本考核是指定期考查审核成本目标实现情况和成本计划指标的完成结果，全面评价成本管理工作成绩的过程。成本考核的作用是评价各责任中心特别是成本中心的业绩，促使各责任中心对所控制的成本承担责任，并借以控制和降低各种产品的生产成本。

上述成本管理的内容既各有其基本特点，同时又相互联系，相辅相成，并贯穿于企业生产经营的全过程，构成了成本管理的框架（图1-1）。成本预测是成本决策的前提，成本决策是成本预测的结果。成本计划是成本决策所确定目标的具体化。成本控制是对成本计划的实施进行监督，保证决策目标的实现。只有通过成本分析，才能对决策正确性做出判断。成本考核是实现决策目标的重要手段。必须指出，在上述各项内容中，成本核算是成本管理中最基本的内容，离开了成本核算，就谈不上成本管理，更谈不上其他内容的发挥。

5. 制造业成本会计的具体内容

成本会计的内容是成本会计对象的具体化，在不同的企业中其所包含的内容有所不同。就制造业而言，成本会计的具体内容主要如下。

（1）供应过程中材料成本的归集、分配、计算与核算。

（2）生产过程中生产费用的归集与分配，产品成本的计算与核算。

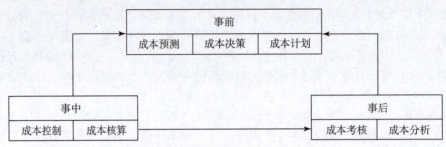

图 1 - 1　成本管理内容的相互关系

（3）销售过程中产品销售成本的计算与核算。

（4）企业生产经营过程中期间费用的计算与核算。

（5）成本报表的编制与分析。

由于供应过程中对材料成本的核算、销售过程中对产品销售成本的核算和期间费用的核算通常被列为财务会计的范畴，因此，本书主要讲述的是产品生产过程中的成本核算以及成本报表的编制及分析问题。

云时代成本管理新趋势

新经济时代已来，智能制造下企业要求成本信息的获得要更快、更准确、更全面、更精细，凸显以下特质。

高竞争——低成本：企业面对的是一个竞争日益充分的市场环境，如何在高质量的同时实现低成本，就成为企业生存发展的关键问题。

个性化——优成本：企业生产的方式不再是大规模、批量化的，而是定制化、多批量，需要考虑如何在个性化、差异化的细分市场促成成本最优。

平台化——新管控：企业逐渐成为平台化、信息化管理的现代新型企业，如何构建平台化企业的成本管控体系，将成本管控延伸到整个商业生态系统，并深入业务前端。

由此智能制造下成本管理形成以下新趋势：

1. 快准采集：大量的辅助设备如条码、RFID、PDA、采集器等应用实现了现场数据的电子化。

2. 精准分摊：智能化的制造模式带来了更高的设备成本、研发成本和人工成本。

3. 全面核算：智能化带来了生产自动化的日趋普及，成本管控的重心必须前移。

4. 战略管控：在平台化企业运营模式下，企业成本的管控必须跳脱内部，延展到外部。

摘自：《成本管理解决方案》，王善军/梁林春

1.1.2　成本会计组织形式

成本会计工作的组织一般包括成本会计机构的设置、成本会计人员的配备以及成本会计制度的制定。

1. 设置成本会计机构

成本会计机构是处理成本会计工作的职能单位，是企业会计机构的组成部分。成本会计机构设置是否适当，将会影响到成本会计工作的运行是否顺利有效，影响到成本会计工作的质量。设置成本会计机构应明确企业内部对成本会计应承担的职责和义务，坚持分工与协作相结合、统一与分散相结合、专业与群众相结合的原则，使成本会计机构的设置与企业规模大小、业务繁简、管理要求相适应。

由于成本会计工作是会计工作的一部分，因而企业的成本会计机构一般是企业会计机构的一部分。在大中型企业，厂部的成本会计机构一般设在厂部会计部门中，是厂部会计处的一个成本核算科室。在小型企业，通常在会计部门中设置成本核算组或专职成本核算人员负责成本会计工作。

厂部成本会计机构是全厂成本会计的综合部门，负责组织全厂成本的集中统一管理，为企业管理当局提供必要的成本信息；进行成本预测和成本决策；编制成本计划，并将成本计划分解下达给各责任部门；实行日常成本控制，监督生产费用的支出；正确核算企业产品成本及有关费用；检查各项成本计划的执行结果，分析成本变动的原因；考核各责任部门和个人的成本责任完成情况；组织车间成本核算和管理，加强对班组成本核算的指导和帮助；制定全厂的成本会计制度，配备必要的成本会计人员。

企业内部各级成本会计机构之间的组织分工（也称为成本会计工作的组织形式），有集中工作和分散工作两种方式。

（1）集中工作方式。集中工作方式是指成本会计工作中的核算、分析等各方面工作，主要由厂部成本会计机构集中进行，车间等其他单位中的成本会计机构和人员只负责登记原始记录和填制原始凭证，对它们进行初步的审核、整理和汇总，为厂部进一步工作提供资料，一般适用于成本会计工作比较简单的企业。这种方式的优点是：有利于企业管理当局及时掌握企业有关成本的全面信息；便于集中使用计算机进行成本的数据处理，还可以减少成本会计机构的层次和成本会计人员的数量。缺点是：从事生产经营活动的基层单位不便于直接及时地掌握成本信息，对调动他们自我控制成本和费用的积极性不利。

（2）分散工作方式。分散工作方式也称非集中工作方式，是指成本会计工作中的核算和分析等方面工作，分散给车间等基层单位的成本会计机构或人员分别进行，厂部成本会计机构负责对各下级成本会计机构或人员进行业务上的指导和监督，并对全厂成本进行综合的核算、分析等工作。这种方式的优缺点与集中工作方式相反。

一般来讲，大型企业采用分散工作方式，中小企业采用集中工作方式。也可以根据企业实际，将两种方式结合起来运用，即对某些部门采用分散工作方式，对另一些部门则采用集中工作方式。总之，企业在确定组织工作形式时，要依据自身规模的大小和内部有关单位管理的要求，从有利于充分发挥成本会计工作的职能以及提高成本会计工作效率角度去考虑。

 问题与思考

财务共享中心是否改变了成本核算与管理工作方式？

财务共享中心也称为财务共享服务中心（Financial Shared Service Center，简称FSSC），是将企业开设在不同国家、地区的实体的会计业务集中到共享服务中心来进行操作和处理，在许多跨国企业和大型集团企业都有应用。其建立的初衷是节约成本、提高财务管理水平和效率，以及

更好地支持企业战略管理。

财务工作包含核算报表、税务管理、资金管理、成本费用管理、预算管理、财务分析及预测等内容，财务共享中心可能将上述全部或部分工作内容集中进行处理。有些公司会将所有的财务工作都归入财务共享中心，共享中心可能设立在集团总部，也可能按照不同的区域来划分，例如华北中心、华南中心、华东中心；也有些公司会将基础财务工作纳入财务共享中心，例如核算报表、税务管理、资金管理、成本费用管理，而将预算与财务分析工作设置单独的财务BP岗位，下放到业务部门中，发挥支持作用；也有一部分企业，将基础财务工作依然下放到下属公司，而共享中心负责审核以及预算管理、财务分析及预测工作，通过对财务报表的把控来控制和评估风险。由此可以理解，由于每个企业的情况不同，财务共享中心对该企业成本核算与管理工作方式的影响存在较大的差异，选择适合本企业的工作方式即可。

2. 配备必需的成本会计人员

成本会计人员是指在会计机构或专设成本会计机构中所配备的成本工作人员，对企业日常的成本工作进行处理，如成本计划、费用预算、成本预测、成本决策、成本核算、成本分析和成本考核等。成本核算是企业核算工作的核心，成本指标是企业一切工作质量的综合表现，为了保证成本信息质量，对成本会计人员业务素质要求比较高。会计人员应具备如下素质：会计知识面广，对成本理论和实践有较好的基础；熟悉企业生产经营的流程（工艺过程）；刻苦学习和任劳任怨；具备良好的职业道德等。为了规范会计工作，我国财政部会计司提出了"会计职业道德规范的主要内容"，具体包括以下八方面内容。

（1）爱岗敬业。要求会计人员正确认识会计职业，树立爱岗敬业的精神，戒懒、戒惰、戒拖；热爱会计工作，敬重社会职业；安心工作，任劳任怨；严肃认真，一丝不苟；忠于职守，尽职尽责，切实对单位、对社会公众、对国家负责。

（2）诚实守信。要求会计人员做老实人，说老实话，办老实事，不弄虚作假；保守秘密，不为利益所诱惑。

（3）廉洁自律。要求会计人员树立正确的人生观和价值观，自觉抵制享乐主义、个人主义、拜金主义；公私分明，不贪不占；遵纪守法，清正廉洁，自觉抵制行业不正之风。

（4）客观公正。要求会计人员端正态度，依法办事，实事求是，不偏不倚，保持应有的独立性。

（5）坚持准则。要求会计人员熟悉国家法律、法规和国家统一的会计制度，始终坚持按法律、法规和国家统一的会计制度的要求，进行会计核算，实施会计监督。

（6）提高技能。要求会计人员增强提高专业技能的自觉性和紧迫感，勤学苦练，刻苦钻研；掌握科学的学习方法，向书本学，向社会学，向实际工作学，在学中思，在思中学，努力提高业务水平。

（7）参与管理。要求会计人员在做好本职工作的同时，努力钻研相关业务，全面熟悉本单位经营活动和业务流程，主动提出合理化建议，协助领导决策，积极参与管理。

（8）强化服务。要求会计人员树立服务意识，摆正位置，文明服务；提高服务质量，努力维护和提升会计职业的良好社会形象。

3. 制定成本会计制度

成本会计法规是企业组织和从事成本会计工作必须遵守的规范，是会计法规的重要组成部分。我国成本会计法规是由国家统一制定的，主要包括《会计法》《企业财务通则》《企业会计准则》以及《企业会计准则应用指南》。这些财经法规是企业进行财务会计工作的基本要求，其中与成本会计工作有关的部分，也是规范成本会计工作的重要依据，企业在进行成本会计工作中必须严格执行。

各企业为规范本企业的成本会计工作,应根据国家的各种成本会计法规,结合本企业的管理需要和生产经营特点,具体制定本企业的成本会计制度。成本会计制度是指对进行成本会计工作所做的规定。它的内涵与外延随着经济环境的变化在不断发展变化。在商品经济条件下,现代企业的成本会计制度内容包括对成本预测、决策、规划、控制、计算、分析和考核等所做出的有关规定,指导着成本会计工作的全过程,这也称作广义的成本会计制度。

具体的成本会计制度包括以下八个方面。

(1)关于成本会计工作的组织分工及职责权限。

(2)关于成本预测、决策制度。

(3)关于成本定额、成本计划和费用预算编制制度。

(4)关于成本报表编制的制度,包括报表的种类、格式、编制方法等。

(5)关于成本核算制度,包括成本计算对象、成本计算方法的确定、成本项目的设置、生产费用的归集和分配、月末在产品计价方法的确定以及成本核算的一些基础性工作要求等。

(6)关于成本控制、成本分析、成本考核制度等。

(7)关于成本考核办法和有关奖励制度。

(8)其他有关的成本会计制度。

企业在制定成本会计制度时,国家有统一规定的,应严格遵照执行,一般不得擅自变更或者修改;国家没有统一规定的,应在符合国家法规、制度的前提下,根据企业生产特点和管理要求,由企业自行制定。另外,企业要随着市场经济的变化,不断修订和补充企业成本会计制度,使企业成本会计制度不断完善。

知识拓展

信息化成本管理解决方案如图 1-2 所示。

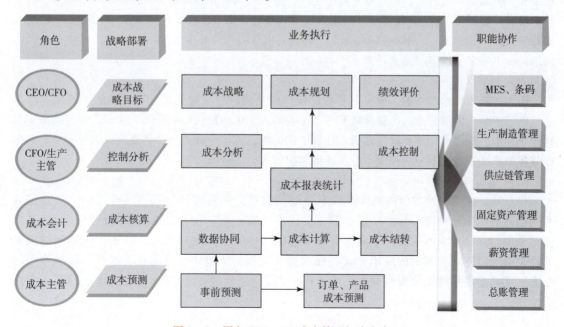

图 1-2 用友 ERP-U8 成本管理解决方案

1.1.3　成本会计的发展趋势

随着经济和计算机技术的发展，以及管理要求的加强和管理水平的提高，成本会计正在经历着显著的变化：成本会计技术手段与方法不断更新，会计信息化正在或已经取代手工记账；在企业建立内部网的情况下，实时报告成为可能；成本会计的应用范围不断拓展；成本管理越来越受到重视；作业基础成本计算法正在成为广泛应用的一种产品成本计算方法。

1.　适时制生产制度

随着市场竞争日趋激烈，新技术、新工艺不断涌现，管理理论与方法也在不断创新，大大促进了成本会计学科的发展并丰富了其内容。存货管理和生产方法的创新，使存货管理和会计运行方式的变革有了可能，最重要的革新就是适时制生产制度。该制度是一种严格的需求带动生产制度，要求企业生产经营管理各环节紧密协调配合，将企业存货维持在最低水平，尽可能实现"零存货"，以降低存货成本。在存货水平很低的情况下，会计人员为简化存货计价，可能采用倒推成本法，就是当产品完工或销售时，倒过来计算在产品、产成品等生产成本。同时由于存货数量很低，减少了很多存货收发和价值评价等方面的会计处理工作，会计人员就可以把更多的精力放在成本管理方面。

适时生产法（Just in Time，JIT），在该生产系统中，企业在生产自动化、财务信息化条件下，合理规划，大大减少生产和销售过程中的周转时间，使原材料进厂、产品出厂、进入流通的每个环节，都能紧密衔接，甚至完全消除停工待料、有料待工等浪费现象，减少生产环节中不增加价值的作业活动，使企业生产经营的各个环节，像钟表的零件一样相互协调，准确无误地运转，达到减少产品成本、全面提高产品质量、提高劳动生产率和综合经济效益的目的。

适时制生产制度需要较高的管理水平。例如，要有"零存货制度"，以保证减少原材料、半成品和产成品占用的资金，真正做到适时生产，进而要求良好的交通、完善的原料市场等社会条件；要有"零缺陷制度"，保证各环节衔接正常，及时提供合格产品；要有"单元式生产制度"，如同银行的"柜员制"，消除过细的分工，这又要求车间工人是全能的，保证封闭式生产，因为过细的分工带来了过多的流水环节。

2.　高科技生产企业的成本会计

随着计算机技术的发展，将有更多的企业特别是高科技企业利用计算机辅助手段来生产产品、推销产品或提供劳务。在这种情况下，企业的人工成本就会大大降低，这必然对传统成本会计产生冲击，加之会计核算软件在成本核算中的应用，成本会计人员必将要改变工作重点，对生产流程的熟悉以及成本分析和成本控制的要求会加大。

3.　作业基础成本法

作业基础成本法是将所需的作业成本分配到制造产品所需的一系列活动之中，然后把各系列活动的成本加总来计算产品成本的一种成本计算方法。作业成本法可更精确地衡量产品的盈利能力。作业成本法给企业成本管理带来了新的管理理念和方法，以核算为基础的成本管理发展到以作业为基础的成本管理是成本会计发展的大趋势。目前在美、日、西欧等国的企业，尤其是在那些竞争激烈和人工成本很低的高新技术企业，作业基础成本法得到了广泛的应用。

德育导行

高质量发展

课后导思：1 分钟趣味
动画启发成本意识

党的二十大提出，高质量发展是全面建设社会主义现代化国家的首要任务。发展是党执政兴国的第一要务。没有坚实的物质技术基础，就不可能全面建成社会主义现代化强国。必须完整、准确、全面贯彻新发展理念，坚持社会主义市场经济改革方向，坚持高水平对外开放，加快构建以国内大循环为主体、国内国际双循环相互促进的新发展格局。

启示：会计的职业道德规范要求成本会计人员做到参与管理、强化服务，归根结底是要为企业做好成本核算与管理，服务企业高质量发展。而成本管理的意义，在质的方面，就体现在运用科学的管理理念、方法和手段提升企业成本管理水平，创造更好的经济效益，这是高质量发展的具体落实，也是讲求社会责任和社会效益的需要。

任务 1.2　组织成本核算工作

1.2.1　产品成本核算原则

课前导引：1 分钟
趣味动画说成本

成本核算原则是计算产品成本应遵循的原则，主要包括以下六个方面。

1. 可靠性原则

可靠性包括真实性和可核实性。真实性就是所提供的成本信息与客观的经济事项一致，不应掺假，或人为地提高、降低成本。可核实性是指成本核算资料按一定的原则由不同的会计人员加以核算，都能得到相同的结果。真实性和可核实性是为了保证成本核算信息的正确可靠。

2. 相关性原则

相关性包括成本信息的有用性和及时性。有用性是指成本核算要为管理当局提供有用的信息，为成本管理、预测、决策服务。及时性是强调信息取得的时间性。及时的信息反馈，可使企业及时地采取措施，改进工作。而过时的信息往往成为徒劳无用的资料。及时性原则的要求具体包括以下三项。

（1）成本项目发生时，及时进行会计处理。

（2）当企业管理者提出一些特殊成本信息要求时，能及时提供。

（3）按期编制财务报表时，能及时提供成本资料。

3. 按实际成本计价的原则

生产所耗用的原材料、燃料、动力要按实际耗用数量的实际单位成本计算，完工产品的成本要按实际发生的成本计算，虽然原材料、燃料、产成品的账户可按计划成本（或定额成本、标准成本）计价，但在最后计算产品成本时，要加、减成本差异，以调整到实际成本。在应用上主要体现为以下三点。

（1）某项成本发生时，按发生时的实际耗费数确认。

（2）完工入库的产成品成本按实际负担额计价。

（3）由当期损益负担的产品销售成本，也按实际数结账。

遵循按实际成本计价的原则，可以减少成本计算的随意性，保持成本信息的客观性和可验证性。

4. 一致性原则

成本核算中所涉及的成本计算对象、成本项目、成本计算方法以及会计处理方法，前后各期必须一致，以使各期的成本资料有统一的口径，前后连贯，互相可比。一致性原则包括四方面内容。

（1）某项成本要素发生时，确认的方法前后各期应一致，如固定资产折旧计算方法等。

（2）成本计算过程中所采用的费用分配方法前后各期应一致，如材料费用分配方法等。

（3）同一产品的成本计算方法前后各期应一致，如品种法等。前期选定一种方法后，后期不应随意变更。

（4）成本核算对象、成本项目的确定前后期应一致。

5. 重要性原则

尽管产品成本的构成要素很多，但是每个要素在整个成本中所占的比重和对成本管理所起的影响差别很大。重要性原则指的是对成本有重大影响的项目应作为重点，力求精确，而对于那些不太重要的在成本项目中所占比例很小的内容，则可以从简处理。

6. 分期核算原则

企业为了计算一定期间所生产产品的成本，要将生产活动按一定阶段（如月、季、年）划分为各个时期，分别计算各期产品的成本。成本核算的分期，必须与会计年度的分月、分季、分年相一致，这样可以便于利润的计算。

此外，还应遵循权责发生制原则。权责发生制原则是指应由本期成本负担的费用，不论是否已经支付，都要计入本期成本；不应由本期成本负担的费用，虽然在本期支付，也不应计入本期成本，以便正确提供各项成本信息。

1.2.2　产品成本核算要求

1. 合理进行费用分类

正确计算产品成本首先要对费用进行合理的分类。制造业对费用分类的方法有多种，常用的有两种：一是按费用的经济内容或经济性质分类，形成要素费用；二是按费用的经济用途分类，形成生产费用和期间费用。

（1）**按费用的经济内容或经济性质分类**。制造业发生的各种费用按其经济内容（或性质）首先可以分为三大要素：劳动对象方面的费用，如材料费用、动力费用等；劳动手段方面的费用，如固定资产折旧费用、修理费用等；活劳动方面的费用，如工资费用等。为进一步反映各种费用的构成和水平，在费用三大要素的基础上细分为若干费用要素。

① 外购材料，指企业耗用的一切从外部购进的原料及主要材料、半成品、辅助材料、修理用备件、包装物和低值易耗品等。

② 外购燃料，指企业耗用的一切从外部购进的各种燃料，包括固体、液体、气体燃料。

③ 外购动力，指企业耗用的从外部购进的各种动力（如电力、热力等）。

④ 职工薪酬，指企业为获得职工提供的服务而支付的各种形式的报酬和支出，包括职工工资、奖金、津贴和补贴、职工福利费、社会保险费、住房公积金、工会经费和职工教育经费、非货币性福利、因解除与职工的劳动关系而给予的补偿以及其他与获得职工提供的服务相关的支出。

⑤ 折旧费用，指企业按照规定计算的固定资产的折旧费用。

⑥ 修理费用，指企业为修理固定资产而发生的支出。

⑦ 利息费用，指企业的借款利息费用减去利息收入后的净额。

⑧ 其他费用，指不属于以上各要素的费用，但应计入生产经营费用的支出，如差旅费、租赁费、邮电费、保险费等。

按照上述费用要素反映的费用，称为要素费用。费用按经济内容分类，对要素费用进行分类核算，其作用在于：可以反映企业在一定会计期间发生的费用种类和金额，分析各个时期要素费用的构成和水平；能反映外购材料、外购燃料以及职工薪酬的实际支出，为企业编制材料采购资金计划和劳动工资计划提供资料；可以为企业核定储备资金定额和考核储备资金周转速度提供资料；可以划分物质消耗和非物质消耗，为计算工业净产值和国民收入提供资料。

这种分类的不足之处是：不能反映各种费用的经济用途，因而不便于分析这些费用支出是否节约、合理；无法确定费用的发生与各种产品之间的关系，不利于寻求降低产品成本的途径。因此，对于制造业的这些费用还必须按经济用途进行分类。

（2）**按费用的经济用途分类**。制造业的各种费用按其经济用途，可以分为计入产品成本的生产费用和不计入产品成本的期间费用。计入产品成本的生产费用按其用途不同，还可进一步划分为若干个项目，这些项目作为产品成本的构成内容，会计上称为成本项目。成本项目的内容具体可分为直接材料、燃料和动力、直接人工、制造费用、废品损失、停工损失等。但根据生产特点和管理要求，企业一般可简化为三个成本项目。

① **直接材料，**指直接用于产品生产，构成产品实体的原料、主要材料、燃料以及有助于产品形成的辅助材料等。

② **直接人工，**指直接参加产品生产的职工薪酬。

③ **制造费用，**指直接或间接用于产品生产，但不便于直接计入产品成本，没有专设成本项目的费用。它包括车间管理人员的薪酬费用、车间用固定资产的折旧费、保险费和租赁费、机物料消耗、差旅费、办公费、低值易耗品摊销、试验检验费、劳动保护费、季节性停工损失等。

成本项目的设置要更好地适应管理要求，成本项目可以进行适当调整。在确定或调整成本项目时，要注意以下问题：费用在管理上有无单设的必要；费用在产品成本中所占比例的大小；为某种费用专设成本项目所增加的核算工作量的大小。

对管理上需要单独反映、控制和考核的费用，以及在产品成本中占比重较大的费用，可增设成本项目，如"废品损失""停工损失"等，对耗用燃料、动力不多的情况，则不必单设"燃料和动力"成本项目，可将燃料费用计入"直接材料"成本项目，将动力费用计入"制造费用"成本项目。

期间费用指企业在生产经营过程中发生的，不宜计入产品成本，直接计入当期损益的费用。期间费用按其经济用途，可分为销售费用、管理费用和财务费用。

费用按经济用途分类，可以促使企业按照经济用途考核各项费用定额或计划的执行情况，分析费用支出是否合理、节约；将生产费用按成本项目反映，可以分析产品成本构成及比重，有利于加强产品成本的管理，同时也是企业按照费用发生的对象进行成本计量的基础。

（3）费用的其他分类。

① **按计入产品成本的方法分类。**费用按计入产品成本的方法可分为直接计入费用和间接计入费用。对发生的生产费用，有的可以直接用于产品生产，直接计入产品成本，称为直接计入费用，简称直接费用，如甲产品领用 A 材料，可将 A 材料费用直接计入甲产品成本；有的只能间接为产品生产服务，在费用发生时，不能直接计入某种产品成本而必须按照一定的

标准分配计入各种产品成本，称为间接计入费用，简称间接费用，如几个产品共同消耗 A 材料，则要采用一定的方法将 A 材料费用进行分配后，分别计入各个产品的成本之中。

将费用划分为直接费用和间接费用，有利于企业正确组织产品成本核算。

② 费用按其与产品产量之间的关系分类。费用按其与产品产量之间的关系可分为变动费用和固定费用。变动费用是指费用总额随着产品产量的变动而成正比例变动的费用，如耗用的材料费用。固定费用是指费用总额不受产量的变动影响，相对固定不变的费用，如车间管理人员的薪酬费用。

费用划分为变动费用和固定费用，有利于成本控制和成本分析，寻求费用降低的途径。

2. 分清各种费用界限

企业在生产经营过程中发生的支出有不同的用途，需要按照其用途进行划分，确定其最终的归属。因此，产品成本的计算过程实际上是对发生的费用进行不断的划分、归集和分配的过程。通过费用的划分，以分清各种费用的界限。

(1) 分清应计入成本、费用与不应计入成本、费用的界限。企业发生的费用有很多项目，根据谁受益（或谁消耗）、谁负担的原则，凡生产过程中消耗的各种材料、人工和其他费用都应计入生产成本；否则，就不能计入生产成本。即收益性支出应计入成本、费用；对于资本性支出或不是由于企业日常生产经营活动而发生的费用支出，不应计入成本、费用，如支付的各种滞纳金、赔款、捐赠、赞助款等应计入营业外支出。

(2) 分清生产费用与期间费用的界限。在企业发生的各种费用支出中，凡应该计入本月由当月负担的费用，应进一步区分产品成本和期间费用的界限。凡在产品生产中发生的费用，属于产品成本，应该计入"生产成本"账户，产品完工后再转入"库存商品"账户，销售后再转入"主营业务成本"账户，期末结转本年利润。凡在非生产领域中发生的管理费用、销售费用和财务费用都属于期间费用，其处理方法比较简单，在期末一次全部转入"本年利润"账户，一次冲减当期损益。企业要防止混淆生产费用和期间费用、任意调节和转移费用，借以调节产品成本和各期损益的做法。

(3) 分清各个月份费用的界限。成本核算是建立在权责发生制基础之上的。应由本月成本、费用负担的费用都应在本月入账，计入本月的产品成本和期间费用；不应由本月成本、费用负担的费用，一律不得列入本月的产品成本和期间费用。企业要防止利用费用人为调节各个月份的成本、费用，人为调节各月损益的做法。

(4) 分清各种产品应负担费用的界限。如果企业只是生产一种产品，那么全部生产成本就是这种产品的成本。但一般的企业都不止生产一种产品，这就需要把全部生产成本在几种产品之间进行分配，凡能分清应由哪种产品负担的费用，应直接计入该种产品的成本；凡由几种产品共同负担的费用，则要采用恰当的标准进行分配，最终把各种产品的成本计算出来。应特别注意的是要分清盈利产品与亏损产品、可比产品与不可比产品的费用界限，防止在盈利产品与亏损产品、可比产品与不可比产品之间任意增减费用，掩盖超支或虚报产品成本的做法。

(5) 分清完工产品与月末在产品费用的界限。通过以上费用界限的划分，确定了各种产品本月应负担的生产费用。月末计算产品成本时，如果这种产品已经全部完工，那么，这种产品的各项生产费用之和，就是这种产品的完工产品成本；如果这种产品全部未完工，那么，这种产品的各项生产费用之和，就是这种产品的月末在产品成本。但通常情况下，往往是既有完工产品，又有在产品，这就需要把产品的生产成本在完工产品和月末在产品之间采用适当的方法进行分配，以分别计算完工产品成本和月末在产品成本。企业要防止任意提高或降低月末在产品成本，人为调节完工产品成本的做法。

以上五个方面界限的划分过程，也就是产品成本的计算过程。在费用划分中，应贯彻受益原则，即谁受益谁负担，何时受益何时负担，负担费用的多少应与受益程度成正比。

3. 确定财产物资的计价与价值结转的方法

（1）**直接消耗物资的计价与价值结转。** 直接消耗的物资主要是企业在生产经营过程中耗用的原材料、辅助材料、燃料、包装物等。对这些物资可以采用实际成本计价，也可以采用计划成本计价。采用实际成本计价时，对消耗物资的价值应当采用先进先出法、加权平均法、个别计价法等方法进行计量和确认，并将确认的物资消耗价值结转计入当期的成本费用。采用计划成本计价时，对消耗物资的价值先按事先确定的计划成本计入当期的成本费用，到月末再计算材料成本差异率，确认消耗物资应负担的材料成本差异，据以将计入当期成本费用的消耗物资的计划成本调整为实际成本。

（2）**间接消耗物资的计价与价值结转。** 间接消耗的物资主要是为企业生产经营服务的劳动资料及其他长期资产，如固定资产、无形资产等。对间接消耗物资的计价包括初始价值计价及磨损价值计价。初始价值通常以历史成本原则计价，即按取得这些物资时所发生的实际支出作为入账价值；磨损价值则依据国家有关规定结合企业实际情况确定计价方法。例如，固定资产折旧，国家规定了固定资产使用年限的控制范围和净残值的控制比例，企业在规定的范围内确定具体的使用年限和净残值比例，并据以按月计提折旧，计入当期的成本费用。

无论是直接消耗物资还是间接消耗物资，都必须正确确定计价方法和价值结转方法，做到既合理又简便。凡国家有统一规定的，应当采用国家统一规定的方法，保证本企业各期成本费用计算的正确性和成本资料的可比性，也便于在不同企业之间进行比较；如果国家没有统一的规定，则应根据企业实际情况，比照国家相近的规定合理制定处理方法。

企业对消耗物资的计价和价值结转方法属于企业的会计政策，一旦确定，不得随意变更，更不能利用任意改变财产物资的计价和价值结转方法来调节成本费用。

4. 做好产品成本核算的基础工作

为了保证成本费用核算的正确性，以便加强成本费用的管理，提供真实可靠的成本会计信息，必须做好成本核算的基础工作。其内容是：健全原始记录、强化定额管理、严格计量验收、实施内部结算。

（1）**健全原始记录。** 原始记录是指按照规定的格式，对企业的生产、技术经济活动的具体事实所做的最初的书面记载。它是进行各项核算的前提条件，是编制费用预算、严格控制成本费用支出的重要依据。通过原始记录，形成反映企业生产经营情况的原始凭证，提供了成本核算的原始资料。

健全的原始记录包括材料物资购进、验收、领用与消耗的记录；燃料、动力费用的发生与分配记录；人工费用的发生与分配记录；辅助生产费用的发生与分配记录；制造费用的发生与分配记录；工时消耗记录；半成品转移记录；产品质量检验记录；废品发生与分配记录；产品入库记录；在产品盘存记录等。

企业需要制定原始记录制度，确定原始记录的责任人员，明确记录人员的岗位职责，规范原始记录的传递程序和传递时限，保证原始记录真实、可靠、正确、及时。

（2）**强化定额管理。** 强化定额管理是加强企业生产经营管理的重要环节。定额是企业以正常生产条件为依据制定的，用以控制生产经营过程中人力、物力、财力消耗水平的标准。制定合理的各种定额，有利于编制成本计划、控制成本水平、分析考核成本管理业绩。

企业制定的定额主要有生产工时定额、产品产量定额、材料消耗定额、费用开支定额、资金管理定额等。定额的制定要体现先进性、科学性、可控性、可行性的要求，并根据企业生产经营条件的变动、经营管理水平的提高、生产工艺技术的改进，适时进行修订，使它为成本管理与核算提供客观的依据。

（3）**严格计量验收**。企业在生产经营过程中，会发生大量的财产物资收发业务，这些业务都离不开计量和验收。只有正确计量，才能保证物资消耗的正确计价；只有强化验收制度，才能落实经济责任，保证各项存货业务真实可靠。材料物资的收发、领退，半成品的内部转移，产成品入库等，都需要经过一定的审批手续，并进行计量、验收和交接，以明确责任，防止任意领发和转移。由于材料物资等存货品种、规格多，进出频繁，尽管严格管理，但由于种种原因，账实不符的情况还经常存在，所以对财产物资还得进行定期或不定期的清查盘点，进行账面调整，以保证库存材料物资的真实性，确保成本中的材料等费用更加准确。

严格的计量验收制度包括计量器具的配置、检测和校正制度，财产物资的收发、领退手续制度，有关责任人员的岗位责任制度，财产物资的清查制度等。

（4）**实施内部结算**。为了加强企业内部管理，明确企业内部各单位、各部门的经济责任，便于分析、考核各单位、各部门的工作业绩，检查成本计划的完成情况，应当实施内部结算制度。对企业内部各单位、各部门之间发生财产物资的转移和劳务的供应等，可以在合理确定内部结算价格的基础上，进行内部结算，计算内部各单位、各部门的经营业绩。采取内部结算方式，可以方便成本费用的核算工作，但由于内部结算价格背离了财产物资、劳务的实际成本，必须在月末采用一定的方法，对内部结算价格与实际成本之间的差异进行调整，保证产品成本和期间费用核算的正确性。

5. 选用适当的成本计算方法

不同的企业在产品生产过程中，存在不同的生产组织方式、不同的生产工艺特点、不同的成本管理要求，因此可以采用不同的产品成本计算方法。我国企业的产品成本计算方法主要有品种法、分批法、分步法、分类法和定额法等。企业在进行成本核算时，应根据自身的具体情况，选择适合本企业特点和要求的成本计算方法。正确确定产品成本计算方法，有利于正确及时地计算产品成本，提供准确的成本会计信息。

问题与思考

某生产企业 3 月份有关数据如下。

（1）购买材料 500 000 元，其中 50% 被生产部门领用。

（2）支付职工薪酬 200 000 元。其中，生产工人薪酬 80 000 元，车间管理人员薪酬 40 000 元，厂部管理人员薪酬 40 000 元，专设销售机构人员薪酬 40 000 元。

（3）支付借款利息 3 000 元。

（4）为希望工程捐款 20 000 元。

该企业 3 月份生产费用和期间费用各是多少？

1.2.3　产品成本核算基本程序

知识导学：产品成本
核算与管理程序

产品成本核算基本程序，又叫产品成本计算基本程序，是指按照成本核算的基本要求，从生产费用的归集、分配到确定完工产品成本的工作过程。这一工作过程包括：确定成本计算对象→确定成本项目→确定成本计算期→审核生产费用→归集和分配生产费用→计算完工产品成本和月末在产品成本。

1. 确定成本计算对象

合理确定产品成本计算对象是正确计算产品成本的前提。确定成本计算对象的目的在于明确生产费用的承担者，便于进行生产费用的归集、分配与计算。不同的制造业，由于在生产规模、生产特点、管理要求及管理水平等方面存在差异，其产品成本计算对象也不相同。

对大量、大批生产的产品，通常以产品品种作为产品成本计算对象；对按小批或单件组织生产的产品，通常按产品的生产批次作为产品成本计算对象；对产品生产步骤较多，又需要计算每一生产步骤半成品成本的产品，则可以按产品的生产步骤作为产品成本计算对象；对生产过程相同、生产工艺相近的同类产品，还可以按产品的类别作为产品成本计算对象。企业应根据自身的生产特点和管理要求，选择合适的成本计算对象。

2. 确定成本项目

为了正确反映产品成本的经济构成，进行产品成本的比较，加强产品成本管理，需要对发生的生产费用按其经济用途归集到产品成本计算对象之中，因此，企业在进行产品成本计算前，必须先确定成本项目。如前所述，产品成本项目一般分为三个项目：直接材料、直接人工和制造费用。也可以按照成本管理的需要，对成本项目进行必要的调整，如单设废品损失、停工损失等成本项目。

3. 确定成本计算期

成本计算期是指产品成本计算的间隔期，即间隔多长时间计算一次产品成本、在什么时候计算产品成本。产品成本计算期的确定，主要取决于企业生产组织的特点。

当企业按产品品种、产品生产步骤、产品生产类别作为成本计算对象时，产品成本的计算期通常与会计期间相同，即在每月月末计算产品成本。当企业按产品的生产批别作为产品成本计算对象时，产品成本的计算期则与一批产品的生产周期相一致，即在该批产品完工时计算产品成本。

4. 审核生产费用

审核生产费用是指对发生的各项生产费用支出，应根据国家、上级主管部门和本企业的有关制度、规定进行严格审查与核实，审核生产费用是否客观真实、合法合理、正确无误，是否属于产品成本的开支范围，是否符合产品成本的开支标准，把住关口，以保证产品成本计算的真实、正确。同时对不符合制度和规定的费用，以及各种浪费、损失等现象加以制止或追究经济责任。

5. 归集和分配生产费用

对审核无误的生产费用要按产品成本计算对象进行归集，并按其经济用途分别计入各个成本项目之中。归集和分配生产费用的原则是受益原则，即谁受益、谁承担。

对发生的各项要素费用进行归集，编制各种要素费用分配表，按其用途分配计入有关的生产成本明细账。对能确认某一成本计算对象耗用的直接费用，直接计入产品成本；对于不能确认某一成本计算对象耗用的间接费用，则应按其发生的地点或用途进行归集，然后采用一定的分配方法进行分配，计入各受益产品。产品成本的计算过程也就是生产费用的归集和分配过程。

6. 计算完工产品成本和月末在产品成本

在没有在产品的情况下，在成本计算期内所归集的生产费用即为完工产品总成本；在有在产品的情况下，就需将计入各个产品的生产费用按适当的方法在完工产品和月末在产品之间进行划分，计算出完工产品成本和月末在产品成本。

1.2.4 产品成本核算账务处理程序

1. 产品成本核算的账户设置

在产品成本计算过程中，要将发生的生产费用按一定的产品成本计算对象进行归集与分配，最终确定完工产品成本，就必须设置相应的总账账户与必要的明细账户。总账账户一般应设置"生产成本"与"制造费用"等账户。

（1）"生产成本"账户。"生产成本"账户用来核算企业生产各种产品（包括产成品、自制半成品、提供劳务等）在生产过程中所发生的各项生产费用，并据以确定产品实际生产成本。它的借方登记月份内发生的全部生产费用；贷方登记应结转的完工产品的实际生产成本。月末的借方余额，表示生产过程中尚未完工的在产品实际生产成本，该账户下设"基本生产成本"和"辅助生产成本"两个二级账户，分别用来核算企业发生的基本生产成本和辅助生产成本。

①"基本生产成本"二级账户。制造业的基本生产是指本企业用于对外销售产品的生产。企业在生产产品过程中发生的生产费用，通过设置"基本生产成本"二级账户进行归集。为了反映不同的成本计算对象所发生的生产费用，在该二级账户下应当按产品成本计算对象分别设置明细分类账，称为产品成本明细账或产品成本计算单。产品成本明细账采用多栏式账页，其基本格式如表1-1所示。

表1-1　基本生产成本明细账

成本对象：　　　　　生产车间：　　　　　投产时间：　　　　　总第　　页
字第　　页

年		凭证		摘　要	产量（　）	成本项目			合计
月	日	字	号			直接材料	直接人工	制造费用	

基本生产成本明细账的登记方法基本与其他明细账的登记相同，主要区别是"合计"栏不同于其他明细账的"余额"栏，不是反映本账户的累计数，而是反映本行次成本项目的合计数。

②"辅助生产成本"二级账户。制造业的辅助生产是指为本企业基本生产车间及其他部门提供产品或劳务的生产。企业在进行辅助生产过程中发生的生产费用，通过设置"辅助生产成本"二级账户进行归集。企业同时设有若干个辅助生产车间时，应当按不同的辅助生产车间分别设置辅助生产成本明细账。辅助生产成本明细账的格式与基本生产明细账的格式基本相同，如表1-2和表1-3所示。二者登记方法也相同。

表1-2　辅助生产成本明细账（一）

辅助生产车间：　　　　　产品：　　　　　总第　　页
字第　　页

年		凭证		摘　要	成本项目			合计
月	日	字	号		直接材料	直接人工	制造费用	

表 1-3 辅助生产成本明细账（二）

辅助生产车间：　　　　　　　　劳务：　　　　　　　　　　　　总第　　页
　　　　　　　　　　　　　　　　　　　　　　　　　　　　　　字第　　页

年		凭证		摘 要	机物料	职工薪酬	折旧费	其他费用	合计
月	日	字	号						

　　（2）"制造费用"账户。制造费用是企业生产车间在生产产品或提供劳务过程中发生的各项间接费用，如车间管理人员的工资及社保费、折旧费、水电费、机物料消耗、劳动保护费等。由于制造费用的内容较多，不宜在生产成本账户中分别设置成本项目，需要通过设置"制造费用"账户进行归集，再按一定的标准分配计入各受益的产品成本计算对象。为了反映不同生产车间所发生的制造费用，应当按不同的生产车间分别设置制造费用明细账。对制造费用发生额较少的辅助生产车间，或生产单一产品的基本生产车间，可以不设制造费用明细账。制造费用明细账一般采用多栏式账页，格式如表 1-4 和表 1-5 所示。

表 1-4 制造费用明细账（一）

生产车间：　　　　　　　　　　　　　　　　　　　　　　　　总第　　页
　　　　　　　　　　　　　　　　　　　　　　　　　　　　　　字第　　页

年		凭证		摘要	借方	贷方	借或贷	余额	（借）方项目		
月	日	字	号						工资	折旧费	水电费	（略）

表 1-5 制造费用明细账（二）

生产车间：　　　　　　　　　　　　　　　　　　　　　　　　总第　　页
　　　　　　　　　　　　　　　　　　　　　　　　　　　　　　字第　　页

年		凭证		摘要	机物料	工资及福利费	劳动保护费	折旧费	修理费	水电费	（略）	合计
月	日	字	号									

问题与思考

人工智能对成本核算工作的影响

　　随着时代的变迁，我们财务人员使用的工具以及工具的使用方式在不断变化，但会计的本质实际上是没有变化的。人工智能在财务领域的应用是为了帮助财务人员从机械性、高重复、低价值的财务核算工作中解放出来，把工作重心转向对企业更有价值的岗位，所以，未来企业需要的是大量的具备人机协同、财经大数据分析等能力的中高端会计人才。

　　智能账务核算环节是财务机器人的关键环节，财务机器人通过光学字符识别技术（OCR）

对票据进行识别，读取发票并提取相关信息，如发票号码、供应商名称、发票联次、明细项目、数量、金额，等等。利用自然语言处理和建模完成对该单据的业务场景和业务行为的识别，结合RPA技术自动完成信息系统中的部分流程操作。

智能账务核算是在完成原始凭证等相关基础数据识别和收集的基础上，完成单据的会计分录编制，自动完成账务处理。在成本核算领域，RPA财务机器人已经能够完成领料、费用分配以及完工产品入库等工作，在本教材的项目二对应章节有微课演示。

 **知识拓展**

《企业会计准则——应用指南》中设立"生产成本"总账账户，在该总账账户下设"基本生产成本"和"辅助生产成本"两个明细账户，但在实际工作中，很多企业直接将"基本生产成本"和"辅助生产成本"设置为总账账户。

2. 产品成本核算的账务处理程序

产品成本核算的账务处理是指在产品形成过程中，进行会计处理的步骤，具体如下。

（1）审核各种费用凭证，将发生的费用按发生的地点和用途进行归集和分配。

（2）分配辅助生产费用。

（3）分配基本生产车间的制造费用。

（4）确定月末在产品应负担的生产费用。

（5）计算完工产品总成本与单位成本。

以上产品成本核算的账务处理程序，实际上就是分清费用五个界限的过程。对此，做出产品成本核算账务处理程序，如图1-3所示。

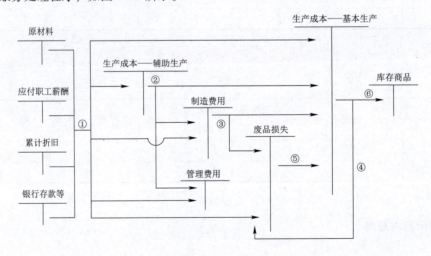

图1-3　产品成本核算账务处理程序图

说明：①——对发生的要素费用进行归集与分配；

②——按受益情况分配辅助生产成本；

③——分配基本生产车间的制造费用；

④——结转不可修复废品成本；

⑤——分配废品损失和停工损失；

⑥——确定月末在产品成本，计算并结转完工产品成本。

　**问题与思考**

德育导行：成本会计要
提升数智意识

某厂生产甲产品，该产品没有月初和月末在产品，本月发生的有关费用如下。

（1）耗用原材料70 000元，其中：产品生产用60 000元，车间一般耗用8 000元，厂部行政部门耗用2 000元。

（2）耗用燃料10 000元，产品生产用8 000元，厂部耗用2 000元。

（3）支付动力费用5 000元，其中产品生产用电3 500元，车间照明用电800元，厂部用电700元。

（4）本月支付给工人工资200 000元，其中产品生产工人工资120 000元，车间管理人员工资30 000元，厂部管理人员工资50 000元。

（5）按工资总额的14%计提职工福利费。

（6）本月车间设备计提折旧6 000元，厂部房屋计提折旧4 000元。

（7）预提短期银行借款利息700元。

（8）支付购买印花税票款30元。

（9）本月应缴房产税、土地使用税和车船使用税共5 000元。

（10）支付办公费3 000元，其中，车间1 000元，厂部2 000元。

你认为：各要素费用是多少？该厂本月产品成本是多少？

　知识拓展

新企业会计准则应用指南的会计科目中没有设立"待摊费用"和"预提费用"两个科目，但企业在制定企业会计制度时，为了满足管理和方便核算的需要，也可以设立这两个会计科目，实际工作中不少企业也是这么做的。若不设立这两个会计科目，对于核算上需要摊提的费用可以在一些流动资产或流动负债类科目进行核算。

【任务评价】

请在表1-6中客观填写每一项工作任务的完成情况。

表1-6　任务评价表

任务	知识掌握	能力提升	素质养成
任务1.1 认识成本与成本会计			
任务1.2 组织成本核算工作			

备注：任务评价以目标完成百分比表示，目标全部达成为100%，依次递减。

项 目 小 结

产品成本指的是生产者为生产一定种类和数量的产品所消耗而又必须补偿的物化劳动和活劳动中必要劳动的货币表现。

成本作为一种信息资源，其作用主要体现在：是补偿生产耗费的尺度；是综合反映企业工作质量的重要指标；是影响企业制定产品价格的重要因素之一；是企业进行经营决策的重要依据。

支出涵盖企业开支的所有方面；费用是企业支出中同生产经营有关的部分；产品成本则是费用中与产品的生产有直接联系的部分，即对象化的生产费用。

成本管理是指企业生产经营过程中各项成本预测、成本决策、成本计划、成本核算、成本分析、成本控制、成本考核等一系列科学管理行为的总称。

成本会计工作的组织一般包括成本会计机构的设置、成本会计人员的配备以及成本会计制度的制定。

为了保证该指标的数据质量，产品成本核算时应遵循实际成本原则、可靠性原则、重要性原则、及时性原则和一致性原则。

产品成本核算还应达到五个方面的要求：一是对费用进行合理地分类，按经济内容或经济性质分为九个费用要素，按经济用途分为计入产品成本的三个成本项目和不计入产品成本中的期间费用；二是正确划分五个费用界限，即正确划分应计入成本、费用与不应计入成本、费用的界限，正确划分生产费用与期间费用的界限，正确划分各个月份的界限，正确划分各种产品的费用界限，正确划分完工产品与月末在产品的费用界限；三是确定财产物资的计价与价值结转的方法；四是做好产品成本核算的基础工作；五是选用适当的成本计算方法。

成本核算的一般程序：确定成本计算对象→确定成本项目→确定成本计算期→审核生产费用→归集和分配生产费用→计算完工产品成本和月末在产品成本。

企业一般设置"生产成本——基本生产成本""生产成本——辅助生产成本""制造费用"账户，还需要设置"销售费用""管理费用"等账户。这些账户的综合运用，也就构成了产品成本核算的账务处理程序。

思维导图总结如图1-4所示。

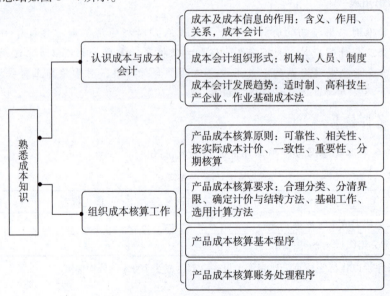

图1-4　思维导图总结

项 目 练 习

一、单项选择题

1. 产品成本是相对于一定（　　）而言的。

A. 数量和种类的产品　　　　　　　B. 会计期间

C. 会计主体　　　　　　　　　　　D. 生产类型

2. 成本是产品价值中的（　　）部分。

A. $C+V+M$　　　B. $C+V$　　　　C. $V+M$　　　　D. $C+M$

3. 不表现或不转化为费用的是（　　）。

A. 管理不善造成的非常损失　　　　B. 为生产产品购进的材料

C. 企业购建的办公楼　　　　　　　D. 购买的生产设备

4. 大中型企业的成本会计工作一般采取（　　）。

A. 集中工作方式　　　　　　　　　B. 统一领导方式

C. 分散工作方式　　　　　　　　　D. 会计岗位责任制

5. 集中工作方式和分散工作方式是指企业内部（　　）的分工方式。

A. 各级成本会计机构　　　　　　　B. 成本会计职能

C. 成本会计对象　　　　　　　　　D. 成本会计任务

6. 成本项目是计入产品成本中的费用按（　　）的分类。

A. 经济性质　　　　　　　　　　　B. 经济用途

C. 经济内容　　　　　　　　　　　D. 生产组织的特点

7. 下列各项中，属于产品成本项目的是（　　）。

A. 外购动力费用　　　　　　　　　B. 制造费用

C. 利息支出　　　　　　　　　　　D. 折旧费用

8. 为了保证按每个成本计算对象正确地归集应负担的费用，必须将应由本期产品负担的生产费用正确地在（　　）。

A. 各种产品之间进行分配

B. 完工产品和在产品之间进行分配

C. 盈利产品与亏损产品之间进行分配

D. 可比产品与不可比产品之间进行分配

9. 下列各项中，不计入产品成本的费用是（　　）。

A. 直接材料费用　　　　　　　　　B. 车间管理人员工资

C. 车间厂房折旧费　　　　　　　　D. 厂部办公楼折旧费

10. 制造费用应分配记入（　　）账户。

A. "生产成本——基本生产成本"　　B. "生产成本——辅助生产成本"

C. "管理费用"　　　　　　　　　　D. "财务费用"

11. 下列各项中，不属于制造业产品生产成本项目的是（　　）。

A. 直接材料　　　　　　　　　　　B. 直接人工

C. 制造费用　　　　　　　　　　　D. 税金

12. 下列各项中应计入管理费用的是（　　）。

A. 银行借款的利息支出　　　　　　B. 银行存款的利息收入

C. 企业的技术开发费　　　　　　　D. 车间管理人员的工资

13. 根据历史有关数据，运用一定方法，对未来成本水平及发展趋势所做的科学的推测和估计是（　　）。

A. 成本预测　　　B. 成本分析　　　C. 成本核算　　　D. 成本计划

14. 产品成本项目由（　　）。

A. 企业根据生产特点和管理要求自行确定

B. 国家统一规定

C. 财政部发布的规定确定

D. 企业主管部门分别统一确定

15. 费用要素是指按其（　　）进行的分类。

A. 经济用途   B. 计入产品成本的方式

C. 经济内容   D. 与生产工艺的关系

二、多项选择题

1. 成本会计机构的设置，应考虑（　　）。

A. 企业规模的大小   B. 业务的多少

C. 企业管理体制   D. 对外报告的要求

2. 期间费用是指（　　）。

A. 销售费用   B. 人工费用

C. 管理费用   D. 财务费用

3. 成本的作用有：（　　）。

A. 成本是补偿生产耗费的尺度

B. 成本是综合反映企业工作质量的重要指标

C. 成本是影响企业制定产品价格的重要因素之一

D. 成本是企业进行经营决策的重要依据

4. 支出是会计主体在经济活动中发生的所有开支与耗费，下列支出中最终能作为费用的是（　　）。

A. 购买固定资产支出   B. 支付办公费用支出

C. 企业筹建期间的支出   D. 购买国债的支出

5. 制造业的产品成本项目一般包括（　　）。

A. 直接材料   B. 直接人工

C. 外购燃料   D. 制造费用

6. 下列（　　）的工资及福利费应由产品成本负担。

A. 生产工人   B. 行政管理人员

C. 车间管理人员   D. 销售人员

7. 产品成本核算的基础工作包括（　　）。

A. 健全原始记录   B. 强化定额管理

C. 严格计量验收   D. 实施内部结算

8. 我国企业最基本的产品计算方法主要有（　　）。

A. 品种法   B. 分批法

C. 分步法   D. 分类法及定额法

9. 产品成本核算应设置（　　）账户。

A. "生产成本——基本生产成本"   B. "生产成本——辅助生产成本"

C. "制造费用"   D. "营业外支出"

10. 产品成本核算时应遵循（　　）。

A. 实际成本原则   B. 可靠性原则

C. 重要性原则   D. 及时性原则和一致性原则

11. 成本会计机构内部的组织分工有（　　　）。

A. 按成本会计的职能分工　　　　　B. 按成本会计的对象分工

C. 集中工作方式　　　　　　　　　D. 分散工作方式

12. 下列各项中，应计入产品成本的费用有（　　　）。

A. 车间办公费　　　　　　　　　　B. 车间设计制图费

C. 在产品的盘亏损失　　　　　　　D. 企业行政管理人员工资

13. 下列各项中属于销售费用的是（　　　）。

A. 广告费　　　　　　　　　　　　B. 利息支出

C. 展览费　　　　　　　　　　　　D. 专设销售机构的办公费

三、判断题

1. 成本属于价值范畴，是商品价值的货币表现。　　　　　　　　　　（　　　）

2. 期间费用一般应当分配计入当期产品成本。　　　　　　　　　　　（　　　）

3. 一般情况下，本期发生的生产费用与本期产品成本在数量上基本相等。　（　　　）

4. 产品成本应当包括生产和销售过程中发生的各种费用，产品成本也称为产品制造成本。

　　　　　　　　　　　　　　　　　　　　　　　　　　　　　　　　（　　　）

5. 成本会计就是计算成本的会计，不应包括成本计划和成本控制等内容。　（　　　）

6. 企业应当根据国家有关法律、法规，并结合企业实际情况来制定自己的成本会计工作制度或方法。　　　　　　　　　　　　　　　　　　　　　　　　　　　　　（　　　）

7. 制定和修订定额，只是为了进行成本审核，与成本计算没有关系。　　（　　　）

8. 为了正确计算产品成本，应正确地划分完工产品与在产品的费用界限。　（　　　）

9. "生产成本——辅助生产成本"账户期末应无余额。　　　　　　　　（　　　）

10. 生产设备的折旧费用计入制造费用，因此它属于间接生产费用。　　（　　　）

11. 产品成本项目就是计入产品成本的费用按经济内容分类核算的项目。　（　　　）

12. 合理确定产品成本计算对象是正确计算产品成本的前提。　　　　　（　　　）

项目2　核算要素费用

知识目标

◇ 掌握各费用要素的分配方法。
◇ 掌握辅助生产费用的归集与分配方法。
◇ 掌握各种费用分配表的编制方法。

能力目标

◇ 能正确运用材料费用分配标准和方法，归集和分配材料费用，并编制材料费用分配表。
◇ 能正确运用人工费用分配标准和方法，分配人工费用，并编制人工费用分配表。
◇ 能正确运用燃料动力费用分配标准和方法，分配燃料或动力费用，并编制燃料或动力费用分配表。
◇ 能正确运用制造费用分配标准和方法，分配制造费用，并编制制造费用分配表。
◇ 能分别运用各种分配方法，分配辅助生产费用，并编制辅助生产费用分配表。
◇ 能根据有关费用分配表或其他有关资料填制记账凭证。

素质目标

了解并恪守爱岗敬业、诚实守信、廉洁自律、客观公正、坚持准则、提高技能、参与管理和强化服务的会计职业操守，养成既认真负责、精益求精，又积极主动、富有创造性的会计工作态度。

【任务导入】

产成品入库单（如表2-1所示）中列示出A产品总成本16 500元，单位成本33元；B产品总成本6 000元，单位成本20元。这些数据的计算与核算过程，反映的是产品成本核算的主要内容。生产过程是制造业生产经营活动的主要过程，对这一过程业务活动的核算的主要任务是归集和分配发生的各项生产费用，确定生产成本，同时对生产资金的使用情况进行核算与监督。

表2-1　产成品入库单

产品编号	产品名称	计量单位	数量	总成本（元）	单位成本（元）	备注
1	A产品	件	500	16 500	33	
2	B产品	件	300	6 000	20	

任务 2.1　核算材料费用

企业为生产经营产品、提供劳务等日常活动所发生的经济利益的流出，称为费用；在生产过程中所发生的应计入产品或劳务成本的各种费用称为生产费用。生产费用按其具体经济用途划分的项目称为产品成本项目。

知识导学：原材料
费用核算

2.1.1　任务资料

金利铝塑门窗厂20××年3月有关数据资料如下：

本月购进材料成本 120 000 元，支付采购员差旅费 500 元，生产产品领用材料 90 000 元，车间物料消耗 500 元，行政管理部门物料消耗 300 元，生产车间扩建领料 10 000 元，支付购进材料的借款利息 650 元。

根据上述资料，你能确定哪项费用计入产品成本？哪项费用不能计入产品成本？根据前面学的知识，你能确认应该计入哪些成本项目吗？

技能导练：材料费用
核算——采购环节

2.1.2　原材料费用的核算

企业在生产经营过程中领用的各种材料，要根据审核无误的"领料单"等原始凭证进行汇总，编制"发出材料汇总表"，将所发生的费用计入产品成本或有关费用中。

1. 确定原材料费用的分配对象

通常情况下，原材料费用是按用途、部门和受益对象来分配的。具体地说，用于产品生产的材料费用应由基本生产的各种产品负担，计入"生产成本——基本生产成本"账户及其明细账的"直接材料"成本项目；用于辅助生产的材料费用应由辅助产品或劳务负担，计入"生产成本——辅助生产成本"账户及其明细账的有关成本项目；用于维护生产设备等一般

技能导练：材料费
用核算——入库环节

技能导练：生产领料
业务 RPA 处理建模

耗用的各种材料，因不能直接确定由哪种产品或劳务负担，所以不能直接记入"生产成本——基本生产成本"或"生产成本——辅助生产成本"账户，应先计入"制造费用"账户进行归集，以后再分配计入"生产成本——基本生产成本"或"生产成本——辅助生产成本"账户；用于产品销售部门的材料费用，应由销售费用负担，计入"销售费用"账户；用于企业行政部门组织和管理生产的材料费用，应由管理费用负担，计入"管理费用"账户。

2. 原材料费用的分配方法

企业在产品生产过程中发生的材料费用，应计入产品生产成本。一般而言，凡是能够明确哪种产品耗用的材料费用，应直接计入该种产品成本；对于几种产品共同耗用的材料费用，应采用适当的方法在各有关产品之间进行分配，计入各有关产品的生产成本。

原材料费用的分配标准很多，由于生产过程中原料及主要材料的耗用量一般与产品的重量、体积等因素有关，因此原料及主要材料费用一般可以按产品的重量、体积比例分配，如果企业的定额管理基础好，原料及主要材料消耗定额健全且比较准确，也可以按照产品的材料定额耗用

量或材料定额费用的比例分配。下面主要说明材料定额耗用量比例分配法和材料定额费用比例分配法。

（1）**材料定额耗用量比例分配法**。材料定额耗用量是指一定产量下按材料消耗定额计算的可以消耗材料的数量，其中材料消耗定额是指单位产品可以消耗材料的限额。这种分配方法的计算步骤如下。

① 计算某种产品原材料的定额耗用量。
② 计算单位材料定额耗用量，即共同耗用材料数量分配率。
③ 计算某种产品应分配的材料数量。
④ 计算出某种产品应分配的材料费用。

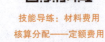

技能导练：材料费用核算分配——定额费用比例分配法

计算公式为

某种产品原材料定额耗用量 = 该种产品的实际产量 × 单位产品材料消耗定额

$$共同耗用材料数量分配率 = \frac{共同耗用材料总量}{各种产品材料定额耗用量之和}$$

某产品应分配的原材料数量 = 该种产品的材料定额消耗总量 ×
共同耗用材料数量分配率

某产品应分配的原材料费用 = 该种产品应分配的材料数量 × 材料单价

【例2-1】20××年1月，新华公司为生产甲、乙两种产品共同耗用某种原材料30 000千克，单价4元，共计120 000元。甲、乙两种产品的投产量分别为100件、200件，两种产品单位材料消耗定额分别为80千克和60千克。原材料费用分配计算如下：

甲产品原材料定额耗用量 = 100 × 80 = 8 000（千克）
乙产品原材料定额耗用量 = 200 × 60 = 12 000（千克）

$$共同耗用材料分配率 = \frac{30\ 000}{8\ 000 + 12\ 000} = 1.50$$

甲产品应分配的原材料数量 = 8 000 × 1.50 = 12 000（千克）
乙产品应分配的原材料数量 = 12 000 × 1.50 = 18 000（千克）
甲产品应分配的原材料费用 = 12 000 × 4 = 48 000（元）
乙产品应分配的原材料费用 = 18 000 × 4 = 72 000（元）

这种分配方法，既对原材料费用进行了分配，同时也考核了原材料消耗定额的执行情况，有利于加强原材料消耗的实物管理，但计算工作量较大。为简化计算工作，也可以按材料定额耗用量比例直接分配材料费用。计算公式为

$$共同耗用材料费用分配率 = \frac{共同耗用材料费用总额}{各种产品材料定额耗用量之和}$$

某种产品应分配的材料费用 = 该种产品的材料定额消耗总量 ×
共同耗用材料费用分配率

【例2-2】承【例2-1】，分配原材料费用如下：

$$共同耗用材料费用分配率 = \frac{120\ 000}{8\ 000 + 12\ 000} = 6$$

甲产品应分配的原材料费用 = 8 000 × 6 = 48 000（元）
乙产品应分配的原材料费用 = 12 000 × 6 = 72 000（元）

上述两种分配方法的计算结果相同，但后一种分配方法不能反映各种产品材料定额耗用量的情况，不利于加强材料消耗的实物管理。

（2）材料定额费用比例分配法。如果企业生产多种产品或多种产品生产中耗用材料种类较多，可以按照各种材料的定额费用比例进行分配，确定各种产品所应负担的原材料费用。计算公式为

$$某产品的某种原材料定额费用 = 该种产品实际产量 \times 单位产品该种原材料费用定额$$

$$材料费用分配率 = \frac{所耗原材料的实际费用}{各种产品各种原材料定额费用之和}$$

$$某种产品应负担的原材料费用 = 该种产品的原材料定额费用 \times 材料费用分配率$$

【例2-3】承【例2-1】，假设该原材料单价定额为5元，按材料费用定额比例分配法计算如下：

$$甲产品原材料定额费用 = 100 \times 80 \times 5 = 40\ 000（元）$$
$$乙产品原材料定额费用 = 200 \times 60 \times 5 = 60\ 000（元）$$

$$材料费用分配率 = \frac{120\ 000}{40\ 000 + 60\ 000} = 1.20$$

$$甲产品应负担的原材料费用 = 40\ 000 \times 1.20 = 48\ 000（元）$$
$$乙产品应负担的原材料费用 = 60\ 000 \times 1.20 = 72\ 000（元）$$

实际工作中，分配材料费用一般是在月末通过编制"原材料费用分配表"进行的，该分配表应根据各部门、车间领料、退料凭证和其他有关凭证编制。原材料费用分配表的编制方法和会计处理举例说明如下：

技能导练：材料费用核算——领用环节

【例2-4】20××年1月，新华公司生产甲、乙两种产品，投产量分别为100件、200件。有关材料领用情况如表2-2所示。

表2-2 原材料领用情况明细表

20××年1月 单位：元

材料用途	金额
生产甲产品领用	50 000
生产乙产品领用	68 000
甲、乙产品共同耗用	120 000
基本生产车间领用	2 800
企业管理部门领用	1 500
供水车间领用	3 600
供热车间领用	5 300

甲、乙两种产品材料消耗定额分别为80千克和60千克，共同耗用的原材料按材料定额耗用量比例分配。

根据资料编制原材料费用分配表，如表2-3所示。

技能导练：材料费用核算——结转领用材料成本

表2-3 原材料费用分配表

20××年1月　　　　　　　　　　　　　　　　　　金额单位：元

应借账户		成本项目或明细项目	直接计入	分配计入			合计
				定额耗用（千克）	分配率	分配额	
生产成本——基本生产成本	甲产品	直接材料	50 000	8 000	6	48 000	98 000
	乙产品	直接材料	68 000	12 000	6	72 000	140 000
	小　计		118 000	20 000		120 000	238 000
生产成本——辅助生产成本	供水车间	直接材料	3 600				3 600
	供热车间	直接材料	5 300				5 300
	小　计		8 900				8 900
制造费用	基本生产车间	物料消耗	2 800				2 800
管理费用		物料消耗	1 500				1 500
合　　计			131 200			120 000	251 200

根据表2-3填制转账凭证，编制会计分录如下：

借：生产成本——基本生产成本——甲产品　　　　　　　　　　98 000
　　　　　　　——基本生产成本——乙产品　　　　　　　　　140 000
　　生产成本——辅助生产成本——供水车间　　　　　　　　　3 600
　　　　　　　——辅助生产成本——供热车间　　　　　　　　5 300
　　制造费用——基本生产车间　　　　　　　　　　　　　　　2 800
　　管理费用　　　　　　　　　　　　　　　　　　　　　　　1 500
　　贷：原材料　　　　　　　　　　　　　　　　　　　　　251 200

 提　示

　　企业在生产过程中若有余料退库和废料收回业务，应根据退料凭证和废料交库凭证，扣减原领用的原材料费用。若月末有已领未使用的材料，下月生产还要继续使用的，应办理假退库手续，以冲减当月的生产费用。

　　如果原材料按计划成本进行日常核算，则原材料的收、发凭证都必须按材料的计划成本计价。收入材料实际成本与计划成本之间的差异，通过"材料成本差异"账户进行核算，月终时计算出材料成本差异分配率，将发出材料的计划成本调整为实际成本。调整时，按已分配的计划成本比例调整原材料成本差异，如果实际成本大于计划成本，为超支差异，应借记有关成本费用账户，贷记"材料成本差异"账户；如果实际成本小于计划成本，为节约差异，应做相反的会计处理，这里不再赘述。

问题与思考

如果企业厂房扩建领用了生产用的材料（按实际成本计价），该如何进行会计核算？如果厂房扩建领用的是工程物资，又该如何处理？

2.1.3 燃料费用的核算

燃料实际上也是材料，因此燃料费用的分配及账务处理方法与原材料费用的分配及账务处理方法相同。如果企业的燃料费用占比重较大，可与动力费用一起单设"燃料及动力"成本项目，在"原材料"账户外增设"燃料"账户进行核算，用以反映燃料费用的增减变动和结存，以及燃料费用的分配情况。

在对燃料费用的分配核算中，如果燃料直接用于产品生产，并且只生产一种产品或生产多种产品而分产品单独领用，可根据领料凭证直接计入该产品成本中的"直接材料"或"燃料及动力"成本项目；如果是生产多种产品共同领用的燃料，则应采用适当的分配方法，在各种产品之间进行分配计入各产品的该成本项目。分配标准可以是产品的重量、体积、所耗原材料的数量或费用、燃料的定额耗用量或定额费用比例等。对基本生产车间管理部门、企业行政管理部门、产品销售部门等领用的燃料及辅助生产部门所耗用的燃料，应分别计入"制造费用""管理费用""销售费用"和"生产成本——辅助生产成本"等成本、费用账户。

【例 2 - 5】新华公司生产成本中燃料及动力费占比重较大，在成本项目中单设"燃料与动力"成本项目。该公司 20 × × 年 1 月生产甲、乙两种产品，共耗用燃料费用 19 040 元，按甲、乙产品所耗原材料费用比例分配。甲产品材料费用 98 000 元，乙产品材料费用 140 000 元。则燃料费用分配计算如下：

$$燃料费用分配率 = \frac{19\ 040}{98\ 000 + 140\ 000} = 0.08$$

$$甲产品应分配的燃料费用 = 98\ 000 \times 0.08 = 7\ 840（元）$$

$$乙产品应分配的燃料费用 = 140\ 000 \times 0.08 = 11\ 200（元）$$

另外，当月供水车间耗用燃料 800 元，供热车间耗用燃料 16 108 元，编制燃料及动力费用分配表，如表 2 - 4 所示。

表 2 - 4　燃料及动力费用分配表

20 × × 年 1 月　　　　　　　　　　　　　　　　　　　金额单位：元

应借账户		成本项目或明细项目	直接计入	分配计入			合计
				原材料费用	分配率	分配额	
生产成本——基本生产成本	甲产品	燃料及动力		98 000	0.08	7 840	7 840
	乙产品	燃料及动力		140 000	0.08	11 200	11 200
	小　计			238 000		19 040	19 040

续表

| 应借账户 | | 成本项目或明细项目 | 直接计入 | 分配计入 | | | 合计 |
				原材料费用	分配率	分配额	
生产成本——辅助生产成本	供水车间	燃料及动力	800				800
	供热车间	燃料及动力	16 108				16 108
	小　计		16 908				16 908
合　计			16 908			19 040	35 948

根据表2-4填制转账凭证，编制会计分录如下：

借：生产成本——基本生产成本——甲产品　　　　　　　　　　　　7 840

　　　　——基本生产成本——乙产品　　　　　　　　　　　　11 200

　　生产成本——辅助生产成本——供水车间　　　　　　　　　　　 800

　　　　——辅助生产成本——供热车间　　　　　　　　　　　16 108

　　贷：燃料　　　　　　　　　　　　　　　　　　　　　　　35 948

2.1.4　周转材料的核算

德育导行：我对成本
有话说之勤俭节约树新风

周转材料实际上也是材料，是指企业能够多次使用、逐渐转移其价值但仍保持原有形态不确认为固定资产的材料，如包装物和低值易耗品等。

1. 低值易耗品费用的核算

低值易耗品通常被视为存货，作为流动资产进行核算和管理，一般划分为一般工具、专用工具、替换设备、管理用具、劳动保护用品，以及生产经营中周转使用的包装容器等。低值易耗品的核算是通过"周转材料——低值易耗品"账户进行的，它既可以按实际成本计价核算，也可以按计划成本计价核算。按计划成本计价核算时，应在"材料成本差异"总账账户下设置"低值易耗品成本差异"明细账，核算低值易耗品实际成本与计划成本的差异。

低值易耗品在使用过程中价值会逐渐减少，加之价值较低或易损耗，使用时间较短，因此应采用摊销的方法计入成本、费用中。低值易耗品的摊销方法通常根据其价值大小有两种：对价值较低或极易损坏的，采用一次摊销法；价值较高、可供多次反复使用的，采用分次摊销法。低值易耗品的分配核算中，可按用途、部门和受益对象来分配。具体地说，直接用于某种产品生产领用的低值易耗品，应直接计入"生产成本——基本生产成本"账户及其明细账的"直接材料"成本项目；如为生产多种产品共同领用的以及辅助生产部门领用的低值易耗品，则应计入"制造费用"账户，再分配计入各有关产品成本中；如为企业管理部门领用的低值易耗品，应计入"管理费用"账户。

【例2-6】20××年1月，新华公司基本生产车间领用专用工具一批，成本为1 600元，该批低值易耗品在4个月内按月平均摊销。

领用时，编制会计分录如下：

借：周转材料——低值易耗品——在用低值易耗品　　　　　　　　　　　　1 600

　　贷：周转材料——低值易耗品——在库低值易耗品　　　　　　　　　　　　　1 600

各月摊销低值易耗品价值400元，编制会计分录如下：

借：制造费用——基本生产车间　　　　　　　　　　　　　　　　　　　　400

　　贷：周转材料——低值易耗品——低值易耗品摊销　　　　　　　　　　　　　400

【例2-7】20××年1月，新华公司行政管理部门领用管理用具一批，成本1 200元，采用一次摊销法，编制会计分录如下：

借：管理费用　　　　　　　　　　　　　　　　　　　　　　　　　　　1 200

　　贷：周转材料——低值易耗品——管理用具　　　　　　　　　　　　　　　1 200

2. 包装物费用的核算

包装物是指为包装本企业产品而储备的各种包装容器，如桶、箱、瓶、坛、袋等。为反映和监督包装物的增减变化及其价值损耗、结存情况，企业应设置"周转材料——包装物"账户进行核算，并区分不同的使用方式进行分配处理。具体地讲，凡生产领用构成产品组成部分的，应计入"生产成本——基本生产成本"账户的"直接材料"成本项目；对随产品出售单独计价的包装物，领用时计入"其他业务成本"账户；随产品出售不单独计价的包装物，领用时计入"销售费用"账户。包装物的摊销方法同低值易耗品的摊销方法，具体的会计处理方法，在"财务会计"课程中已经进行了详细说明，这里不再赘述。

2.1.5　外购动力费用的核算

外购动力是指企业外购的电力、热力等。在实际工作中，企业所支付的外购动力款先计入"应付账款"账户，月末再将其分配计入各有关成本、费用账户。在会计核算上，对于直接用于产品生产的外购动力费，应直接计入或分配计入"生产成本——基本生产成本"账户的"直接材料"或"燃料及动力"成本项目；用于辅助生产的外购动力费，应计入"生产成本——辅助生产成本"账户的"直接材料"或"燃料及动力"成本项目；生产车间、企业管理部门一般耗用的外购动力费，应分别计入制造费用和管理费用。

外购动力费的分配原则是：在车间、部门和产品生产都有仪表记录的情况下，应根据仪表所示耗用的动力数量和动力单价直接计算计入受益单位的成本、费用；在没有仪表记录的情况下，则要按一定的标准分配计入各受益对象，如可按生产工时的比例、机器功率时数的比例或定额耗用量的比例分配。外购动力费的分配应通过编制"外购动力费分配表"进行。

【例2-8】新华公司20××年1月份耗用外购电力共50 000千瓦·时，单价0.8元，共计40 000元。其中：基本生产车间生产产品用电37 500千瓦·时，基本生产车间照明用电1 500千瓦·时；供水车间用电2 400千瓦·时，供热车间用电6 000千瓦·时，企业管理部门用电2 600千瓦·时。基本生产车间为生产甲、乙两种产品分别耗用工时10 000工时和20 000工时。要求以甲、乙两种产品生产工时的比例分配生产车间生产用电费。根据资料编制外购动力费用分配表，如表2-5所示。

表2-5 外购动力费用分配表

20××年1月 金额单位：元

应借账户		成本项目或费用项目	耗用电量分配			电费单价	分配金额
			生产工时（工时）	分配率	分配电量（千瓦·时）		
生产成本——基本生产成本	甲产品	燃料与动力	10 000	1.25	12 500	0.8	10 000
	乙产品	燃料与动力	20 000	1.25	25 000	0.8	20 000
	小　计		30 000		37 500		30 000
生产成本——辅助生产成本	供水车间	燃料与动力			2 400	0.8	1 920
	供热车间	燃料与动力			6 000	0.8	4 800
	小　计				8 400		6 720
制造费用	基本车间	电费			1 500	0.8	1 200
管理费用					2 600	0.8	2 080
合　计					50 000		40 000

根据表2-5填制转账凭证，编制会计分录如下：

借：生产成本——基本生产成本——甲产品　　　　　　　　　　　10 000
　　　　　　——基本生产成本——乙产品　　　　　　　　　　　20 000
　　生产成本——辅助生产成本——供水车间　　　　　　　　　　 1 920
　　　　　　——辅助生产成本——供热车间　　　　　　　　　　 4 800
　　制造费用——基本生产车间——电费　　　　　　　　　　　　 1 200
　　管理费用　　　　　　　　　　　　　　　　　　　　　　　　 2 080
　　贷：应付账款　　　　　　　　　　　　　　　　　　　　　　　　40 000

 问题与思考

如果外购动力费用未与燃料费用一起专设"燃料及动力"成本项目，你认为应该将动力费用计入哪个成本项目呢？

课后导思：
核算材料费用

任务2.2　核算职工薪酬及其他费用

课前导引：一张图
掌握成本逻辑

2.2.1　任务资料

大学毕业生李桓与一家用人单位签订从事生产就业协议，协议规定李桓月工资2 950元，单位按期为李桓缴纳医疗保险、养老保险、失业保险、工伤保险、住房公积金，并提供租住条件。以上所列各项是否均为职工薪酬范围？哪些项目是应付给李桓的工资？

2.2.2 职工薪酬费用的核算

知识导学：
人工费用核算

技能导练：人工成本
业务 RPA 处理建模

1. 职工薪酬的内容

职工薪酬，是指企业为获得职工提供的服务或解除劳动关系而给予职工的各种形式的报酬和补偿。这里的职工，是指与企业订立劳动合同的所有人员，含全职、兼职和临时职工，也包括虽未与企业订立劳动合同但由企业正式任命的人员；未与企业订立劳动合同或未由其正式任命，但向企业所提供服务与职工所提供服务类似的人员，也属于职工的范畴，包括通过企业与劳务中介公司签订用工合同而向企业提供服务的人员。职工薪酬包括短期薪酬、离职后福利、辞退福利和其他长期职工福利。企业提供给职工配偶、子女、受赡养人、已故员工遗属及其他受益人等的福利，也属于职工薪酬。具体来说，职工薪酬包括以下内容：

（1）短期薪酬，是指企业在职工提供相关服务的年度报告期间结束后十二个月内需要全部予以支付的职工薪酬，因解除与职工的劳动关系给予的补偿除外。短期薪酬具体包括：职工工资、奖金、津贴和补贴，职工福利费，医疗保险费、工伤保险费和生育保险费等社会保险费（2014 年修订的《企业会计准则第 9 号——职工薪酬》将企业为职工缴纳的养老保险、失业保险等调整到离职后福利中），住房公积金，工会经费和职工教育经费，短期带薪缺勤，短期利润分享计划，非货币性福利以及其他短期薪酬。

带薪缺勤，是指企业支付工资或提供补偿的职工缺勤，包括年休假、病假、短期伤残、婚假、产假、丧假、探亲假等。带薪缺勤分为累积带薪缺勤和非累积带薪缺勤。累积带薪缺勤，是指带薪缺勤权利可以结转下期的带薪缺勤，本期尚未用完的带薪缺勤权利可以在未来期间使用；非累积带薪缺勤，是指带薪缺勤权利不能结转下期的带薪缺勤，本期尚未用完的带薪缺勤权利将予以取消，并且职工离开企业时也无权获得现金支付。

利润分享计划，是指因职工提供服务而与职工达成的基于利润或其他经营成果提供薪酬的协议。例如，甲公司于 20×× 年年初为对管理层进行激励，制定和实施了一项短期利润分配计划。公司全年净利润指标计划为 1 000 万元，如在管理层努力下实际实现的净利润超过 1 000 万元指标计划，公司管理层将可以分享超过净利润计划指标部分的 10% 作为额外报酬。假定 20×× 年年底公司全年实现净利润 1 400 万元，假定不考虑离职等其他因素，则公司管理层按净利润分享计划可以分享利润 40 万元作为其额外的薪酬。甲公司 20×× 年 12 月 31 日账务处理应为，借记"管理费用" 400 000 元，贷记"应付职工薪酬——利润分享计划" 400 000 元。

（2）离职后福利，是指企业为获得职工提供的服务而在职工退休或与企业解除劳动关系后，提供的各种形式的报酬和福利，短期薪酬和辞退福利除外。如企业为职工缴纳的养老保险、失业保险等。

（3）辞退福利，是指企业在职工劳动合同到期之前解除与职工的劳动关系，或者为鼓励职工自愿接受裁减而给予职工的补偿。

（4）其他长期职工福利，是指除短期薪酬、离职后福利、辞退福利之外所有的职工薪酬，包括长期带薪缺勤（如提前 1 年以上内退）、长期残疾福利、长期利润分享计划等。

2. 职工薪酬费用的核算

人工成本是企业在生产经营过程中的各种耗费支出的主要组成部分，直接关系到产品成本和和产品价格，也直接影响到企业生产经营成果。企业会计准则规定，企业应当在职工为其提供服务的会计期间，将应付的职工薪酬确认为负债，除因解除与职工的劳动关系给予的补偿外，应根据职工提供服务的受益对象分别处理，即应由产品生产、提供劳务负担的职工薪酬，计入产品成本或劳务成本；应由在建工程、无形资产负担的职工薪酬，计入建造固定资产或无形资产成本；除此之外的其他职工薪酬计入当期损益。

会计上应通过"应付职工薪酬"总账账户核算职工薪酬的提取、结算、使用等情况，企业按规定从净利润中提取的职工奖励及福利基金，也在该科目核算。该科目贷方登记应支付给职工的各种薪酬，借方登记实际支付给职工的各种薪酬，期末贷方余额反映企业应付未付的职工薪酬。在"应付职工薪酬"总账账户下按照"工资""职工福利""社会保险费""住房公积金""工会经费""职工教育经费""非货币性福利""辞退福利""股份支付""累计带薪休假""非累积带薪休假""利润分享计划""设定提存计划""设定收益计划"等应付职工薪酬项目设置明细账进行明细核算。为准确、高效地进行职工薪酬费用核算，企业财会部门应根据各车间、部门的"职工薪酬结算表"汇总编制整个企业的"职工薪酬结算汇总表"，以掌握整个企业的结算和支付情况，并据以进行职工薪酬的总分类核算。

（1）职工薪酬费用的分配。在职工为企业提供服务的会计期间，财会部门应根据职工提供服务的受益对象，将应确认的职工薪酬（包括货币性薪酬和非货币性薪酬）计入有关成本、费用账户，同时确认为应付职工薪酬。具体来说，直接从事产品生产所发生的职工薪酬，应由基本生产车间的各产品成本负担；辅助生产车间发生的职工薪酬，应由辅助生产车间的产品或劳务承担；各生产部门管理人员发生的职工薪酬，应由各生产部门的制造费用负担；企业销售部门、行政管理部门所发生的职工薪酬，应由销售费用、管理费用承担。

在实际工作中，由于职工薪酬（工资）的计算形式不同，职工薪酬费用计入产品成本的方法也不一样。

① 在计时工资形式下，如果企业基本生产车间只生产一种产品，发生的工资费用则直接计入该产品的"生产成本——基本生产成本"账户的"直接人工"成本项目；如果企业基本生产车间生产两种或两种以上产品，则应按一定的比例分配计入各产品成本的"直接人工"成本项目。具体计算公式为

$$工资费用分配率 = \frac{待分配的生产工人工资费用}{各种产品实际工时（或定额工时）之和}$$

$$某产品应负担的工资费用 = 该产品实际（定额）工时 \times 工资费用分配率$$

② 在计件工资形式下，生产工人的计件工资直接与某种产品生产相联系，因此，可以在发生生产工人工资时直接计入该产品生产成本的"直接人工"成本项目；而对于基本生产工人的奖金、津贴，则要采用一定的标准分配计入各产品生产成本的"直接人工"成本项目。其分配方法一般按直接计入产品成本的生产工人计件工资比例进行分配。

（2）职工薪酬费用分配的核算。

① 货币性职工薪酬的核算。月末，企业应根据"职工薪酬结算汇总表"编制"职工薪酬费用分配表"，据以对工资进行分配核算。其中基本生产车间生产工人工资应计入"生产成本——基本生产成本"账户的"直接人工"成本项目；辅助生产车间生产工人工资应计入"生产成本——辅助生产成本"账户的"直接人工"成本项目；车间管理人员工资应计入"制造费用"账户；销售人员、行政管理人员工资应分别计入"销售费用""管理费用"账户。

技能导练：人工费用
分配账务处理

【例2-9】新华公司20××年1月共支付职工工资80 000元。其中基本生产车间生产工人工资61 200元，管理人员工资2 900元，供水车间工人工资3 100元，供热车间工人工资4 300

元，行政管理人员工资 8 500 元，生产甲、乙两种产品分别耗用工时 10 000 工时和20 000 工时。要求用甲、乙两种产品的生产工时比例分配基本生产车间工人工资费用。

计算工资费用分配如下：

$$工资费用分配率 = \frac{61\ 200}{10\ 000 + 20\ 000} = 2.04$$

甲产品应分配的工资费用 = 10 000 × 2.04 = 20 400（元）

乙产品应分配的工资费用 = 20 000 × 2.04 = 40 800（元）

编制职工薪酬（工资）费用分配表，如表 2-6 所示。

技能导练：人工费用分配——
工资费用分配表的编制

表 2-6 职工薪酬（工资）费用分配表

20××年 1 月　　　　　　　　　　　　　　　　金额单位：元

应借账户		产品成本或费用项目	生产工时（工时）	分配率	应分配工资费用
生产成本——基本生产成本	甲产品	直接人工	10 000	2.04	20 400
	乙产品	直接人工	20 000	2.04	40 800
	小　计		30 000		61 200
生产成本——辅助生产成本	供水车间	直接人工			3 100
	供热车间	直接人工			4 300
	小　计				7 400
制造费用	基本车间	工资费用			2 900
管理费用		工资费用			8 500
合　计					80 000

根据表 2-6 填制转账凭证，编制会计分录如下：

借：生产成本——基本生产成本——甲产品　　　　　　　　　20 400
　　　　　　——基本生产成本——乙产品　　　　　　　　　40 800
　　生产成本——辅助生产成本——供水车间　　　　　　　　 3 100
　　　　　　——辅助生产成本——供热车间　　　　　　　　 4 300
　　制造费用——基本生产车间——工资费用　　　　　　　　 2 900
　　管理费用——工资费用　　　　　　　　　　　　　　　　 8 500
　　贷：应付职工薪酬——工资　　　　　　　　　　　　　　80 000

企业对于除工资外的职工薪酬进行计量，国家规定了计提基础和计提比例的，应当按国家规定的标准计提，如企业应向社会保险经办机构缴纳的医疗保险费金、基本养老保险费金、失业保险费金、工伤保险费和生育保险费等社会保险费，应向住房公积金管理机构缴存的住房公积金，以及应向工会部门缴纳的工会经费等。而对国家没有明确计提基础和计提比例的，如职工福利费等职工薪酬，企业应根据历史经验数据和实际情况，合理预计当期应付职工薪酬。当期实际发生额大于预计金额的，应当补提应付职工薪酬；当期实际发生额小于预计金额的，应当冲回多提的应付职工薪酬。

【例 2-10】20××年 1 月，新华公司根据企业历史经验数据和实际情况，按应付工资总额

14% 计提职工福利费。资料承【例2-9】，职工薪酬（职工福利）费用分配表如表2-7所示。

表2-7 职工薪酬（职工福利）费用分配表

20××年1月 　　　　金额单位：元

应借账户		产品成本或费用项目	应分配工资费用	职工福利费计提比例（%）	福利费用	合计
生产成本——基本生产成本	甲产品	直接人工	20 400	14	2 856	23 256
	乙产品	直接人工	40 800	14	5 712	46 512
	小　计		61 200	14	8 568	69 768
生产成本——辅助生产成本	供水车间	直接人工	3 100	14	434	3 534
	供热车间	直接人工	4 300	14	602	4 902
	小　计		7 400	14	1 036	8 436
制造费用	基本车间	工资费用	2 900	14	406	3 306
管理费用		工资费用	8 500	14	1 190	9 690
合　计			80 000		11 200	91 200

根据表2-7填制转账凭证，编制会计分录如下：

借：生产成本——基本生产成本——甲产品　　　　　　　　　　　　　　2 856
　　　　　　——基本生产成本——乙产品　　　　　　　　　　　　　　5 712
　　生产成本——辅助生产成本——供水车间　　　　　　　　　　　　　434
　　　　　　——辅助生产成本——供热车间　　　　　　　　　　　　　602
　　制造费用——基本生产车间——福利费用　　　　　　　　　　　　　406
　　管理费用——福利费用　　　　　　　　　　　　　　　　　　　　1 190
　　贷：应付职工薪酬——职工福利　　　　　　　　　　　　　　　　11 200

② 非货币性职工薪酬的核算。企业以自产产品或外购商品作为非货币性福利发放给职工的，应当根据受益对象，按照该产品的公允价值，计入相关资产成本或当期损益，同时确认应付职工薪酬。

企业决定发放非货币性福利时：

借：生产成本
　　管理费用等
　　贷：应付职工薪酬——非货币性福利

实际发放非货币性福利时，确认收入并计算相关税费：

借：应付职工薪酬——非货币性福利
　　贷：主营业务收入
　　　　应交税费——应交增值税（销项税额）

同时结转用做非货币性福利的自产产品或外购商品的成本：

借：主营业务成本
　　贷：库存商品

企业将拥有的房屋等资产无偿提供给职工使用的，应当根据受益对象，将该住房每期应计提的折旧计入相关资产成本或当期损益，同时确认应付职工薪酬，借记"生产成本""制造费用""管理费用"等账户，贷记"应付职工薪酬——非货币性福利""累计折旧"账户。

企业租赁住房等资产供职工无偿使用的，应当根据受益对象，将每期应付的租金计入相关资产成本或当期损益，并确认应付职工薪酬，借记"生产成本""制造费用""管理费用"等科目，贷记"应付职工薪酬——非货币性福利"科目。

难以认定受益对象的非货币性福利，直接计入当期损益和应付职工薪酬。

③ 辞退福利的核算。企业在职工劳动合同到期之前解除与职工的劳动关系，或为鼓励职工自愿接受裁减而提出补偿建议的计划中给予职工的经济补偿，同时满足下列条件的，应当确认为因解除与职工的劳动关系给予的补偿，计入当期费用。

第一，企业已经制订正式的解除劳动关系计划或提出自愿裁减建议，并即将实施。该计划或建议应当包括拟解除劳动关系或裁减的职工所在部门、职位及数量；按工作类别或职位确定的解除劳动关系或裁减补偿金额；拟解除劳动关系或裁减的时间。

第二，企业不能单方面撤回解除劳动关系计划或裁减建议。

将满足辞退条件的员工辞退补偿费用计入当期损益时：

借：管理费用
　　贷：应付职工薪酬——辞退福利

当上述职工薪酬以银行存款或现金实际支付时：

借：应付职工薪酬——辞退福利
　　贷：银行存款（库存现金）

④ 带薪缺勤的核算。带薪缺勤是指企业支付工资或提供补偿的职工缺勤，包括年休假、病假、短期伤残、婚假、产假、丧假、探亲假等。带薪缺勤分为累积带薪缺勤和非累积带薪缺勤。企业会计准则规定，对累积带薪缺勤应当在职工提供了服务从而增加其未来享有的带薪缺勤权利时，确认与累积带薪缺勤相关的职工薪酬或费用，并以累计未行使权力而增加的预期支付金额计量；对非累积带薪缺勤，企业应当在职工发生实际缺勤的会计期间确认与非累计带薪缺勤相关的职工薪酬成本或费用。

【例 2-11】 新华公司从 20××年 1 月 1 日起实行累积带薪缺勤制度，公司规定，该公司每名职工每年有权享受 12 个工作日的带薪休假，休假权利可以向后结转两个日历年度。在第 2 年年末，公司将对职工未使用的带薪休假权利支付现金。假定该公司职工王海是一名生产工人，月工资 3 000 元，每月有 20 个工作日，平均日工资为 150 元。

假定本年度 1 月，职工王海没有休假。公司应当在职工为其提供服务的当月，累积相当于 1 个工作日工资的带薪休假义务，编制会计分录如下：

借：生产成本　　　　　　　　　　　　　　　　　　　　　　　　3 150
　　贷：应付职工薪酬——工资　　　　　　　　　　　　　　　　　3 000
　　　　　　　　　　——累积带薪休假　　　　　　　　　　　　　　150

假定本年度 2 月，该名职工休了 1 天假。公司应当在职工为其提供服务的当月，累积相当于 1 个工作日工资的带薪休假义务，反映职工使用累积权利的情况，并编制会计分录如下：

借：生产成本　　　　　　　　　　　　　　　　　　　　　　　　3 150
　　贷：应付职工薪酬——工资　　　　　　　　　　　　　　　　　3 000
　　　　　　　　　　——累积带薪休假　　　　　　　　150（计提本期休假）

借：应付职工薪酬——累积带薪休假　　　　　　　　　　　　　　　　　150

　　贷：生产成本　　　　　　　　　　　　　　　　　　150（使用上期休假）

假定第 2 年年末，该名职工有 5 个工作日未使用的带薪休假到期，公司以现金支付了未使用的带薪休假（如果不支付现金，就冲回成本费用），编制会计分录如下：

借：应付职工薪酬——累积带薪休假　　　　　　　　　　　　　　　　　750

　　贷：库存现金　　　　　　　　　　　　　　　　　　　　　　　　　750

【例 2 - 12】惠民公司 20××年 10 月有 2 名销售人员放弃 15 天的婚假，假设平均每名职工每个工作日工资为 200 元，月工资为 6 000 元。

假设该公司未实行非累积带薪缺勤货币补偿制度，编制会计分录如下：

借：销售费用　　　　　　　　　　　　　　　　　　　　　　　　　12 000

　　贷：应付职工薪酬——工资　　　　　　　　　　　　　　　　　12 000

假设该公司实行非累积带薪缺勤货币补偿制度，补偿金额为放弃带薪休假期间平均日工资的 2 倍，编制会计分录如下：

借：销售费用　　　　　　　　　　　　　　　　　　　　　　　　　24 000

　　贷：应付职工薪酬——工资　　　　　　　　　　　　　　　　　12 000

　　　　　　　　——非累积带薪休假　　　　　　　　　　　　　　12 000

实际补偿时一般随工资同时支付，编制会计分录如下：

借：应付职工薪酬——工资　　　　　　　　　　　　　　　　　　　12 000

　　　　　　　——非累积带薪休假　　　　　　　　　　　　　　　12 000

　　贷：银行存款　　　　　　　　　　　　　　　　　　　　　　　24 000

提　示

企业提取的职工福利费主要用于职工医药费、医务经费、职工因工负伤赴外地就医路费、职工生活困难补助等。在实际发生这些费用时，应由计提的职工福利费开支，不应再计入成本、费用，以免重复核算。

2.2.3　折旧和其他费用的核算

1. 折旧费用的核算

一般来讲，制造业产品成本项目主要由直接材料、直接人工和制造费用构成，可见材料费用和人工费用是产品成本的重要组成内容。但是，在生产过程中除发生上述费用外，还会发生固定资产的使用磨损等。固定资产在长期使用过程中，其实物形态保持不变，但其价值随固定资产的损耗而逐渐减少，这部分减少的价值就是固定资产折旧。这种折旧应根据固定资产的使用车间、部门和经济用途分配计入各有关产品成本或费用账户。具体来说，将生产车间使用的固定资产所提取的折旧费列作制造费用，将企业管理部门使用的固定资产所提取的折旧费列作管理费用。固定资产折旧费用的分配通过编制"固定资产折旧计算分配表"进行。

【例 2 - 13】新华公司 20××年 1 月"固定资产折旧费用计算分配表"如表 2 - 8 所示。

表 2 - 8　固定资产折旧费用计算分配表

20××年1月　　　　　　　　　　　　　　　金额单位：元

应借账户	使用部门	应计折旧固定资产总额	月折旧率（%）	月折旧额
制造费用	基本车间	1 500 000	0.50	7 500
生产成本——辅助生产成本	供水车间	40 000	0.40	160
	供热车间	280 000	0.30	840
管理费用	行政部门	500 000	0.30	1 500
合　　计		2 320 000		10 000

根据表 2-8 填制转账凭证，编制会计分录如下：

借：制造费用——基本生产车间　　　　　　　　　　　　　　　　7 500

　　生产成本——辅助生产成本——供水车间　　　　　　　　　　　160

　　生产成本——辅助生产成本——供热车间　　　　　　　　　　　840

　　管理费用　　　　　　　　　　　　　　　　　　　　　　　　1 500

　　贷：累计折旧　　　　　　　　　　　　　　　　　　　　　　　　10 000

2. 其他费用的核算

其他费用是指除前述要素费用以外的要素费用，具体包括差旅费、办公用品费、报刊资料费、邮电费、租赁费、误餐补贴费、交通补助费、职工技术补助费、排污费、实验检验费、利息及有关税金等。费用种类繁多，发生较为频繁，但数额不大，应在这些费用发生时，按发生的地点和用途进行归集和分配。应计入产品成本的费用，在发生时记入"制造费用"账户；应计入期间费用的，在发生时计入"管理费用"等有关账户。

【例 2-14】 新华公司 20××年1月以银行存款支付办公费 2 558 元。其中，基本生产车间 910 元，供水车间 318 元，供热车间 450 元，行政管理部门 880 元。根据有关原始凭证和银行结算凭证填制付款凭证，编制会计分录如下：

借：制造费用——基本生产车间　　　　　　　　　　　　　　　　910

　　生产成本——辅助生产成本——供水车间　　　　　　　　　　　318

　　　　　　　——辅助生产成本——供热车间　　　　　　　　　　450

　　管理费用　　　　　　　　　　　　　　　　　　　　　　　　880

　　贷：银行存款　　　　　　　　　　　　　　　　　　　　　　　2 558

【例 2-15】 新华公司 20××年1月开出转账支票，购买办公用品 200 元。根据有关原始凭证及转账支票存根填制付款凭证，编制会计分录如下：

借：管理费用　　　　　　　　　　　　　　　　　　　　　　　　200

　　贷：银行存款　　　　　　　　　　　　　　　　　　　　　　　200

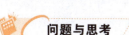 **问题与思考**

企业某员工出差向财务部门预借差旅费备用金及归来报销差旅费，应如何进行会计核算？

课后导思:
人工费用核算

矩不正,不可为方;规不正,不可为圆。——刘安

道德当身,故不以物惑。——管仲

自古皆有死,民无信不立。——孔丘

诚者,天之道也;思诚者,人之道也。——孟子

千教万教教人求真,千学万学学做真人。——陶行知

启示:合规、诚信自古是我们行事应遵循的原则。按照《企业会计准则》要求,实事求是,精准识别职工薪酬、折旧费用和其他费用中归属于产品成本的部分,是正确核算产品成本、有效进行成本管控的前提。

任务2.3 核算辅助生产费用

课前导引:核算
辅助生产成本

2.3.1 任务资料

振华工厂设有供水和供热两个辅助生产车间,主要为基本生产车间和企业经营管理服务,同时供热与供水车间之间也互有劳务发生。成本核算员李明考虑到辅助生产车间的业务情况,为简化工作量,决定直接将辅助生产车间的费用分配计入产品生产成本和制造费用。你认为如何?如果你是成本核算员,该怎么做?

2.3.2 辅助生产费用的归集

辅助生产是指为基本生产和经营管理等单位服务而进行的产品生产和劳务供应。其中有的只生产一种产品或提供一种劳务,如供水、供热、运输等辅助生产;有的则生产多种产品或提供多种劳务,如进行工具、模具

知识导学:辅助生产
成本的归集和分配

生产的辅助生产。企业辅助生产部门在提供产品或劳务过程中发生的各种耗费构成了辅助生产产品或劳务的成本。但对于耗用这些辅助产品或劳务的基本生产等部门来说,这些产品或劳务的成本又是一种费用,即辅助生产费用。

辅助生产费用按车间以及产品和劳务类别归集的过程,也是辅助生产产品和劳务成本计算的过程。先归集,后分配,归集是为分配做准备。辅助生产费用的归集和分配,通过"生产成本——辅助生产成本"账户进行。"生产成本——辅助生产成本"账户一般应按车间以及产品或劳务种类设置明细账,账内按成本项目或费用项目设立专栏进行明细核算。对于只生产一种产品或提供一种劳务的辅助生产部门,其所发生的费用都属于直接费用,因此应在发生时直接计入该产品或劳务的有关成本项目,通过"生产成本——辅助生产成本"核算。对同时提供多种产品和劳务的辅助生产部门,其发生的可直接计入某种产品的费用应直接计入"生产成本——辅助生产成本"各产品成本明细账相应的成本项目;如为多种产品或劳务共同负担的,需将共同费用在不同的受益对象之间进行分配,计入相应的成本项目。对于核算辅助生产成本时是否需要设置"制造费用——辅助生产车间"账户,可由企业根据实际自定。通常有以下两种情况。

1. 设置"制造费用——辅助生产车间"账户的账务处理程序

在辅助生产对外提供产品或劳务，且辅助生产车间的制造费用数额较大的情况下，设置"制造费用——辅助生产车间"账户，账户处理程序如图 2-1 所示。

2. 不设置"制造费用——辅助生产车间"账户的账务处理程序

在辅助生产不对外提供产品或劳务，且辅助生产车间规模很小、制造费用很少的情况下，可不设置"制造费用——辅助生产车间"账户，其账户处理程序如图 2-2 所示。

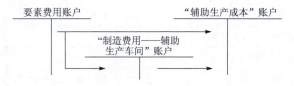

图 2-1 设置"制造费用——辅助生产车间"账户的财务处理程序

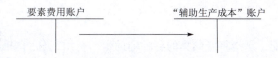

图 2-2 不设置"制造费用——辅助生产车间"账户的财务处理程序

新华公司分配辅助生产费用的举例均为第二种情况。将前述例题中新华公司两个辅助生产车间发生的生产成本归集到辅助生产成本明细账中，如表 2-9 和表 2-10 所示。

表 2-9 辅助生产成本明细账（一）

车间名称：供水车间 单位：元

20××年		摘　要	直接材料	燃料及动力	直接人工	折旧费	办公费	合计
月	日							
1	31	原材料费用分配表（【例2-4】）	3 600					3 600
	31	燃料费用分配表（【例2-5】）		800				800
	31	外购动力费分配表（【例2-8】）		1 920				1 920
	31	职工薪酬费分配表（【例2-9】）			3 100			3 100
	31	职工薪酬费分配表（【例2-10】）			434			434
	31	折旧费用计算分配表（【例2-13】）				160		160
	31	办公费用分配（【例2-14】）					318	318
	31	合　计	3 600	2 720	3 534	160	318	10 332

表2-10　辅助生产成本明细账（二）

车间名称：供热车间　　　　　　　　　　　　　　　　　　　　　　　单位：元

20××年		摘　要	直接材料	燃料及动力	直接人工	折旧费	办公费	合计
月	日							
1	31	原材料费用分配表（【例2-4】）	5 300					5 300
	31	燃料费用分配表（【例2-5】）		16 108				16 108
	31	外购动力费分配表（【例2-8】）		4 800				4 800
	31	职工薪酬费分配表（【例2-9】）			4 300			4 300
	31	职工薪酬费分配表（【例2-10】）			602			602
	31	折旧费用计算分配表（【例2-13】）				840		840
	31	办公费用分配（【例2-14】）					450	450
	31	合　计	5 300	20 908	4 902	840	450	32 400

2.3.3　辅助生产费用的分配

辅助生产费用的分配，是指将所归集的各种辅助生产费用，分别按照一定的标准和方法，分配到各受益单位或产品，计入基本生产成本或当期损益的过程。由于辅助生产车间提供的产品和劳务的种类不同，费用转出、分配的方法也不一样。

如果辅助生产所提供的产品是工具、模具、修理用备件等，则应在该产品完工时，从"生产成本——辅助生产成本"账户的贷方，分别转入"原材料""周转材料——低值易耗品"账户的借方；如果辅助生产提供的是供水、供电、运输等劳务，则其所发生的辅助生产费用通常于月末在各受益单位之间按一定的标准和方法进行分配后，从"生产成本——辅助生产成本"账户的贷方转入"生产成本——基本生产成本""制造费用""管理费用""销售费用""在建工程"等账户的借方。各辅助生产车间主要为辅助生产车间以外部门（基本生产车间、管理部门）提供劳务，而各辅助生产车间之间也有互相提供劳务的情况，但辅助生产车间所发生的各项费用最终应由基本车间生产的产品成本和管理费用负担。因此，为正确计算基本车间生产的产品成本，在分配辅助生产费用时，还应在辅助生产部门之间进行费用的相互分配。

辅助生产费用的分配过程较为复杂，为使分配的结果更趋于合理、客观，在分配时要根据企业辅助生产部门生产产品或劳务的特点，以及为受益单位提供劳务的情况，结合企业的管理要求和条件来确定适当的分配方法。分配辅助生产费用的方法较多，通常有直接分配法、交互分配法、顺序分配法、代数分配法和计划成本分配法。

1. 直接分配法

直接分配法是指在分配辅助生产费用时，将各辅助生产车间发生的各项费用直接分配给辅助生产车间以外的各受益单位，而各辅助生产车间之间相互提供产品或劳务不相互分配费用，即辅助生产车间之间相互提供劳务既不转出，也不转入。简单概括起来，该方法的特点是：只对外，不对内。其分配计算公式为：

知识导学：直接分配法

$$某辅助生产车间费用分配率 = \frac{该辅助生产车间费用总额}{提供给除辅助生产车间以外受益单位的劳务总量}$$

某受益单位应负担的费用＝该受益单位接受劳务总量×费用分配率

【例 2-16】新华公司 20××年 1 月供水车间发生费用总额 10 332 元，供热车间发生费用总额 32 400 元（资料如表 2-9、表 2-10 所示）。两个辅助生产车间对企业内部各部门提供劳务情况如表 2-11 所示。

技能导练：辅助生产
费用——劳务数量汇总

表 2-11　辅助生产车间提供劳务量汇总表

20××年 1 月

提供劳务的辅助生产车间	劳务计量单位	提供劳务总量	各受益单位接受劳务量			
			辅助生产车间		基本生产车间	行政管理部门
			供水车间	供热车间		
供水车间	吨	1 400		140	1 000	260
供热车间	立方米	12 960	960		9 700	2 300

要求根据上述资料采用直接分配法分配各辅助生产车间的费用。

分配过程如下：

$$供水车间费用分配率 = \frac{10\ 332}{1\ 260} = 8.20$$

基本生产车间负担的供水费用 = 1 000 × 8.20 = 8 200（元）

行政管理部门负担的供水费用 = 260 × 8.20 = 2 132（元）

$$供热车间费用分配率 = \frac{32\ 400}{12\ 000} = 2.70$$

基本生产车间负担的供热费用 = 9 700 × 2.70 = 26 190（元）

行政管理部门负担的供热费用 = 2 300 × 2.70 = 6 210（元）

根据辅助生产费用分配计算结果，编制辅助生产费用分配表，如表 2-12 所示。

表 2-12　辅助生产费用分配表（直接分配法）

20××年 1 月　　　　　　　　　　　　　　　　金额单位：元

数量及金额　　　　辅助车间　项目			供水车间	供热车间	合计
待分配的辅助生产费用			10 332	32 400	42 732
提供给辅助车间以外的劳务量			1 260	12 000	
费用分配率			8.20	2.70	
受益单位	基本生产车间	受益数量	1 000	9 700	
		应分配费用	8 200	26 190	34 390
	行政管理部门	受益数量	260	2 300	
		应分配费用	2 132	6 210	8 342
分配金额合计			10 332	32 400	42 732

根据表 2-12 填制转账凭证，编制会计分录如下：

借：制造费用——基本生产车间   34 390

    管理费用   8 342

  贷：生产成本——辅助生产成本——供水车间   10 332

        ——辅助生产成本——供热车间   32 400

提 示

  直接分配法只是将辅助生产费用在辅助生产车间以外的受益单位进行分配，它是一次分配，因此计算工作简便。在各辅助生产车间的费用中没有考虑该辅助生产车间为其他辅助生产车间提供的劳务情况，也没有考虑接受其他辅助生产车间的劳务费用，费用计算不够全面，分配计算结果不够客观，与实际往往不符，因此该种分配方法适用于辅助生产车间内部相互提供劳务不多的情况。

技能导练：辅助生产费用分配——直接分配法

知识导学：交互分配法

2. 交互分配法

  交互分配法是指在分配辅助生产费用时，先在辅助生产车间之间按相互提供的劳务数量进行一次交互分配，然后再将各个辅助生产车间交互分配后的实际费用分配给除辅助生产车间以外的各受益单位的一种分配方法。该方法也称为一次交互分配法，其特点是进行两次分配，即先对内、后对外。

  （1）对内分配（交互分配）。

$$某辅助生产车间费用分配率（交互分配率）=\frac{该辅助生产车间发生的直接费用数额}{该辅助生产车间提供的劳务总量}$$

$$某辅助生产车间应分出的辅助生产费用=\frac{提供给受益辅助}{车间的劳务量}×对应的交互分配率$$

$$某辅助生产车间应分入的辅助生产费用=\frac{该辅助车间}{受益的劳务量}×对应的交互分配率$$

  （2）对外分配，即把各辅助生产车间交互分配后的实际费用在辅助生产车间以外的受益单位之间分配费用。

$$\frac{某辅助生产车间交互}{分配后的费用额}=\frac{该辅助生产}{车间直接费用}+分配转入费用-分配转出费用$$

  某辅助生产车间交互分配后的费用额即为该辅助车间对外分配费用。

$$某辅助生产车间对外费用分配率=\frac{该辅助生产车间交互分配后的实际费用}{该辅助生产车间对外提供的劳务总量}$$

$$某受益部门应负担的辅助生产费用=该受益单位的受益数量×对外费用分配率$$

【例 2-17】新华公司 20××年 1 月供水车间发生费用总额 10 332 元，供热车间发生费用总额 32 400 元。两个辅助生产车间对企业内部各部门提供的劳务情况如表 2-11 所示。

  要求：根据表 2-11 资料，采用一次交互分配法，分配辅助生产费用。

  计算过程如下：

  （1）交互分配计算，即辅助生产车间之间按相互提供的劳务数量进行分配。

$$供水车间交互分配率=\frac{10\ 332}{1\ 400}=7.38$$

$$供热车间交互分配率 = \frac{32\ 400}{12\ 960} = 2.50$$

供水车间应负担的供热费 $= 960 \times 2.50 = 2\ 400$（元）

供热车间应负担的维修费 $= 140 \times 7.38 = 1\ 033.20$（元）

（2）对外分配，即在辅助生产车间以外的各受益单位进行分配。

交互分配后供水车间实际费用 $= 10\ 332 + 2\ 400 - 1\ 033.20 = 11\ 698.80$（元）

交互分配后供热车间实际费用 $= 32\ 400 + 1\ 033.20 - 2\ 400 = 31\ 033.20$（元）

$$供水车间费用分配率 = \frac{11\ 698.80}{1\ 260} \approx 9.285$$

$$供热车间费用分配率 = \frac{31\ 033.20}{12\ 000} = 2.586\ 1$$

基本生产车间应负担的供水费 $= 1\ 000 \times 9.285 = 9\ 285$（元）

行政管理部门应负担的供水费 $= 11\ 698.80 - 9\ 285 = 2\ 413.80$（元）

基本生产车间应负担的供热费 $= 9\ 700 \times 2.586\ 1 = 25\ 085.17$（元）

行政管理部门应负担的供热费 $= 2\ 300 \times 2.586\ 1 = 5\ 948.03$（元）

根据计算结果编制辅助生产费用分配表（交互分配法），如表 2 – 13 所示。

表 2 – 13 辅助生产费用分配表（交互分配法）

20 × ×年1月 金额单位：元

项　　目			交互分配		对外分配		
辅助生产车间名称			供水	供热	供水	供热	合计
待分配辅助生产费用			10 332	32 400	11 698.80	31 033.20	42 732
提供劳务总量			1 400	12 960	1 260	12 000	
费用分配率（单位成本）			7.38	2.50	9.285	2.586 1	
各受益单位及部门	辅助生产部门	供水车间 受益数量		960			
		供水车间 应分配金额		2 400			
		供热车间 受益数量	140				
		供热车间 应分配金额	1 033.20				
	基本生产车间	受益数量			1 000	9 700	
		应分配金额			9 285	25 085.17	34 370.17
	行政管理部门	受益数量			260	2 300	
		应分配金额			2 413.80※	5 948.03	8 361.83
	对外分配金额合计				11 698.80	31 033.20	42 732

注：※数字为倒挤计算结果。

根据表 2 – 13 填制转账凭证，编制会计分录如下：

交互分配会计分录为：

借：生产成本——辅助生产成本——供水车间 　　　　　　　　　　　　　　　　2 400

　　贷：生产成本——辅助生产成本——供热车间 　　　　　　　　　　　　　　2 400

借：生产成本——辅助生产成本——供热车间　　　　　　　　　　　　　1 033.2
　　贷：生产成本——辅助生产成本——供水车间　　　　　　　　　　　　　　　1 033.2
对外分配会计分录为：
借：制造费用——基本生产车间　　　　　　　　　　　　　　　　　34 370.17
　　管理费用　　　　　　　　　　　　　　　　　　　　　　　　　8 361.83
　　贷：生产成本——辅助生产成本——供水车间　　　　　　　　　　　　　11 698.8
　　　　　　　　——辅助生产成本——供热车间　　　　　　　　　　　　　31 033.2

 **提 示**

交互分配法在辅助生产车间之间进行分配后，对辅助生产车间以外的各受益单位进行分配，分配结果较为客观、准确，但计算工作量较大。该分配方法一般适用于各辅助生产车间之间相互提供劳务较多的企业。

3. 顺序分配法

顺序分配法又叫阶梯分配法，是一种"排列小到大，向后转不前转"的分配方法，即先按各辅助生产车间受益多少进行排列，受益少的辅助生产车间排列在前，受益多的辅助生产车间排列在后。在分配时，只对

知识导学：顺序分配法

尚未分配的辅助生产车间进行分配，不再对已经做出分配的辅助生产车间进行分配。其特点是：分配顺序按受益多少从小到大排列，分配的过程是前者分配给后者，后者不分配给前者，每一辅助生产车间被分配的辅助生产费用是本车间归集的辅助生产费用加上其他辅助生产车间分来的生产费用。计算公式为

$$前者的费用分配率 = \frac{该辅助生产车间待分配费用}{该辅助生产车间提供给受益单位的劳务总量}$$

$$后者的费用分配率 = \frac{该辅助生产车间直接费用 + 从其他辅助生产车间分配转入费用}{该辅助生产车间提供劳务总量 - 分配转出到前面辅助生产车间的劳务量}$$

下面举例说明采用顺序分配法分配辅助生产费用。

【例2-18】根据表2-11资料，新华公司有供水和供热两个辅助车间，新华公司20××年1月供水车间发生费用总额10 332元，供热车间发生费用总额32 400元。供热车间接受供水工时较少，供水车间接受供热量多。两个辅助生产车间为企业内部各部门提供的劳务情况如表2-11所示。要求采用顺序分配法，分配辅助生产费用。

分配计算过程如下：

$$供热车间费用分配率 = \frac{32\ 400}{12\ 960} = 2.50$$

$$供水车间应负担的供热费 = 960 \times 2.50 = 2\ 400（元）$$

$$基本生产车间应负担的供热费 = 9\ 700 \times 2.50 = 24\ 250（元）$$

$$行政管理部门应负担的供热费 = 2\ 300 \times 2.50 = 5\ 750（元）$$

$$供水车间费用分配率 = \frac{10\ 332 + 2\ 400}{1\ 260} \approx 10.10$$

$$基本生产车间应负担的供水费 = 1\ 000 \times 10.10 = 10\ 100（元）$$

行政管理部门应负担的供水费 = 12 732 - 10 100 = 2 632（元）

根据计算结果，编制辅助生产费用分配表（顺序分配法），如表 2 - 14 所示。

表 2 - 14 辅助生产费用分配表（顺序分配法）

20××年1月 金额单位：元

项　　目			供热车间	供水车间	合计
提供劳务总量			12 960	1 400	
可直接分配的辅助费用			32 400	10 332	42 732
辅助生产车间	供热车间	提供劳务量	12 960		
		待分配费用	32 400		
		分配率（单位成本）	2.50		
	供水车间	提供劳务量		1 260	
		待分配费用		12 732	
		分配率（单位成本）		10.10①	
受益单位	供水车间	耗用数量	960		
		分配金额	2 400		2 400
	基本生产车间	耗用数量	9 700	1 000	
		分配金额	24 250	10 100	34 350
	行政管理部门	耗用数量	2 300	260	
		分配金额	5 750	2 632②	8 382
合计			32 400	12 732	45 132

注：① 分配率为近似值；② 数字为倒挤计算的结果。

根据表 2 - 14 填制转账凭证，编制会计分录如下：

借：生产成本——辅助生产成本——供水车间　　　　　　　　　　　　2 400
　　制造费用——基本生产车间　　　　　　　　　　　　　　　　　34 350
　　管理费用　　　　　　　　　　　　　　　　　　　　　　　　　8 382
　　贷：生产成本——辅助生产成本——供热车间　　　　　　　　　　32 400
　　　　　　　　——辅助生产成本——供水车间　　　　　　　　　　12 732

提　示

用顺序分配法分配辅助生产费用，不在各辅助生产车间之间进行交互分配，各辅助生产车间只分配一次辅助生产费用，即分配给排在其后的辅助车间及辅助生产车间以外的各受益单位，因此计算比较简便，但结果不够准确。该分配方法适用于辅助生产车间较多、相互耗用的劳务金额相差较大的企业。

4. 代数分配法

代数分配法是将各辅助生产费用的分配率（或单位成本）设为未知数，根据辅助生产车间之间的交互服务关系建立联立方程式求解，再按各辅助生产车间为受益单位提供的劳务量分配辅助生产费用的一种方法。

【例2-19】新华公司20××年1月供水车间发生费用总额10 332元，供热车间发生费用总额32 400元。两个辅助生产车间为企业内部各部门提供的劳务情况如表2-11所示。要求采用代数分配法分配辅助生产费用。

假设供热车间每立方热量的成本为 x，供水车间每吨成本 y，建立方程为

$$\begin{cases} 32\ 400 + 140y = 12\ 960x \\ 10\ 332 + 960x = 1\ 400y \end{cases}$$

解得：$x = 2.598\ 97$，$y = 9.162\ 15$

根据计算结果，编制辅助生产费用分配表（代数分配法），如表2-15所示。

表2-15 辅助生产费用分配表（代数分配法）

20××年1月 金额单位：元

项　目			供水车间	供热车间	合　计
待分配费用			10 332	32 400	42 732
提供劳务总量			1 400	12 960	
费用分配率（单位成本）			9.162 15	2.598 97	
受益单位	辅助生产车间	供水车间 耗用数量		960	
		供水车间 分配金额		2 495.01	2 495.01
		供热车间 耗用数量	140		
		供热车间 分配金额	1 282.70		1 282.70
		分配金额小计	1 282.70	2 495.01	3 777.71
	基本生产车间	耗用数量	1 000	9 700	
		分配金额	9 162.15	25 210.01	34 372.16
	行政管理部门	耗用数量	260	2 300	
		分配金额	2 382.16	5 977.63	8 359.79
分配金额合计			12 827.01	33 682.65	46 509.66

注：尾差计入管理费用。

根据表2-15填制转账凭证，编制会计分录如下：

借：生产成本——辅助生产成本——供水车间　　　　　　　　　　　　　2 495.01
　　　　　　——辅助生产成本——供热车间　　　　　　　　　　　　　1 282.70
　　制造费用——基本生产车间　　　　　　　　　　　　　　　　　　　34 372.16
　　管理费用　　　　　　　　　　　　　　　　　　　　　　　　　　　8 359.79
　　贷：生产成本——辅助生产成本——供水车间　　　　　　　　　　　12 827.01
　　　　　　　　——辅助生产成本——供热车间　　　　　　　　　　　33 682.65

采用代数分配法分配辅助生产费用，分配结果最准确。但是，如果企业辅助生产车间较多，需要设置的未知数也较多，计算起来比较复杂。因此该计算分配法适用于已经实行会计信息化的企业。

5. 计划成本分配法

计划成本分配法是一种"先分配费用，再调整差额"的分配方法，即对归集的辅助生产费用，根据各辅助生产车间提供的劳务总量，运用事先确定的计划分配率（计划单位成本）先在包括其他辅助生产部门在内的各受益单位分配，再将按计划成本分配的辅助生产费用与实际发生的辅助生产费用之间的差额（劳务成本差异），在辅助生产车间以外的受益部门中进行分配。这里的辅助生产车间实际的辅助生产费用是指该辅助车间发生的费用与按计划成本分配由其他辅助生产车间转入的费用之和。计算过程如下：

（1）先按计划成本分配。

$$某受益单位应分配劳务费（含辅助生产车间）= 该受益单位受益数量 \times 计划单位成本$$

（2）分配成本差异。

$$成本差异 = 各辅助生产车间发生的费用 + \frac{按计划成本}{分配转入的费用} - \frac{按计划成本}{分配转出的费用}$$

$$成本差异分配率 = \frac{成本差异额}{辅助生产车间以外受益单位劳务量（或分配的计划成本）}$$

$$某受益单位应分摊的成本差异 = \frac{该受益单位受益量}{（或分配的计划成本）} \times 成本差异分配率$$

在实际工作中，为简化核算手续，可以将上述劳务成本差异全部列为当月的管理费用。

【例 2 – 20】 根据表 2 – 11 资料，新华公司有供水及供热两个辅助生产车间。要求采用计划成本分配法分配辅助生产费用。假定供水车间计划单位成本为 9.00 元，供热车间计划单位成本为 2.45 元。

分配过程如下：

（1）按计划成本分配。

供水车间费用分配（按计划成本）：

供热车间应负担的供水费 = 140 × 9.00 = 1 260（元）

基本生产车间应负担的供水费 = 1 000 × 9.00 = 9 000（元）

行政管理部门应负担的供水费 = 260 × 9.00 = 2 340（元）

供水车间分配费用合计 12 600 元。

供热车间费用分配（按计划成本）：

供水车间应负担的供热费 = 960 × 2.45 = 2 352（元）

基本生产车间应负担的供热费 = 9 700 × 2.45 = 23 765（元）

行政管理部门应负担的供热费 = 2 300 × 2.45 = 5 635（元）

供热车间分配费用合计 31 752 元。

（2）分配成本差异。

供水车间辅助生产费用成本差异分配：

供水车间实际的辅助生产费用 = 10 332 + 2 352 = 12 684（元）

供水车间辅助生产费用成本差异 = 12 684 – 12 600 = 84（元）

$$供水车间辅助生产费用成本差异率 = \frac{84}{1\ 000 + 260} = 0.066\ 7$$

基本生产车间负担的供水费用差异 = 1 000 × 0.066 7 = 66.70（元）

行政管理部门负担的供水费用差异 = 84 – 66.70 = 17.30（元）

供热车间辅助费用成本差异分配：

$$供热车间实际的辅助生产费用 = 32\,400 + 1\,260 = 33\,660（元）$$

$$供热车间辅助生产费用成本差异 = 33\,660 - 31\,752 = 1\,908（元）$$

$$供热车间辅助生产费用成本差异率 = \frac{1\,908}{9\,700 + 2\,300} = 0.159$$

$$基本生产车间负担的供热费用差异 = 9\,700 \times 0.159 = 1\,542.30（元）$$

$$行政管理部门负担的供热费用差异 = 2\,300 \times 0.159 = 365.70（元）$$

根据计算结果，编制辅助生产费用分配表（计划成本分配法），如表2-16所示。

表2-16 辅助生产费用分配表（计划成本分配法）

20××年1月　　　　　　　　　　　　　　　　　金额单位：元

项　目	辅助车间		供水车间		供热车间		合计
			劳务量	费用	劳务量	费用	
待分配费用				10 332		32 400	42 732
计划成本分配	计划单位成本			9.00		2.45	
	受益单位	辅助生产车间	供水车间			960	2 352	2 352
			供热车间	140	1 260			1 260
			小计		1 260		2 352	3 612
		基本生产车间	1 000	9 000	9 700	23 765	32 765
		行政管理部门	260	2 340	2 300	5 635	7 975
	按计划成本分配合计			12 600		31 752	44 352
	辅助生产实际成本			12 684		33 660	46 344
成本差异分配	待分配成本差异			84		1 908	1 992
	成本差异分配率			0.066 7		0.159	
	受益单位	基本生产车间	1 000	66.70	9 700	1 542.30	1 609
		行政管理部门	260	17.30	2 300	365.70	383
	成本差异分配合计			84		1 908	1 992

根据表2-16填制转账凭证，编制会计分录如下：

按计划成本分配的会计分录：

借：生产成本——辅助生产成本——供水车间　　　　　　　　　　　　　2 352

　　　　　　——辅助生产成本——供热车间　　　　　　　　　　　　　1 260

　　制造费用——基本生产车间　　　　　　　　　　　　　　　　　　32 765

　　管理费用　　　　　　　　　　　　　　　　　　　　　　　　　　7 975

　　贷：生产成本——辅助生产成本——供水车间　　　　　　　　　　12 600

　　　　　　　——辅助生产成本——供热车间　　　　　　　　　　　31 752

成本差异分配的会计分录：

借：制造费用——基本生产车间　　　　　　　　　　　　　　　　　　1 609

管理费用	383
贷：生产成本——辅助生产成本——供水车间	84
——辅助生产成本——供热车间	1 908

提　示

　　计划成本分配法的特点是：对辅助生产费用进行两次分配，第一次根据辅助生产车间提供的劳务总量，按计划分配率进行分配；第二次对劳务成本差异采用直接分配法，在辅助生产车间以外的受益部门中进行分配，或全部列为管理费用。计划成本分配法适用于计划单位成本比较正确的企业，否则会影响分配结果的合理性。

课后导思：核算
辅助生产成本

任务 2.4　核算制造费用

2.4.1　任务资料

课前导引：核算制造费用

　　新华公司生产 A、B 两种产品，生产产品领用材料 52 000 元，一般物料消耗 800 元，生产工人工资 13 000 元，车间管理人员工资 2 000 元，车间照明费 300 元，办公费 600 元。以上为有关车间生产及管理数据资料，该企业成本核算员认为本企业只有一个生产车间，可以将车间发生的各项费用直接计入产品成本中。这样做对吗？

　　通过前面学习，你认为哪些费用可直接计入产品成本，哪些费用不能直接计入产品成本？应如何进行核算？

2.4.2　制造费用的归集

　　企业在产品生产过程中，除了消耗原材料、燃料动力、人工费用，接受辅助生产车间提供的产品或劳务外，还会发生其他有关费用，如车间管理人员工资，生产车

知识导学：
制造费用核算

技能导练：
制造费用归集

间的厂房、机器、设备的折旧费等。制造费用是指在组织和管理产品生产过程中所发生的费用，以及在产品生产过程中发生的而不能直接归属到所制造产品成本中的各种生产费用。随着整个社会科学技术的不断进步，企业生产自动化程度的不断提高，以及生产管理手段的不断更新，使企业的制造费用在产品成本中所占的比重不断上升，从而使对制造费用进行管理和核算显得越来越重要。

　　企业生产有基本生产和辅助生产两种，同样制造费用的发生既有基本生产车间的制造费用，也有辅助生产车间的制造费用，本节中将主要介绍基本生产车间制造费用的归集与分配。

　　1. 制造费用的范围

　　基本生产的制造费用（以下简称制造费用）是企业为生产产品而发生的，应该计入产品成本，但没有专设成本项目的各项生产费用。

　　企业制造费用的范围广，内容多，情况比较复杂，通常包括三类。

　　(1) 直接用于产品生产未单独设置成本项目的费用。这类制造费用主要有：未单独设置

"燃料及动力"成本项目的企业所发生的，用于产品生产的动力费用；专门用于某产品生产的机器设备折旧费、租赁费、保险费；生产车间的低值易耗品摊销费；图纸设计费和产品试验检验费用等。

（2）间接用于产品生产不能单设产品成本项目的费用。这是企业在生产过程中经常发生的费用，内容比较多，通常包括生产车间用的房屋、建筑物、机器、设备的折旧费用，保险费用及租赁费用；机物料消耗费用；车间生产用的照明、取暖、降温、通风、除尘等费用；工人的劳动保护费用；发生的季节性停工或固定资产大修理期间停工所造成的损失等。

（3）为组织和管理产品生产而发生的费用。这是车间（分厂）管理机构及人员在日常生产管理过程中发生的费用，主要有生产管理人员的工资及按规定提取并交纳的社会保险费用；生产部门管理用的固定资产折旧费用、保险费用及租赁费用；生产管理过程中使用低值易耗品的摊销费用；生产管理部门发生的照明费、取暖费、通信费、差旅费、办公费用等。

上述发生在生产过程中的费用，构成制造费用的核算范围。为了统一核算管理，企业可以根据实际情况设置制造费用的费用项目，用以反映制造费用的构成项目。制造费用的明细项目一般设置为：职工薪酬、折旧费、保险费、租赁费、低值易耗品摊销、水电费、取暖费、运输费、差旅费、办公费、机物料消耗、劳动保护费、设计制图费、试验检验费、在产品损耗、停工损失等。

2. 制造费用归集的核算

为了正确反映制造费用的发生和分配情况，企业要设置"制造费用"账户进行核算。该账户的借方登记发生的各项制造费用，贷方登记分配转销的制造费用。分配后，账户一般无余额。为了反映不同生产车间发生的制造费用，要按车间分设明细账户，采用多栏式账页进行明细分类核算。

现以【例2-4】～【例2-16】等相关资料说明制造费用的归集，登记基本生产车间制造费用明细账，如表2-17所示（辅助生产费用按直接分配法分配结果归集）。

表2-17 制造费用明细账

车间名称：基本生产车间　　　　　　　　　20××年1月　　　　　　　　　单位：元

20××年		摘　要	费用项目								
月	日		物料消耗	周转材料摊销	电费	工资、福利	折旧费	办公费	动力费	水费	合计
1	31	原材料费用分配（【例2-4】）	2 800								2 800
	31	周转材料摊销（【例2-6】）		400							400
	31	外购动力费分配（【例2-8】）			1 200						1 200
	31	职工薪酬费分配（【例2-9】）				2 900					2 900
	31	职工薪酬分配（【例2-10】）				406					406

续表

20××年		摘 要	费用项目								
月	日		物料消耗	周转材料摊销	电费	工资、福利	折旧费	办公费	动力费	水费	合计
	31	折旧费分配（【例2-13】）					7 500				7 500
	31	办公费用分配（【例2-14】）						910			910
	31	辅助费用分配（【例2-16】）							26 190	8 200	34 390
	31	本月合计	2 800	400	1 200	3 306	7 500	910	26 190	8 200	50 506
	31	分配转出	2 800	400	1 200	3 306	7 500	910	26 190	8 200	50 506

2.4.3 制造费用的分配

企业按生产车间归集的制造费用，要根据受益原则进行分配，计入该车间生产的产品成本中。如果基本生产车间只生产一种产品，应将该车间发生的制造费用全部计入该种产品成本，无须进行分配；如果基本生产车间生产多种产品，该车间所发生的制造费用必须采用一定的方法在该车间所生产的各种产品之间进行分配，计入各有关产品成本中。对制造费用进行分配的方法较多，主要有生产工时比例法、生产工人工资比例法、机器工时比例法和年度计划分配率法等，企业可以根据实际情况选择使用，但制造费用分配方法一经确定，不得随意变更。如需变更，应当在附注中予以说明。

技能导练：制造费用分配业务 RPA 处理建模

1. 生产工时比例法

生产工时比例法是按照各种产品所耗生产工人工时的比例分配制造费用的一种方法。分配计算公式为

$$制造费用分配率 = \frac{应分配制造费用总额}{各产品实际生产工时总数}$$

$$某产品应负担的制造费用 = 该产品所耗生产工时 \times 该车间制造费用分配率$$

采用工时比例法分配制造费用，使劳动生产率与制造费用的分配相结合，分配结果比较合理，在实际工作中应用较广泛。分配公式中的生产工时，应按实际消耗工时计算。在没有实际工时记录时，也可以按定额工时分配制造费用。

【例2-21】新华公司20××年1月基本生产车间发生制造费用总额为50 506元（见表2-16），该车间生产甲、乙两种产品分别耗用工时10 000工时和20 000工时，按实际生产工时比例分配制造费用。

$$制造费用分配率 = \frac{50\ 506}{10\ 000 + 20\ 000} \approx 1.683\ 5$$

$$甲产品应分配的制造费用 = 10\ 000 \times 1.683\ 5 = 16\ 835（元）$$

$$乙产品应分配的制造费用 = 20\ 000 \times 1.683\ 5 = 33\ 671（元）$$

在实际工作中，制造费用分配通过编制制造费用分配表进行，制造费用分配表如表2-18所示。

表2-18　制造费用分配表（生产工时比例法）

20××年1月　　　　　　　　　　　　　　　　　　　　　金额单位：元

产品名称	生产工时（工时）	分配率（元/工时）	分配金额
甲产品	10 000		16 835
乙产品	20 000		33 671
合计	30 000	1.683 5	50 506

根据表2-18（生产工时比例法）填制转账凭证，编制会计分录如下：

借：生产成本——基本生产成本——甲产品　　　　　　　　　16 835

　　　　　——基本生产成本——乙产品　　　　　　　　　33 671

　　贷：制造费用——基本生产车间　　　　　　　　　　　　50 506

2. 生产工人工资比例法

生产工人工资比例法是按照计入各种产品成本的生产工人工资比例分配制造费用的方法。分配计算公式为

$$制造费用分配率 = \frac{应分配制造费用总额}{各产品生产工人工资总额}$$

某产品应负担的制造费用 = 该产品生产工人工资额 × 该车间制造费用分配率

【例2-22】新华公司20××年1月基本生产车间发生制造费用总额为50 506元（见表2-17），该车间生产甲、乙两种产品生产工人工资分别为20 400元和40 800元，按实际生产工时比例分配制造费用。

$$制造费用分配率 = \frac{50\ 506}{20\ 400 + 40\ 800} \approx 0.825\ 3$$

甲产品应分配的制造费用 = 20 400 × 0.825 3 = 16 836.12（元）

乙产品应分配的制造费用 = 50 106 - 16 836.12 = 33 669.88（元）

根据生产工人工资比例法编制制造费用分配表，如表2-19所示。

表2-19　制造费用分配表（生产工人工资比例法）

20××年1月　　　　　　　　　　　　　　　　　　　　　金额单位：元

产品名称	生产工人工资	分配率	分配金额
甲产品	20 400		16 836.12
乙产品	40 800		33 669.88
合计	61 200	0.825 3	50 506

根据表2-19填制转账凭证，编制会计分录如下：

借：生产成本——基本生产成本——甲产品　　　　　　　　　16 836.12

　　　　　——基本生产成本——乙产品　　　　　　　　　33 669.88

　　贷：制造费用——基本生产车间　　　　　　　　　　　　50 506

采用生产工人工资比例法分配制造费用，由于工资费用分配表可以直接提供生产工人工资

资料，因此比较容易取得数据，分配核算比较简便。但其正确性受机械化程度的影响较大。机械化程度高的产品，负担的生产工人工资额相对较少，负担的制造费用就少；反之，负担的制造费用就多。因此，使用生产工人工资比例法时，要注意各种产品的机械化程度应当基本相近。

 **提　示**

采用生产工人工资比例法分配制造费用，如果计入产品成本的生产工人工资是按生产工时比例分配的，则生产工人工资比例分配法与生产工时比例分配法对制造费用进行分配的结果是相同的。

3. 机器工时比例法

机器工时比例法是按照各种产品所消耗的机器工时比例分配制造费用的一种方法。分配计算公式为

技能导练：制造费用的分配——机器工时比例

$$制造费用分配率 = \frac{应分配制造费用总额}{各产品所耗机器工时总数}$$

某产品应负担制造费用 = 该产品耗用的机器工时数 × 该车间制造费用分配率

在机械化程度较高的企业中，机器设备成为生产的主要因素，按照机器工时比例分配制造费用就显得更为合理。采用机器工时比例法，必须具备各种产品所用机器工时的原始记录，才能正确分配制造费用。

4. 年度计划分配率法

年度计划分配率法是企业在正常生产经营条件下，依据年度制造费用预算数与各种产品预计产量的相关定额标准（如工时、生产工人工资、机器工时等）确定计划分配率，并以此分配制造费用的一种方法。分配计算公式为

$$制造费用计划分配率 = \frac{年度制造费用预算数}{\sum（每种产品计划产量 \times 该产品标准单位定额）}$$

某产品应负担制造费用 = 该产品实际产量 × 标准单位定额 × 制造费用计划分配率

产品的标准定额，可以是生产工时，也可以是生产工人工资，还可以是机器工时。

采用年度计划分配率法分配制造费用后，必定会使实际归集的制造费用与按计划分配率分配的制造费用之间产生差异。对两者之间的差异，可在年末按 12 月份制造费用计划分配额为标准再进行一次分配。对实际制造费用大于已分配的计划制造费用的差异，补计入各产品的生产成本；对实际制造费用小于已分配的计划制造费用的差异，用红字冲回多计的产品生产成本。

制造费用差异额的分配公式为

$$制造费用差异分配率 = \frac{年度制造费用差异额}{当年按计划分配率分配的制造费用额}$$

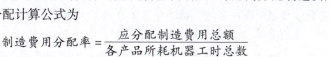

$$\begin{array}{c}某产品应负担制 \\ 造费用差异额\end{array} = \begin{array}{c}该产品当年负 \\ 担的制造费用额\end{array} \times \begin{array}{c}制造费用差 \\ 异分配率\end{array}$$

【例 2-23】 假设新华公司 20×× 年全年制造费用预计数额为 630 000 元；全年各产品计划总产量分别为：甲产品 1 500 件，乙产品 2 500 件；单位产品的生产工时定额分别为：甲产品 80 工时，乙产品 120 工时；1 月份实际产量：甲产品 100 件，乙产品 200 件；1 月份实际发生制造费用总额为 50 506 元。计算过程为

$$制造费用计划分配率 = \frac{630\ 000}{1\ 500 \times 80 + 2\ 500 \times 120} = 1.5$$

1 月份甲产品应负担的制造费用 = 100 × 80 × 1.5 = 12 000（元）

1 月份乙产品应负担的制造费用 = 200 × 120 × 1.5 = 36 000（元）

根据计划转出的制造费用填制记账凭证，编制会计分录如下：

借：生产成本——基本生产成本——甲产品　　　　　　　　　　　　12 000

　　　　　　——基本生产成本——乙产品　　　　　　　　　　　　36 000

　　贷：制造费用——基本生产车间　　　　　　　　　　　　　　　　　48 000

从计算结果可以看出，本月分配的制造费用为 48 000 元，而实际发生的制造费用为 50 506 元，1 月份出现差异 2 506 元，并且为超支差异，该差异本月不分配，待到年底再进行调整。

 **提　示**

在年度计划分配率法下，年度中期制造费用总账账户及其相关明细账一般有月末余额，而且可能是借方余额，也可能是贷方余额。在年末时，制造费用账户仍有余额的，就是全年实际发生的制造费用与全年制造费用预计额的差异，需在年末进行差异分配，即调整后制造费用账户余额为 0。

【例 2 - 24】假设新华公司到 20 × × 年年末已按计划分配率分配制造费用 590 000 元，其中，甲产品 240 000 元，乙产品 350 000 元；全年制造费用实际发生额 597 080 元。差异分配计算如下：

$$全年发生制造费用差异 = 597\ 080 - 590\ 000 = 7\ 080（元）$$

$$差异分配率 = \frac{7\ 080}{590\ 000} = 0.012$$

$$甲产品应负担的制造费用（差异）= 240\ 000 × 0.012 = 2\ 880（元）$$

$$乙产品应负担的制造费用（差异）= 350\ 000 × 0.012 = 4\ 200（元）$$

填制调整差异的转账凭证，编制会计分录如下：

借：生产成本——基本生产成本——甲产品　　　　　　　　　　　　2 880

　　　　　　——基本生产成本——乙产品　　　　　　　　　　　　4 200

　　贷：制造费用——基本生产车间　　　　　　　　　　　　　　　　　7 080

采用年度计划分配率分配制造费用，分配手续简便，有利于及时计算产品成本，适用于季节性生产企业，使单位产品负担的制造费用相对均衡。为保证产品成本计算的正确性，要求采用年度计划分配率的企业有比较准确的定额标准和较高的计划管理水平。

在实际工作中，企业可根据自身的实际情况选择适当的制造费用分配方法。一般在条件没有变化的情况下选定的方法不应随意改变。

无论采用何种方法分配制造费用，都要根据分配结果编制制造费用分配表，并根据制造费用分配表编制会计分录。一般情况下，"制造费用"账户经过分配，期末没有余额。

 **问题与思考**

课后导思：核算制造费用

按年度计划分配率法分配制造费用，如果年度内制造费用实际发生额为 582 000 元，年度已按计划分配率分配制造费用 590 000 元，则年度实际发生额小于年计划分配额，你认为该如何调整差异？

通过本项目中要素费用、辅助生产成本及制造费用的分配，将本月发生的各项生产费用全部归集到"生产成本——基本生产成本"账户及各种产品的明细账，计入甲、乙两种产品成本中。根据前面各例题资料，新华公司20××年1月甲、乙产品生产成本明细账登记如表2-20和表2-21所示（制造费用以生产工时分配结果为准）。

技能导练：产品完工入库
业务 RPA 处理建模

表2-20　基本生产成本明细账

产品名称：甲产品　　　　　　　　　　　　　　　　　　　　单位：元

20××年		凭证字号	摘　要	成本项目				
月	日			直接材料	燃料动力	直接人工	制造费用	合计
1	31	略	原材料费用分配表（【例2-4】）	98 000				98 000
	31		燃料费用分配表（【例2-5】）		7 840			7 840
	31		外购动力费分配表（【例2-8】）		10 000			10 000
	31		职工薪酬费分配表（【例2-9】）			20 400		20 400
	31		职工薪酬费分配表（【例2-10】）			2 856		2 856
	31		制造费用分配表（【例2-21】）				16 835	16 835
	31		本月费用合计	98 000	17 840	23 256	16 835	155 931

表2-21　基本生产成本明细账

产品名称：乙产品　　　　　　　　　　　　　　　　　　　　单位：元

20××年		凭证字号	摘　要	成本项目				
月	日			直接材料	燃料动力	直接人工	制造费用	合计
1	31	略	原材料费用分配表（【例2-4】）	140 000				140 000
	31		燃料费用分配表（【例2-5】）		11 200			11 200
	31		外购动力费分配表（【例2-8】）		20 000			20 000
	31		职工薪酬费分配表（【例2-9】）			40 800		40 800
	31		职工薪酬费分配表（【例2-10】）			5 712		5 712
	31		制造费用分配表（【例2-21】）				33 671	33 671
	31		本月费用合计	140 000	31 200	46 512	33 671	251 383

对制造费用分配以后，如果企业不单独核算废品损失和停工损失，则需要将表2-20和表2-21

所归集分配的生产费用在完工产品与在产品之间进行分配；如果企业要求单独反映废品损失和停工损失，则需要对废品损失和停工损失进行核算。

任务2.5　核算生产损失

2.5.1　废品损失的核算

废品是指不符合规定的技术标准，不能按照原定用途使用，或需要加工修理后才能正常使用的产品，包括在生产过程中发现的不合格的在产品、入库时发现的不合格的半成品或完工产品，但不包括可以降价销售的次品或等外品；合格品入库后因保管不善发生损坏变质的产品；实行"三包"的企业在产品销售后发现的废品。

课前导引：核算废品损失

废品按照是否可修复划分为可修复废品与不可修复废品两类。可修复废品是指经过加工修理后可以按原定用途进行使用，而且所花费的修复费用在经济上是合算的废品；不可修复的废品是指在技术上无法修复，或修复成本过大，所花费的修复费用经济上不合算而放弃修复的废品。

废品损失是指在产品生产过程中造成的产品质量不符合规定的技术标准而发生的报废损失和修复费用。对可修复废品而言，废品损失是追加的修复成本扣除收回的废品残值及责任人赔款后的差额。对不可修复的废品而言，废品损失是废品成本扣除收回的废品残值及责任人赔款后的差额。

企业为了加强对废品损失的管理，可以增设"废品损失"账户，用以单独核算废品损失。"废品损失"账户的借方登记不可修复废品的生产成本和可修复废品的修复成本，贷方登记废品残料收回价值、责任人赔款及分配转出的废品损失，分配转出后该账户无余额。"废品损失"账户按生产车间设置明细账，按产品品种分设专户核算。

1. 可修复废品损失的核算

可修复废品损失是对废品进行修复所支付的修复费用。经修复后，其产品成本由修复前的生产成本和修复费用构成。如果有废品残值收回或赔偿收入，则冲减可修复废品的损失。其计算公式为

$$可修复废品损失 = 修复废品材料费用 + 修复废品人工费用 + 修复废品制造费用 - 收回的残值及赔偿收入$$

对发生的修复费用，从各种费用分配表中取得，并据以编制如下会计分录。

（1）发生修复废品的材料费用（人工费用、制造费用）时：

借：废品损失——××产品
　　贷：原材料（应付职工薪酬、制造费用等）

知识导学：核算废品损失

（2）收回废品残值或应收责任人赔偿款时：

借：原材料（或其他应收款）
　　贷：废品损失——××产品

（3）结转可修复废品损失时：

借：生产成本——基本生产成本——××产品

贷：废品损失——××产品

【例 2 - 25】 20××年 4 月，新华公司的基本生产车间生产 A 产品 800 件，生产过程中发现其中有可修复废品 20 件。本月生产 A 产品的生产费用为：材料费用 160 000 元，人工费用 39 500 元，制造费用 22 910 元，合计 222 410 元。在可修复废品的修复过程中发生的成本费用为：原材料 180 元，人工费用 320 元，制造费用 90 元，收回材料价值 70 元，应由过失人赔偿 100 元。

（1）结转修复费用时，编制会计分录如下：

借：废品损失——A 产品　　　　　　　　　　　　　　　　　　　　　　590

　　贷：原材料　　　　　　　　　　　　　　　　　　　　　　　　　　180

　　　　应付职工薪酬　　　　　　　　　　　　　　　　　　　　　　　320

　　　　制造费用　　　　　　　　　　　　　　　　　　　　　　　　　90

（2）收回废品残值及应收责任人赔偿款时，编制会计分录如下：

借：原材料　　　　　　　　　　　　　　　　　　　　　　　　　　　　70

　　贷：废品损失——A 产品　　　　　　　　　　　　　　　　　　　　70

借：其他应收款　　　　　　　　　　　　　　　　　　　　　　　　　100

　　贷：废品损失——A 产品　　　　　　　　　　　　　　　　　　　100

（3）结转可修复废品损失时，编制会计分录如下：

借：生产成本——基本生产成本——A 产品　　　　　　　　　　　　420

　　贷：废品损失——A 产品　　　　　　　　　　　　　　　　　　420

东方公司 20××年 4 月基本生产成本明细账如表 2 - 22 所示。

表 2 - 22　基本生产成本明细账

产品名称：A 产品　　　　　　　　　　　　　　　　　　　　　　　单位：元

| 20××年 | | 凭证 | | 摘　要 | 成本项目 | | | | 合计 |
月	日	字	号		直接材料	直接人工	制造费用	废品损失	
4	30		略	材料费用	160 000				160 000
	30			人工费用		39 500			39 500
	30			制造费用			22 910		22 910
	30			转入废品损失				420	420
	30			本月合格品总成本	160 000	39 500	22 910	420	222 830
	30			合格品单位成本	200	49.375	28.64	0.525	278.54

企业对发生的废品损失若不单独设置"废品损失"账户进行核算，则在"生产成本——基本生产成本"明细账户中也不必单设"废品损失"成本项目。为此，对发生的可修复废品损失如同正常的生产费用处理，对收回的废品残值及赔偿款，做冲减"生产成本——基本生产成本"处理。

2. 不可修复废品的核算

对不可修复的废品损失进行核算涉及两方面内容：一是计算发生的不可修复废品损失；二是进行不可修复废品损失的核算。

计算不可修复的废品损失，就是要将废品应负担的生产费用从全部生产费用中分离出来，即将废品与合格品合在一起的总成本在废品与合格品之间进行分配。分配方法有两种：按实际成本计算和按定额成本计算。

（1）按废品实际成本进行废品损失的核算。采用的方法是将全部生产费用在合格品与废品之间进行分配，分配公式为

$$废品应负担的材料费用 = \frac{某产品的全部材料费用}{合格品产量 + 废品约当产量} \times 废品约当产量$$

$$废品应负担的人工费用 = \frac{某产品的人工费用}{合格品产量（或工时）+ 废品约当产量（或工时）} \times 废品约当量（或工时）$$

$$废品应负担的制造费用 = \frac{某产品的制造费用}{合格品产量（或工时）+ 废品约当产量（或工时）} \times 废品约当量（或工时）$$

公式中涉及的"约当产量"计算方法，见项目3的"按约当产量计算在产品成本法"有关说明。需要注意的是，如果期末存在未完工产品，则上述公式的分母中还应包括月末在产品的约当产量。

【例2-26】20××年4月，新华公司的基本生产车间生产A产品800件，生产过程中发现其中有不可修复废品20件。本月生产A产品的生产费用为：材料费用160 000元，人工费用39 500元，制造费用22 910元，合计222 410元。废品残料1 000元入库。分配材料费用时，废品按完工产品计算，分配其他生产费用时，废品折合约当产量为10件。确定废品损失，进行会计处理。

根据资料编制不可修复废品损失计算表，如表2-23所示。

表2-23 不可修复废品损失计算表
（废品按实际成本计算废品损失）

生产车间：×基本生产车间

产品名称：A产品　　　　　　　　　　　20××年4月　　　　　　　　　金额单位：元

项目	产量（件）	直接材料	约当产量（件）	直接人工	制造费用	成本合计
生产费用	800	160 000	780	39 500	22 910	222 410
分配率		200		50	29	
废品成本	20	4 000	10	500	290	4 790
残料收回		1 000				1 000
废品损失		3 000		500	290	3 790

根据表2-23编制会计分录如下：

（1）结转废品生产成本的会计分录：

借：废品损失——A产品　　　　　　　　　　　　　　　　　　　　　　　4 790

　　贷：生产成本——基本生产成本——A产品　　　　　　　　　　　　　　　　4 790

（2）回收残料入库的会计分录：

借：原材料   1 000

    贷：废品损失——A 产品   1 000

（3）将废品净损失转入合格品成本的会计分录：

借：生产成本——基本生产成本——A 产品   3 790

    贷：废品损失——A 产品   3 790

根据资料及会计分录（记账凭证）登记"生产成本——基本生产成本——A 产品"账户，如表 2 - 24 所示。

表 2 - 24 基本生产成本明细账

产品名称：A 产品   单位：元

| 20××年 | | 凭证 | | 摘　　要 | 完工产量 | 成本项目 | | | | 合计 |
月	日	字	号			直接材料	直接人工	制造费用	废品损失	
4	30		略	材料费用		160 000				160 000
	30			人工费用			39 500			39 500
	30			制造费用				22 910		22 910
	30			转出废品损失		4 000	500	290		4 790
	30			转入废品损失					3 790	3 790
	30			本月完工合格品成本	780 件	156 000	39 000	22 620	3 790	221 410
	30			合格品单位成本	780 件	200	50	29	4.86	283.86

从表 2 - 24 中可以看出，从 A 产品基本生产成本中转出的废品不可修复成本 4 790 元，转入 A 产品成本中废品损失 3 790 元，两者差额 1 000 元是不可修复废品的残料收回的价值。从数字上看，产品成本因发生废品而减少成本 1 000 元，成本降低；实际上降低的只是产品的总成本，提高了合格品的单位成本。

如果产品完工后入库时发现废品，此时废品的单位成本与合格品的单位成本一致，可按合格品数量与废品的数量比例分配各项生产费用，计算废品的实际成本。

（2）**按废品定额成本进行废品损失的核算。这是按废品数量和事先核定的各项定额费用计算出废品的定额成本，再扣除废品残值及责任人赔偿款后确定废品损失的方法。其特点是不考虑废品实际发生的费用。**

【例 2 - 27】新华公司基本生产车间生产 B 产品，本月发生不可修复的废品 20 件，采用定额成本计算废品损失。该企业核定 B 产品单位直接材料成本 260 元；核定定额工时 20 工时，每小时定额人工费用 5.5 元，每小时定额制造费用 4 元。该产品所耗材料在生产开始时一次投入，废品的平均完工率为 50%。废品残值共计 500 元，责任人应付赔偿款 1 000 元。计算该企业的废品损失如表 2 - 25 所示。

表 2-25　不可修复废品损失计算表

（废品按定额成本计算废品损失）

生产车间：基本生产车间

产品名称：B 产品　　　　　　　　　　20××年×月×日　　　　　　　　　金额单位：元

| 项　　目 | 废品数量（件） | 直接材料 | 工　时 | | | 直接人工 | 制造费用 | 合计 |
			定额工时（工时）	完工率（%）	已耗工时（工时）			
单位定额	20	260	20	50	10	5.5	4	—
废品定额成本		5 200				1 100	800	7 100
减：残值收回		500						500
赔偿款						1 000		1 000
废品损失额		4 700				100	800	5 600

根据表 2-25，编制会计分录如下：

（1）结转废品生产成本的会计分录：

借：废品损失——B 产品　　　　　　　　　　　　　　　　　　　　　　7 100

　　贷：生产成本——基本生产成本——B 产品　　　　　　　　　　　　　7 100

（2）回收残料入库的会计分录：

借：原材料　　　　　　　　　　　　　　　　　　　　　　　　　　　　500

　　贷：废品损失——B 产品　　　　　　　　　　　　　　　　　　　　　500

（3）结转由过失人赔偿部分的会计分录：

借：其他应收款——某过失人　　　　　　　　　　　　　　　　　　　1 000

　　贷：废品损失——B 产品　　　　　　　　　　　　　　　　　　　　1 000

（4）将废品净损失转入合格品成本的会计分录：

借：生产成本——基本生产成本——B 产品　　　　　　　　　　　　　5 600

　　贷：废品损失——B 产品　　　　　　　　　　　　　　　　　　　　5 600

2.5.2　停工损失的核算

停工损失是企业生产部门因停工所造成的损失。造成停工的主要原因是停电、待料、机器故障或大修、灾害或事故、计划减产等。停工损失由停工期间消耗的燃料及动力、职工薪酬和制造费用等构成。由过失方或者保险公司支付的赔偿款应冲减停工损失。为了简化核算工作，停工不足一个工作日的，通常不计算停工损失。

企业发生停工时，由生产车间将停工范围、起止时间、停工原因、过失方等情况在"停工单"中加以记录，并送财会部门经审核后，作为计算停工损失的原始依据。

为了单独核算停工损失，可以专设"停工损失"账户，并在产品成本计算单中增设"停工损失"成本项目。"停工损失"账户的借方归集本月发生的停工损失，贷方登记分配结转的停工损失，分配后该账户一般无余额。该账户按生产车间分别设置明细账，进行明细分类核算。

在会计处理上，针对不同原因产生的停工损失，采用不同的分配结转方法。由过失方或保险公司赔偿的停工损失，转入"其他应收款"账户；属于非常损失引起的停工损失，记入"营业外支出"账户；对于其他原因引起的停工损失，应由本月产品成本负担，计入"生产成本——基本生产成本"账户及"停工损失"成本项目。如果停工的车间生产多种产品，则应采用适当的方法（一般采用制造费用分配的方法）分配计入各产品成本中，该账户期末无余额。

停工损失归集与分配的核算如下：

（1）归集发生各种停工损失时：

借：停工损失——×车间

贷：应付职工薪酬（或制造费用等）

（2）分配结转停工损失时（分不同原因）：

借：生产成本——基本生产成本——×产品

其他应收款

营业外支出

贷：停工损失——×车间

企业也可以不单设"停工损失"账户和"停工损失"成本项目，而将发生的停工损失直接列入"制造费用""其他应收款"和"营业外支出"账户。

季节性生产企业在季节性停工期间所发生的费用，不作为"停工损失"，可以采用待摊或预提方式处理，由生产期间的产品成本负担。

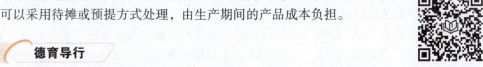

课后导思：核算
废品损失

德育导行

勤俭节约是中华民族的优秀传统。厉行节约、反对浪费是中国共产党一以贯之的优良作风，是中华民族延续千年的传统美德，是新时代党的节俭治理观的集中概括，既是政治任务也是系统工程。作为成本会计，不仅要能正确核算废品、停工损失，更要树立"厉行节约、反对浪费"的意识，切实为企业节约资源，降低成本费用，服务企业高质量发展。

在"勤俭节约是中华民族的优秀传统"前加一句话"党的二十大指出，要实施全面节约战略，推进各类资源节约集约利用。"

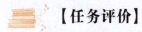

【任务评价】

请在表 2-26 中客观填写每一项工作任务的完成情况。

表 2-26　任务评价表

任务	知识掌握	能力提升	素质养成
任务 2.1 核算材料费用			
任务 2.2 核算职工薪酬及其他			
任务 2.3 核算辅助生产费用			
任务 2.4 核算制造费用			
任务 2.5 核算生产损失			

备注：任务评价以目标完成百分比表示，目标全部达成为 100%，依次递减。

项 目 小 结

企业为生产经营产品、提供劳务等日常活动所发生的经济利益的流出，称为费用；在生产过程中所发生的应计入产品或劳务成本的各种费用称为生产费用。生产费用按其具体经济用途划分的项目称为产品成本项目。制造业产品成本项目主要有直接材料、直接人工、燃料及动力和制造费用等。

通常情况下，原材料费用是按用途、部门和受益对象来分配的。具体地说，用于产品生产的材料费用应由基本生产的各种产品负担，应计入"生产成本——基本生产成本"账户及其明细账的"直接材料"成本项目。一般而言，凡是能够明确哪种产品耗用的材料费用，应直接计入各该种产品成本；对于几种产品共同耗用的材料费用，应采用适当的方法在各有关产品间进行分配，计入各有关产品的生产成本。

外购动力是指企业外购的电力、热力等。在实际工作中，所支付的外购动力款先计入"应付账款"账户，月末再将其分配计入各有关成本、费用账户。在会计核算上，对于直接用于产品生产的外购动力费，应直接计入或分配计入"生产成本——基本生产成本"的"直接材料"或"燃料及动力"成本项目；用于辅助生产的外购动力费，应计入"生产成本——辅助生产成本"的"直接材料"或"燃料及动力"成本项目；生产车间、企业管理部门一般耗用的外购动力费，应分别列作制造费用和管理费用。

直接人工主要指生产工人的薪酬。职工薪酬费用是产品成本的重要组成部分，会计上应通过"应付职工薪酬"总账账户核算。在职工为企业提供服务的会计期间，财会部门应根据职工提供服务的受益对象，将应确认的职工薪酬（包括货币性薪酬和非货币性薪酬）计入有关成本、费用账户，同时确认为应付职工薪酬。具体来说，直接从事产品生产所发生的职工薪酬，应由基本生产的各产品成本负担；辅助生产车间所发生的职工薪酬，应由辅助生产的产品或劳务承担；各生产部门的管理人员发生的职工薪酬应由各生产部门的制造费用负担；企业销售部门、行政管理部门所发生的职工薪酬应由销售费用、管理费用承担。

辅助生产是指为基本生产和经营管理等单位服务而进行的产品生产和劳务供应。辅助生产费用归集和分配，通过"生产成本——辅助生产成本"账户进行。"生产成本——辅助生产成本"账户一般应按车间以及产品或劳务种类设置明细账，账内按成本项目或费用项目设立专栏进行明细核算。然后对所归集的辅助生产费用，按照一定的标准和方法分配到各受益单位或产品，计入基本生产成本或当期损益。辅助生产费用的分配应根据企业实际情况采用不同的分配方法，通常有直接分配法、交互分配法、顺序分配法、代数分配法和计划成本分配法。

制造费用是指在组织产品生产过程中所发生的费用，以及在产品生产过程中发生的而不能直接归属到所制造产品成本中的各种生产费用。一般企业按生产车间归集的制造费用，要根据受益原则进行分配，计入该车间生产的产品成本中。制造费用分配的方法较多，主要有生产工时比例法、生产工人工资比例法、机器工时比例法和年度计划分配率法等，企业可以根据实际情况选择使用，但已经确定的制造费用分配方法不得随意变更。

生产损失主要包括废品损失和停工损失两部分。废品损失是指在产品生产过程中造成的产品质量不符合规定的技术标准而发生的报废损失和修复费用。对可修复废品而言，废品损失是追加的修复成本扣除收回的废品残值及责任人赔款后的差额。对不可修复的废品而言，废品损失是废品成本扣除收回的废品残值及责任人赔款后的差额。

思维导图总结如图 2-3 所示。

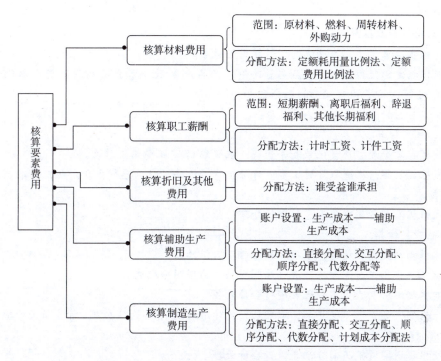

图 2-3　思维导图总结

对接竞赛
《会计技能竞赛》

1. 能够运用实际成本法组织日常核算，发出原材料、周转材料、库存商品采用全月一次加权平均法计价。能够运用计划成本计价法组织日常核算，会计算材料成本差异率；周转材料、库存商品采用实际成本计价法组织日常核算，发出周转材料、库存商品采用全月一次加权平均法计价。根据"收料单"编制"收料凭证汇总表"，并据以进行原材料入库业务的总分类核算，能够根据"领料单"编制"发出材料汇总表""生产车间材料费用分配表"，并据以进行原材料出库业务的总分类核算。会编制边料回收入库计算表、边角料回收成本计算表。

2. 能够正确分配直接材料，多种产品共同耗用材料以各产品材料定额耗用量或产品材料标准重量为标准在各产品之间进行分配。

3. 能够运用实际生产工时或定额工时等标准分配直接人工和制造费用；能够运用计划成本分配率法分配制造费用，能够编制职工薪酬分配表、职工福利费分配表、固定资产折旧计算表、外购水费分配表、外购电费分配表、制造费用分配表。

4. 能够运用直接分配法、交互分配法、计划成本分配法等分配辅助生产费用，并编制辅助生产费用分配表。

5. 能够进行可修复废品以及不可修复废品的核算，会编制不可修复废品损失计算表。

对接 X 证书
《业财税融合成本管控职业技能等级标准》

工作领域：生产业务核算

初级任务：

1. 产品材料成本核算

1.1 能根据原始凭证，准确编制材料耗用汇总表。

1.2 能根据定额耗用比例、产品重量比例、产品产量比例和产品材料定额成本比例等方法对材料成本进行分配，准确编制材料分配表。

1.3 能根据材料分配表进行会计处理。

2. 人工成本核算

2.1 能根据考勤表、产量记录表等资料，准确编制人工费用汇总表。

2.2 能根据实际情况选取计时工资或计件工资等方法，准确进行薪资分配，并准确编制人工费用分配表。

2.3 能根据人工费用分配表进行会计处理。

3. 其他费用核算

3.1 能根据相关原始凭证，准确编制燃料动力汇总表。

3.2 能根据机器工时等方法，准确编制燃料动力费用分配表。

3.3 能根据燃料动力费用分配表进行会计处理。

3.4 能根据固定资产管理要求，正确采用会计准则规定的折旧方法，计算折旧金额，编制固定资产折旧分配表。

3.5 能根据固定资产折旧分配表进行会计处理。

4. 辅助生产成本核算

4.1 能根据辅助生产车间的原始费用单据，准确编制辅助生产成本汇总表。

4.2 能根据辅助生产成本汇总表提供的有关数据，采用交互分配法、直接分配法和计划成本法等，进行辅助生产成本分配，并编制辅助生产成本分配表。

4.3 能根据辅助生产成本分配表进行会计处理。

5. 制造费用核算

5.1 能根据制造费用的原始单据，编制制造费用汇总表。

5.2 能根据制造费用汇总表提供的有关数据，采用生产工时比例法、机器工时比例法、生产工人比例法、直接费用比例法和计划分配率分配法等方法，对制造费用进行分配，并编制制造费用分配表。

5.3 能根据制造费用分配表进行会计处理。

项 目 练 习

一、单项选择题

1. 用来核算企业为生产产品和提供劳务而发生的各项间接费用的账户是（   ）。

A. "生产成本——基本生产成本"　　　　B. "制造费用"

C. "管理费用"　　　　D. "财务费用"

项目二赛证链接

2. 企业为生产产品发生的原料及主要材料的耗费，应通过（   ）账户核算。

A. "生产成本——基本生产成本"　　　　B. "生产成本——辅助生产成本"

C. "管理费用"　　　　D. "制造费用"

3. 企业为筹集资金而发生的手续费，应借记（   ）。

A. "制造费用"账户　　　　　　　　　B. "财务费用"账户

C. "管理费用"账户　　　　　　　　　D. "销售费用"账户

4. 产品生产领用低值易耗品时,应计入(　　)账户。

A. "制造费用"　　　　　　　　　　　B. "生产成本——基本生产成本"

C. "管理费用"　　　　　　　　　　　D. "生产成本——辅助生产成本"

5. 在各辅助生产车间相互提供劳务很少的情况下,适宜采用的辅助费用分配方法是(　　)。

A. 直接分配法　　　　　　　　　　　B. 交互分配法

C. 计划成本分配法　　　　　　　　　D. 代数分配法

6. 辅助生产交互分配后的实际费用,应再在(　　)进行分配。

A. 各基本生产车间　　　　　　　　　B. 各受益单位之间

C. 辅助生产以外的受益单位之间　　　D. 各辅助生产车间

7. 除了按年度计划分配率法分配制造费用以外,"制造费用"账户月末(　　)。

A. 没有余额　　　　　　　　　　　　B. 一定有借方余额

C. 一定有贷方余额　　　　　　　　　D. 有借方或贷方余额

8. 不可修复废品的成本,应借记"废品损失"账户,贷记"(　　)"账户。

A. 库存商品　　　　　　　　　　　　B. 生产成本——基本生产成本

C. 原材料　　　　　　　　　　　　　D. 制造费用

9. 下列人员工资,应计入产品生产成本中直接人工项目的是(　　)。

A. 产品生产工人工资　　　　　　　　B. 车间管理人员工资

C. 销售人员工资　　　　　　　　　　D. 企业管理人员工资

10. 各种辅助生产费用分配方法中,(　　)的分配结果最精确。

A. 直接分配法　　　　　　　　　　　B. 交互分配法

C. 计划成本分配法　　　　　　　　　D. 代数分配法

11. 如果辅助生产车间规模不大,制造费用不多,为简化核算工作,发生的制造费用可直接计入(　　)账户。

A. "制造费用"　　　　　　　　　　　B. "生产成本——基本生产成本"

C. "管理费用"　　　　　　　　　　　D. "生产成本——辅助生产成本"

12. 基本生产车间领用的直接用于产品生产,构成产品实体的原料及主要材料,应通过(　　)成本项目反映。

A. 原料及主要材料　　　　　　　　　B. 原材料

C. 直接材料　　　　　　　　　　　　D. 外购材料

13. 下列各项中,不计入产品成本的费用是(　　)。

A. 直接材料费用　　　　　　　　　　B. 车间设备折旧费

C. 辅助车间管理人员工资　　　　　　D. 行政管理部门设备折旧费

14. 下列单证,不应作为记录材料消耗数据依据的是(　　)。

A. 账存实存对比表　　　　　　　　　B. 领料单

C. 限额领料单　　　　　　　　　　　D. 退料单

15. 属于产品成本项目的是(　　)。

A. 外购动力成本　　B. 折旧费　　　　C. 制造费用　　　　D. 税费

16. 生产车间发生的制造费用分配后,一般应计入(　　)账户。

A. "生产成本——基本生产成本"   B. "库存商品"

C. "本年利润"   D. "主营业务成本"

17. 下列各项目费用，不能直接计入"生产成本——基本生产成本"账户的是（　　）。

A. 产品生产工人的工资   B. 车间管理人员的工资

C. 构成产品实体的材料费用   D. 构成产品实体的燃料与动力费用

18. 辅助生产费用的交互分配是指（　　）。

A. 辅助生产费用在各生产车间之间的分配

B. 辅助生产费用在各基本生产车间之间的分配

C. 辅助生产费用在各辅助生产车间之间的分配

D. 辅助生产费用在辅助生产车间与基本生产车间之间的分配

19. 某企业本月生产甲产品耗用生产工时 160 工时，生产乙产品耗用生产工时 140 工时。本月发生车间管理人员工资 3 万元，产品生产工人工资 20 万元。该企业按生产工时比例分配制造费用。假设不考虑其他因素，本月甲产品应分配的制造费用为（　　）万元。

A. 1.4   B. 1.6   C. 1.8   D. 1.98

20. 生产产品的设备计提的折旧费应计入（　　）账户。

A. "生产成本——基本生产成本"   B. "管理费用"

C. "生产成本——辅助生产成本"   D. "制造费用"

二、多项选择题

1. 制造费用的分配方法有（　　）。

A. 生产工人工时比例分配法   B. 机器工时比例分配法

C. 直接分配法   D. 生产工人工资比例分配法

2. 采用代数分配法分配辅助生产费用（　　）。

A. 能够提供正确的分配计算结果   B. 核算结果不很正确

C. 适用于实现会计信息化的企业   D. 能够简化费用的分配计算工作

3. 用于几种产品生产的共同耗用材料费用分配的分配标准有（　　）。

A. 工时定额   B. 生产工人工资

C. 材料定额费用   D. 材料定额消耗量

4. 下列支出在发生时直接确认为当期费用的是（　　）。

A. 行政人员工资   B. 支付的本期广告费

C. 预借差旅费   D. 行政管理部门固定资产折旧费

5. 应计入产品成本的各种材料费用，按受益对象进行分配时，应计入的账户有（　　）账户。

A. "管理费用"   B. "生产成本——基本生产成本"

C. "制造费用"   D. "财务费用"

6. 企业进行辅助生产费用分配时，可能借记的账户有（　　）账户。

A. "生产成本——基本生产成本"   B. "生产成本——辅助生产成本"

C. "制造费用"   D. "在建工程"

7. 下列方法中，属于辅助生产费用分配方法的有（　　）。

A. 直接分配法   B. 交互分配法

C. 约当产量法   D. 代数分配法

8. 辅助生产车间计提的固定资产折旧，可能借记的账户是（　　）账户。

A. "制造费用"   B. "生产成本——辅助生产成本"

C. "生产成本——基本生产成本"　　　D. "管理费用"

9. 下列各项应计入"制造费用"账户的是（　　　）。

A. 产品生产工人工资　　　　　　　　B. 车间劳动保护费

C. 厂部管理人员工资　　　　　　　　D. 生产车间固定资产折旧费

10. 对几种产品共同发生的工资费用，常用的分配标准有（　　　）。

A. 机器工时　　　　　　　　　　　　B. 马力工时

C. 实际生产工时　　　　　　　　　　D. 定额生产工时

11. 下列费用，不应计入产品成本的是（　　　）。

A. 车间机器设备折旧费　　　　　　　B. 企业行政管理部门设备折旧费

C. 行政管理人员的工会经费　　　　　D. 行政管理人员的薪酬

12. 下列项目中，最终应计入产品生产成本的有（　　　）。

A. 生产工人的工资　　　　　　　　　B. 生产产品耗用的材料费用

C. 生产设备的折旧费　　　　　　　　D. 行政管理人员的工资

13. 计算不可修复废品的净损失时，应考虑的因素有（　　　）。

A. 不可修复废品的成本　　　　　　　B. 不可修复废品的修复费用

C. 过失人的赔偿　　　　　　　　　　D. 收回残料价值

14. 可修复废品的修复费用应包括（　　　）。

A. 修复废品发生的材料费用　　　　　B. 修复废品发生的工资费用

C. 修复废品发生的动力费用　　　　　D. 修复废品发生的财务费用

三、判断题

1. 基本生产车间发生的各种费用均应计入"生产成本——基本生产成本"账户。（　　　）

2. 不设"燃料和动力"成本项目的企业，其生产消耗的燃料可计入"直接材料"成本项目。（　　　）

3. 辅助生产费用的交互分配法，是只进行辅助生产车间之间交互分配，不进行对外分配。（　　　）

4. 在企业只有一个辅助生产车间的情况下，才能采用辅助生产费用分配的直接分配法。（　　　）

5. "废品损失"账户期末一般没有余额。（　　　）

6. 按代数分配法分配辅助生产费用，分配结果最为准确。（　　　）

7. 废品损失包括可修复废品的修复费用和不可修复废品的净损失。（　　　）

8. 制造业辅助生产车间发生的制造费用，不能通过"制造费用"账户核算。（　　　）

9. "制造费用"账户期末分配后无余额。（　　　）

10. 企业车间厂房、行政办公楼计提折旧，均不计入产品成本。（　　　）

11. 车间管理人员的工资不属于直接工资，因此不能计入产品成本，而应计入期间费用。（　　　）

12. 制造费用与管理费用不同，本期发生的管理费用直接影响本期损益，而本期发生的制造费用不一定影响本期的损益。（　　　）

四、实务训练

实务训练1

1. 目的：练习分配各生产要素费用。

2. 资料：

（1）20××年8月，南海公司生产101#、102#两种产品。本月生产101#产品500件，实际生产工时10 000工时；本月生产102#产品200件，实际生产工时5 000工时。

同时南海公司有两个辅助生产车间，为企业内部各部门提供的劳务情况，如表2-27所示。

表2-27　供电和供水车间提供的劳务量

受益部门	供电车间（千瓦·时）	供水车间（吨）
供电车间		400
供水车间	2 000	
基本生产车间	32 000	3 000
厂部管理部门	8 000	1 000
合　计	42 000	4 400

（2）本月发生生产费用如下。

① 本月发出材料汇总表，如表2-28所示。

表2-28　发出材料汇总表
20××年8月　　　　　　　　　　　　　　单位：元

领料部门和用途	金　额
基本生产车间耗用	
101#产品耗用	80 000
102#产品耗用	60 000
101#、102#产品共同耗用	28 000
车间一般耗用	2 000
辅助生产车间耗用	
供电车间耗用	1 000
供水车间耗用	1 200
厂部管理部门耗用	1 200
合　计	173 400

② 本月工资结算汇总表及职工福利费用计算表，如表2-29所示。

表 2-29 工资及福利费汇总表

20××年8月   单位：元

人员类别	应付工资总额	应计提福利费	合计
基本生产车间			
产品生产工人	42 000	5 880	47 880
车间管理人员	2 000	280	2 280
辅助生产车间			
供电车间	8 000	1 120	9 120
供水车间	7 000	980	7 980
厂部管理人员	4 000	560	4 560
合　　计	63 000	8 820	71 820

③ 本月以现金支付的费用为 2 535 元，其中基本生产车间负担的办公费 250 元，市内交通费 65 元；供电车间负担的市内交通费 180 元；供水车间负担的外部加工费 480 元；厂部管理部门负担的办公费 1 360 元，材料市内运输费 200 元。

④ 本月以银行存款支付的费用为 12 100 元，其中基本生产车间负担的办公费 1 000 元，水费 2 000 元，差旅费 1 400 元；供电车间负担的燃油费 500 元，外部运输费 1 800 元；供水车间负担的办公费 400 元；厂部管理部门负担的办公费 3 000 元，燃油费 1 200 元，招待费 200 元，市话费 600 元。

⑤ 本月应计提固定资产折旧费 22 000 元，其中：基本生产车间折旧 10 000 元，供电车间折旧 2 000 元，供水车间折旧 4 000 元，厂部管理部门折旧 6 000 元。

3. 要求：

（1）根据资料① 分配生产 101#、102#两种产品共同耗用的材料，按 101#、102#两种产品直接耗用原材料的比例进行分配。

（2）根据资料① 及共同耗用材料费用分配结果编制原材料费用分配表（见表 2-30），并进行相应的账务处理。

表 2-30 原材料费用分配表

20××年8月   金额单位：元

应借账户		成本项目或明细项目	直接计入	分配计入			合计
				直接耗用材料	分配率	分配额	
生产成本——基本生产成本	101#产品	直接材料					
	102#产品	直接材料					
	小　计						
生产成本——辅助生产成本	供电车间	直接材料					
	供水车间	直接材料					
	小　计						

应借账户		成本项目或明细项目	直接计入	分配计入			合计
				直接耗用材料	分配率	分配额	
制造费用	基本生产	物料消耗					
管理费用		物料消耗					
合　计							

（3）根据资料②按产品生产工时比例分配产品生产工人的工资及福利费，编制工资及福利费用分配表（见表2－31），并进行相应的账务处理。

（4）分别根据资料③、④、⑤进行相应的账务处理。

表2－31　工资及福利费用分配表

20××年8月　　　　　　　　　　　　　　　　金额单位：元

分配对象		成本项目	工资			福利费	
会计科目	明细科目		分配标准	分配率	分配额	分配率	分配额
生产成本 ——基本 生产成本	101#产品	直接人工					
	102#产品	直接人工					
	小　计						
生产成本 ——辅助 生产成本	供电车间	直接人工					
	供水车间	直接人工					
	小　计						
制造费用	基本生产车间	工资、福利费					
管理费用		工资、福利费					
合　计							

（5）归集辅助生产费用（见表2－32和表2－33）；用直接分配法分配辅助生产费用，编制辅助生产费用分配表（见表2－34），进行相应的账务处理。

（6）按生产工时比例分配制造费用并编制制造费用分配表（见表2－35），进行相应的账务处理。

表2－32　辅助生产成本明细账

车间名称：供电车间　　　　　　　　　　　　　　　　　　单位：元

20××年		摘　要	直接材料	直接人工	折旧费	办公费	合计
月	日						

20××年		摘　要	直接材料	直接人工	折旧费	办公费		合计
月	日							

表 2－33　辅助生产成本明细账

车间名称：供水车间　　　　　　　　　　　　　　　　　　　　　　　　　单位：元

20××年		摘　要	直接材料	直接人工	折旧费	办公费		合计
月	日							

表 2－34　辅助生产费用分配表（直接分配法）

20××年8月　　　　　　　　　　　　　　金额单位：元

项目　　　数量及金额　　　辅助车间		供电车间	供水车间	合计
待分配的辅助生产费用				
提供给辅助车间以外的劳务量				
费用分配率（单位成本）				
受益单位	基本生产车间　受益数量			
	基本生产车间　应分配费用			
	行政管理部门　受益数量			
	行政管理部门　应分配费用			
分配金额合计				

表 2 - 35　制造费用分配表（生产工人工时比例法）

20 × ×年 8 月　　　　　　　　　　　　　金额单位：元

产品名称	生产工时（工时）	分配率（元/工时）	分配金额
101#产品			
102#产品			
合计			

实务训练 2

1. 目的：练习分配制造费用。

2. 资料：

某制造业企业只有一个车间，全年制造费用计划为 85 000 元；全年各种产品的计划产量为：A 产品 4 000 件，B 产品 3 600 件；单位产品的工时定额为：A 产品 4 工时，B 产品 5 工时。10 月份实际产量为：A 产品 400 件，B 产品 300 件；该月实际制造费用 7 000 元，制造费用账户月初余额 1 000 元。

3. 要求：

（1）计算制造费用年度计划分配率。

（2）计算该月应分配转出的制造费用。

（3）编制分配制造费用的会计分录。

项目 3　分配生产费用

【任务导入】

初学会计的凯源到新华公司实习，在企业实习指导教师的指导下，他熟悉了该企业基本生产成本明细账（见表 3-1）及企业生产 A 产品的相关核算资料。

表 3-1　基本生产成本明细账

产品名称：A 产品　　　　　　　　　　　　　　　　　　　　　　　　单位：元

| 20××年 | | 凭证字号 | 摘　　要 | 成本项目 | | | |
月	日			直接材料	直接人工	制造费用	合　计
7	31	略	原材料费用分配表	120 000			120 000
	31		职工薪酬费用分配表		41 200		41 200
	31		职工薪酬费用分配表		5 768		5 768
	31		制造费用分配表			33 404	33 404
	31		本月费用合计	120 000	46 968	33 404	200 372

　　该企业生产的 A 产品，经过两道工序加工而成，本月投产量 1 200 件，完工 1 000 件，在产品 200 件，其中第一道工序在产品 120 件，第二道工序在产品 80 件。原材料在生产开始时一次投入，第一道工序工时定额 15 小时，第二道工序工时定额 5 小时。

　　要求凯源计算：

　　（1）A 在产品的约当产量。

　　（2）如果按约当产量法分配各项生产费用，该如何进行？计算完工产品成本和在产品成本应是多少？

　　如果你是凯源，该从何入手？本项目教学中将为你提供解决问题的思路。

任务3.1　核算在产品

知识导学：核算在产品

【任务资料】

　　凯源通过分析发现，生产过程中发生的各项产品生产费用经过在各成本计算对象之间的归集和分配后，应计入本月产品成本的生产费用都已归集到"生产成本——基本生产成本"账户及其所属明细账中。各产品基本生产成本明细账所归集的生产费用构成各该产品成本，包括完工产品的成本和未完工产品的成本。如果本月生产的某种产品已全部完工，则归集到该产品生产成本明细账的生产费用均为该种完工产品成本；如果本月生产的某种产品全部未完工，则归集到该产品生产成本明细账的生产费用均为该种未完工产品成本，即在产品成本；如果本月生产的某种产品有一部分完工，另一部分未完工，则应采用适当的方法，将归集到该产品生产成本明细账的生产费用在完工产品与未完工产品之间进行分配，计算出该种产品的完工产品成本和在产品成本。当然无论采用何种方法分配，均要确定在产品的数量。

3.1.1　在产品数量的确定

　　在产品就是尚未最终完工的产品，包括广义在产品与狭义在产品。广义在产品，就整个企业来说的，是指从投产开始至尚未制成最终产品入库的产品，包括正在加工过程中的在制品、正在返修过程中的废品、已完成一个或几个生产步骤还需继续加工的半成品、已完工但尚未入库的完工产品、等待返修的可修复废品等。狭义在产品，就某个生产车间或某一生产步骤来说，仅指正在某个生产车间或生产步骤加工中的在制品。这里所讲的在产品是狭义在产品。

　　将生产费用在完工产品与在产品之间分配，要确定月末在产品成本，必须准确确定月末在产品的数量。通常对在产品数量进行核算的方法有两种：一是通过账面资料确定，即企业应设置"在产品收发存账簿"，进行台账记录，反映在产品的结存数量，也称"在产品台账"；在产品台账应分生产单位（车间、分厂），按产品品种和在产品的名称设置，以反映各生产单位收发存情况；也可以按生产步骤（加工工序）来组织在产品的核算。二是通过实地盘点方式确定月末在产品数量。"在产品收发存账簿"的格式如表 3-2 所示。

　　在实际工作中，往往将两种方法结合使用，以随时掌握在产品的动态，保证在产品数量的准确性。通过"在产品收发存账簿"反映在产品的理论结存数量，通过实地盘点确定在产品的实际结存数量，两者差额反映的是在产品的盘点溢余或短缺的数量。

表 3 - 2　在产品收发存账簿

生产车间：　　　　　　　　　　　　　　　　　　　　　　　　　　　　在产品名称：

工序：　　　　　　　　　　　　　　　　　　　　　　　　　　　　　　计量单位：

日期	凭证号数	摘要	收入数量	转出数量		结存数量			备注
				合格品	废品	已完工	未完工	废品	

3.1.2　在产品清查及其盈亏的核算

为保证企业财产物资安全，对在产品的管理也应和其他存货资产一样，需定期或不定期地进行清查，以保证账实相符。一般情况下，在产品清查应当在每月月末进行，通过实地盘点确定在产品的实际结存数量，与"在产品收发存账簿"记录的结存数量进行核对是否相符。如有不符，编制"在产品盘点溢缺报告单"，填明在产品名称、溢缺数量、溢缺金额、溢缺原因等，报经有关领导批准后进行相应的账务处理。

在产品发生盘点溢余时，在查明原因前，先按计划成本或定额成本调整账面记录，计入"待处理财产损溢"账户，使账实相符；待批准后，将盘盈的在产品冲减管理费用。在产品发生盘点短缺时，在查明原因前，先调整账面记录，计入"待处理财产损溢"账户，使账实相符；待批准后，转作其他应收款或列入管理费用。

 提　示

如果在产品发生非正常损失，该损失的在产品应负担的增值税进项税额也应转出，借记"待处理财产损溢"账户，贷记"应交税费——应交增值税（进项税额转出）"账户。

【例 3 - 1】20××年 3 月新华公司，对基本生产车间的月末在产品进行盘点清查时，发现甲产品在产品盘盈 10 件，单位定额成本 8 元；乙产品在产品盘亏 4 件，单位定额成本 30 元。

根据"在产品盘点溢缺报告单"编制会计分录如下：

（1）甲产品在产品盘点溢余的核算。

① 溢余时：

借：生产成本——基本生产成本——甲产品　　　　　　　　　　　　　80

　　贷：待处理财产损溢——待处理流动资产损溢　　　　　　　　　　　　　80

② 报经批准，冲减管理费用时：

借：待处理财产损溢——待处理流动资产损溢　　　　　　　　　　　　80

　　贷：管理费用　　　　　　　　　　　　　　　　　　　　　　　　　　　80

（2）乙产品在产品盘点短缺的核算。

① 短缺时：

借：待处理财产损溢——待处理流动资产损溢　　　　　　　　　　　　120

　　贷：生产成本——基本生产成本——乙产品　　　　　　　　　　　120

② 报经批准，短缺的乙在产品应由责任人赔偿40元，并向其索赔，其余列做管理费用：

借：其他应收款——责任人　　　　　　　　　　　　　　　　　　　40

　　管理费用　　　　　　　　　　　　　　　　　　　　　　　　　80

　　贷：待处理财产损溢——待处理流动资产损溢　　　　　　　　　120

问题与思考

新华公司发生火灾，造成乙产品在产品毁损200件，单位定额成本30元；经调查清理，保险公司赔偿4 000元，其余列做企业净损失（该部分产品应负担材料的增值税500元），应如何进行会计处理？

知识导学：成本类
票据识别与整理

德育导行

职场三句话：职场做事要注意三点——职业操守、职业道德、职业素养

职场人说职场事，每天叨叨一些小短文，作为职场人每天日复一日的工作，本质上都很厌烦，但为了让身边的人能更好地生活，我们坚持着。

职场人做事要有职业操守。说白了就是诚实守信、遵纪守法、忠于企业，这是被很多人都记得的职业操守的含义了。若对于工作我们不认真，对企业不负责，那我们将无法忠于自己的职业。一入职场身不由己，但凡事讲究个"尺度"，职场人还是要有职业操守的。忠于你的职业，忠于你的企业，忠于你的良心。

职场人做事要有职业道德。做人被自己认可比较容易，被家人认可也比较容易，但是要得到社会的认可却不容易。想到得到社会的认可就要有最基本的职业道德。什么是职业道德？说得直白些，那就是对于个人工作的热爱、积极、向上的态度；对集体，保持自己正确的三观，一切以集体利益为出发点；对外，一切以公司利益为优先，做人忠于职业、做事实事求是，奖惩按规则，保持公开透明的原则，这才是一个有职业道德的人该做的事。

职场人做事要有职业素养。职业素养可以说是操守与道德的延伸。俗话说得好，久居高位、其威自现，而所谓的"职业素养"也是需要长期的保持才能培养出来，说得直白些，职业素养包括信念、行为、技能。一个积极向上的积极信念会使你勇于面对困难，而好的行为会使你快速成长，而专业技能会快速地转变成能力，而能力又能渐渐地增加你的影响力。

启示：具体来讲，做好生产费用的分配，首先，要以企业利益为先，客观公正做好在产品清查，实事求是地确定在产品数量；其次，要结合企业生产经营实际情况，选择适用的生产费用分配方法，并且分配方法一经确定不得随意变更，这是我们要遵循的会计准则。也只有坚持准则、客观公正，才能精准计算完工产品的成本。同时，也要注意，成本会计的一举一动不仅影响个人，同样影响着企业的业绩和形象。会计的职业成长之路是艰辛的，保持正能量非常重要。忠于自己、忠于企业，都应该具备良好的职业操守、道德、素养。

3.1.3 在产品成本与完工产品成本计算的关系

将生产费用在完工产品与在产品之间分配，计算完工产品成本与在产品的成本。某种产品的本月生产费用、本月完工产品成本和月初月末在产品成本存在的关系可表示为

月初在产品成本＋本月生产费用－月末在产品成本＝本月完工产品成本

上述关系式中的月初在产品成本就是上月末的在产品成本，是已知的；本月生产费用通过要素费用的分配与归集可以得到确定。因此，只要确定月末在产品成本，就能计算出本月完工产品成本。由于产品成本通常在期末进行计算，因此月末在产品通常理解为期末在产品；月初在产品通常指期初在产品。

课后导思：核算在产品

任务 3.2 生产费用在完工产品与
在产品之间分配

提 示

在加工制造业企业存在月末在产品的情况下，为了正确计算完工产品成本，必须将各个基本生产车间归集的生产费用在完工产品与月末在产品之间进行分配。其分配程序如下：

课前导引：1分钟趣味
动画说在产品成本

（1）确定月末在产品成本。根据月末在产品结存数量，运用一定的计算方法，确定月末在产品应负担的生产费用，即在产品成本。

（2）确定本期完工产品总成本。根据在产品与完工产品之间的关系进行计算，可表示为

本期完工产品总成本＝期初在产品成本＋本期生产费用－期末在产品成本

（3）计算完工产品单位成本。

$$某产品单位成本 = \frac{该产品总成本}{该产品完工数量}$$

生产费用在完工产品和在产品之间分配，计算出完工产品成本与在产品成本，取决于企业生产特点和在产品的具体情况。可见，计算出完工产品成本的关键在于正确确定期末在产品成本。目前常用的在产品成本计算方法有在产品忽略不计法、在产品按年初固定成本计价法、在产品按所耗原材料费用计价法、约当产量法、在产品按完工产品计算法、在产品按定额成本计价法和定额比例法。企业可以根据实际情况选择使用，在产品成本计算方法一经确定，不得随意变更，以保证产品成本资料的可比性。

3.2.1 在产品忽略不计法

在产品忽略不计法，也称不计在产品成本法，简称不计成本法，是指月末在产品不计算成本，本期归集的生产费用全部由本期完工产品承担的方法。采用这种方法确定完工产品成本，其公式可表示为

知识导学：智能成本
核算——材料存货分析

$$本期某种完工产品总成本 = 该产品本期归集的全部生产费用$$

$$该完工产品单位成本 = \frac{本期该产品总成本}{本期该产品完工数量}$$

【例3-2】以项目2新华公司20××年1月份有关资料为例，假设新华公司基本生产车间生产甲产品每月月末在产品数量较少，在产品成本忽略不计。本月生产甲产品投入的生产费用如表2-20所示，共计155 931元，其中直接材料费用98 000元，燃料动力费17 840元，直接人工23 256元，制造费用16 835元。假设本月生产甲产品100件，完工98件，月末在产品2件。用月末在产品忽略不计法确定本月完工产品成本，编制产品成本计算单，如表3-3所示。

表3-3 产品成本计算单（在产品忽略不计法）

产品名称：甲产品　　　　　　　　　　20××年1月　　　　　　　　金额单位：元

项　目	成本项目				
	直接材料	燃料动力	直接人工	制造费用	合计
本月发生的生产费用	98 000	17 840	23 256	16 835	155 931
生产费用合计	98 000	17 840	23 256	16 835	155 931
完工产品成本（98件）	98 000	17 840	23 256	16 835	155 931
单位成本（元/件）	1 000	182.04	237.31	171.79	1 591.13
月末在产品成本	0	0	0	0	0

 问题与思考

在产品忽略不计法就是将月末在产品看成完工产品，计算出月末在产品的成本。对吗？为什么？

知识导学：1分钟趣味动画
说在产品忽略不计法

 提　示

在产品忽略不计法的特点是有月末在产品，但不计算其应负担的生产费用，本期完工产品总成本就是本期该产品所归集的生产费用。采用这种方法的适用条件是月末在产品数量很少，是否计算其成本对完工产品成本影响很小。

3.2.2　在产品按年初固定成本计价法

在产品按年初固定成本计价法，简称固定成本法，是指年内各月在产品成本都按年初确定的在产品成本计算，各月固定不变，并以此确定当月完工产品成本的方法。

知识导学：1分钟趣味动画说在产品按年初固定成本计价法

用该方法计算时，当月完工产品总成本与当月发生的生产费用相同。其公式可表示为

$$本期某种完工产品总成本 = 该产品本期归集的全部生产费用$$

$$该完工产品单位成本 = \frac{本期该产品总成本}{本期该产品完工数量}$$

【例3-3】以项目2新华公司20××年1月份有关资料为例，假设新华公司基本生产车间生产甲产品每月月末在产品数量变化不大，在产品按年初固定成本计价法计算。月初（年初）甲

产品在产品固定成本为：直接材料费用 2 000 元，燃料动力费用 300 元，直接人工 380 元，制造费用 200 元；本月生产甲产品投入的生产费用如表 2–20 所示，共计 155 931 元，其中直接材料费用 98 000 元，燃料动力费用 17 840 元，直接人工 23 256 元，制造费用 16 835 元。假设本月生产甲产品 102 件，完工 100 件，月末在产品 2 件。用在产品按年初固定成本计价法确定本月完工产品成本，编制产品成本计算单，如表 3–4 所示。

表 3–4 产品成本计算单（在产品按年初固定成本计价法）

产品名称：甲产品　　　　　　　　　　20××年1月　　　　　　　　　金额单位：元

项　　目	成本项目				
	直接材料	燃料动力	直接人工	制造费用	合计
月初在产品成本	2 000	300	380	200	2 880
本月发生的生产费用	98 000	17 840	23 256	16 835	155 931
生产费用合计	100 000	18 140	23 636	17 035	158 811
完工产品成本（100 件）	98 000	17 840	23 256	16 835	155 931
单位成本（元/件）	980	178.40	232.56	168.35	1 559.31
月末在产品成本（2 件）	2 000	300	380	200	2 880

问题与思考

在产品按年初固定成本计价法确定时，如果本月发生的生产费用为 120 000 元，该月初在产品成本为 5 600 元，则月末完工产品成本是多少？全年 12 个月确定方法相同，对吗？

提　　示

在产品按年初固定成本计价法的特点是年内 1~11 月份各月月末在产品成本不论在产品数量是否发生变化均不另行计算，按年初固定数确定，只在年末根据实际盘点的在产品数量，计算 12 月末（年末）在产品成本。采用这种方法的条件是各月的在产品数量较少，或在产品数量较多但各月较为均衡，按固定成本作为月末在产品成本对完工产品成本计算的正确性影响不大，如钢铁业、化工业的产品，由于高炉和化学反应装置的容积固定，其在产品成本计算可用此方法。

3.2.3　在产品按所耗原材料费用计价法

在产品按所耗原材料费用计价法，即在产品成本按所耗原材料费用计算，简称只计材料法，也就是**指在计算月末在产品成本时，只需计算在产品所消耗的材料费用，而其所耗人工费用与制造费用则全部计入当期完工产品成本的方法**。

采用在产品按所耗原材料费用计价法，计算的当月完工产品总成本中包含着月末在产品的人工费用与制造费用。假设原材料在生产开始时一次投入，具体的计算公式为

$$单位产品材料成本 = \frac{该产品所耗材料费用总额}{该产品完工数量 + 月末在产品数量}$$

$$月末在产品成本 = 月末在产品数量 \times 单位产品材料成本$$

知识导学：1 分钟趣味动画说在产品按所耗原材料费用计价法

本期完工产品总成本 = 月初在产品成本 + 本期生产费用 - 月末在产品成本

【例3-4】天力厂生产的A产品，原材料费用占产品成本比重较大，该企业采用在产品按所耗原材料费用计价法计算。原材料在生产开始时一次投入，20××年5月初在产品成本为30 000元，月初在产品数量150件，本月投产450件，本月发生的生产费用为111 600元，其中直接材料96 000元，直接人工8 600元，制造费用7 000元，月末完工产品400件，月末在产品200件。根据资料计算A产品完工成本和月末在产品成本。编制产品成本计算单，如表3-5所示。

$$单位A产品材料成本 = \frac{30\ 000 + 96\ 000}{400 + 200} = 210（元）$$

$$月末在产品成本 = 200 \times 210 = 42\ 000（元）$$

$$本期完工产品总成本 = 30\ 000 + 111\ 600 - 42\ 000 = 99\ 600（元）$$

表3-5 产品成本计算单（在产品按所耗原材料费用计价法）

产品名称：A产品　　　　　　　　　　20××年5月　　　　　　　　　　金额单位：元

项　目	成本项目			
	直接材料	直接人工	制造费用	合计
月初在产品成本	30 000			30 000
本月发生的生产费用	96 000	8 600	7 000	111 600
生产费用合计	126 000	8 600	7 000	141 600
完工产品成本（400件）	84 000	8 600	7 000	99 600
单位成本（元/件）	210	21.50	17.50	249
月末在产品成本（200件）	42 000			42 000

编制结转完工入库产品的会计分录如下：

借：库存商品——A产品　　　　　　　　　　　　　　　　　　99 600

　　贷：生产成本——基本生产成本——A产品　　　　　　　　　　　99 600

不同的企业在投料方式、投料时间上是不一致的，因此计算月末在产品所消耗的材料费用的方法也不同。如果原材料是按生产进度投入的，可以按约当产量法进行处理。

 **问题与思考**

星火厂生产不锈钢制品，该产品原材料所占比重较大，月末在产品按所耗原材料费用计价，材料在生产开始时一次投入。该厂9月初不锈钢制品的在产品费用3 600元，本月发生的材料费用75 000元，人工费用18 000元，制造费用9 000元。本月完工产品550件，月末在产品250件。分配计算该产品的完工产品成本与月末在产品成本。

 **提　示**

在产品按所耗原材料费用计价法的特点是月末在产品成本只计算耗用的材料费用，而人工费用、制造费用等忽略不计。采用这种方法的条件是各月月末在产品数量较大，各月在产品数量变化也较大，材料费用占产品成本绝大比重，不计算在产品应负担的人工费用与制造费用，对正确计算完工产品成本影响不大，如造纸业、酿酒业、纺织业等产品生产应采用该种方法。

3.2.4 约当产量法

按约当产量计算在产品成本法，简称约当产量法，也称折合产量法，是先将月末在产品数量按月末在产品完工程度折合成相当于完工产品数量即约当产量，再按完工产品产量与月末在产品约当产量的比例分配生产费用，同时确定月末在产品成本与本期完工产品成本的方法。

知识导学：约当
产量法（一）

提 示

费用分配的计算过程

（1）计算在产品约当产量

在产品约当产量 = 月末在产品数量 × 月末在产品完工程度（或投料程度）

（2）计算费用分配率

$$某项费用分配率 = \frac{该项费用总额}{完工产品产量 + 月末在产品约当产量}$$

知识导学：1 分钟趣味动画
说成本之约当产量法

（3）计算月末在产品和完工产品应负担的生产费用

月末在产品应负担某项费用 = 月末在产品约当产量 × 该项费用分配率

$$\begin{matrix}本期完工产品应负 \\ 担的某项生产费用\end{matrix} = \begin{matrix}该项费 \\ 用总额\end{matrix} - \begin{matrix}月末在产品应 \\ 负担的该项费用额\end{matrix}$$

以上公式计算应按直接材料、直接人工、制造费用等成本项目分别进行。

1. 分配"直接材料"成本项目的在产品约当产量计算

由于月末在产品成本中的材料费用与在产品的投料程度密切相关，而与按生产工时计算的在产品完工程度没有直接关系，因此，确定分配原材料费用的在产品约当产量一般按投料程度计算。在产品投料程度是指在产品已投入的材料费用占完工产品应投材料费用的比例。在产品的投料程度一般按产品生产的投料方式确定，通常生产过程中有三种投料方式。

（1）原材料于生产开始时一次投入，即月末在产品投料程度为 100%，也就是说在产品生产开始时，一次投入生产该产品所需的全部材料，使月末在产品应负担的材料费用与完工产品所耗材料费用相同，即一件月末在产品所耗材料与一件完工产品所耗材料相同，则

月末在产品约当产量 = 月末在产品数量 × 100%

（2）原材料随生产过程陆续投入。产品生产所耗用的材料随加工进度逐步投入，月末在产品投料程度与其加工程度一致，则

月末在产品约当产量 = 月末在产品数量 × 在产品完工（加工）程度

（3）原材料按生产工序分次投入，并在每道工序开始时一次投入，则应根据各工序的材料消耗定额来计算投料程度。确定月末在产品约当产量的公式为

$$\begin{matrix}某工序月末在 \\ 产品投料程度\end{matrix} = \frac{前面各工序累计材料消耗定额 + 本工序材料消耗定额}{单位产品材料消耗定额} \times 100\%$$

知识导学：1 分钟趣味
动画说投料程度

公式中的材料消耗定额可以是投入材料费用，也可以是投入材料数量。

某工序月末在产品约当产量 = 该工序在产品数量 × 该工序月末在产品投料程度

提　示

如果原材料于每个工序开始以后逐步投入，则

$$某工序月末在产品投料程度 = \frac{前面各工序累计材料消耗定额 + 本工序材料消耗定额 \times 50\%}{单位产品材料消耗定额} \times 100\%$$

技能导练：约当产量法——各工序在产品投料程度及约当产量计算

其中，各工序结存的在产品在本工序的平均投料程度按 50% 计算。

技能导练：约当产量法——第一生产步骤约当产量计算表

【例 3-5】新华公司生产丙产品经过 3 道工序加工完成，原材料分 3 道工序在每道工序开始时一次投入。月末在产品数量及单位产品材料消耗定额资料如表 3-6 所示。

表 3-6　月末在产品数量及单位产品材料消耗定额表

工序	月末在产品数量（件）	单位产品材料消耗定额（千克）
1	100	70
2	120	80
3	140	100
合计	360	250

要求：计算各道工序在产品的投料程度及月末在产品直接材料成本项目的约当产量。

计算过程如下：

$$第一道工序在产品投料程度 = \frac{70}{250} \times 100\% = 28\%$$

$$第二道工序在产品投料程度 = \frac{70 + 80}{250} \times 100\% = 60\%$$

$$第三道工序在产品投料程度 = \frac{70 + 80 + 100}{250} \times 100\% = 100\%$$

$$第一道工序月末在产品约当产量 = 100 \times 28\% = 28（件）$$

$$第二道工序月末在产品约当产量 = 120 \times 60\% = 72（件）$$

$$第三道工序月末在产品约当产量 = 140 \times 100\% = 140（件）$$

月末在产品约当产量计算表如表 3-7 所示。

表 3-7　月末在产品直接材料约当产量计算表

工序	月末在产品数量（件）	单位产品材料消耗定额（千克）	投料程度（%）	在产品约当产量（件）
1	100	70	28	28
2	120	80	60	72
3	140	100	100	140
合计	360	250		240

【例3-6】以【例3-5】资料为例，如果原材料于每道工序开始以后逐步投入，计算各道工序在产品的投料程度及月末在产品直接材料成本项目的约当产量。

计算过程如下：

$$第一道工序在产品投料程度 = \frac{70 \times 50\%}{250} \times 100\% = 14\%$$

$$第二道工序在产品投料程度 = \frac{70 + 80 \times 50\%}{250} \times 100\% = 44\%$$

$$第三道工序在产品投料程度 = \frac{70 + 80 + 100 \times 50\%}{250} \times 100\% = 80\%$$

第一道工序月末在产品约当产量 = 100 × 14% = 14（件）

第二道工序月末在产品约当产量 = 120 × 44% = 52.8（件）

第三道工序月末在产品约当产量 = 140 × 80% = 112（件）

月末在产品直接材料约当产量计算表如表3-8所示。

技能导练：约当产量法——第二生产步骤约当产量计算表

表3-8 月末在产品直接材料约当产量计算表

工序	月末在产品数量（件）	单位产品材料消耗定额（千克）	投料程度（%）	在产品约当产量（件）
1	100	70	14	14
2	120	80	44	52.8
3	140	100	80	112
合计	360	250		178.8

问题与思考

（1）学习这部分内容后，你如何理解"约当产量"这一概念？能否用生活中的事例说明？

（2）宏达公司生产B产品经过两道工序加工完成。20××年8月月末在产品数量及完工程度为：第一道工序400件，本工序完工程度相当于完工产成品的30%；第二道工序100件，本工序完工程度相当于完工产成品的85%。该企业B产品月末在产品的约当产量是多少？

知识导学：约当产量法（二）

2. 分配"直接材料"以外成本项目的在产品约当产量计算

"直接材料"以外成本项目是指月末在产品应负担的燃料及动力、直接人工和制造费用等。月末在产品的约当产量通常与产品的完工程度密切相关，因此，计算在产品约当产量可以按完工程度进行。产品完工程度是指某产品已消耗工时占生产该产品所需全部工时的比例。而产品成本中应负担的生产费用是随生产进度逐渐发生的，产品完工程度越高，说明在产品负担的费用越多。一般在产品完工程度可以分生产工序确定，也可以不分生产工序确定。

（1）**不分生产工序确定在产品完工程度。**不分生产工序确定在产品完工程度，是企业对各工序在产品确定一个平均完工程度（一般为50%）作为各生产工序在产品的完工程度。这种方法适用于各工序在产品数量和单位产品在各工序的加工量相差不多的情况。因为在这种情况下，前后工序加工程度可以互相抵补，其全部在产品完工程度可按照50%确定。月末在产品约当产量的计算公式为

月末在产品约当产量＝月末在产品数量×完工程度（通常为50%）

（2）分生产工序确定在产品完工程度。分生产工序确定在产品完工程度，由于各工序所耗工时（或工时定额）不一定相同，使各道工序的月末在产品的完工程度也不同，因此在产品完工程度应按各工序分别测算。计算公式为

$$某工序月末在产品完工程度 = \frac{前面各工序累计工时定额 + 本工序工时定额 \times 50\%}{该产品单位工时定额} \times 100\%$$

其中，各工序结存的在产品在本工序的平均加工程度一般按50%计算。

各工序月末在产品约当产量＝各工序月末在产品数量×该工序在产品完工程度

确定在产品约当产量后，再以月末在产品约当产量和完工产品产量为分配依据，计算出分配率分配其他生产费用。

知识导学：1分钟趣味动画说完工程度

【例3-7】丁产品需要经3道工序加工制成，本月完工产品数量为1 000件，月末在产品数量400件；单位产品工时定额为100工时。原材料在生产开始一次性投入。

（1）各道工序定额工时及在产品数量资料如表3-9所示。

表3-9　各道工序定额工时及在产品数量资料

工序	月末在产品数量（件）	工时定额（工时）
1	100	40
2	200	30
3	100	30
合计	400	100

（2）本月有关丁产品的生产费用总额如表3-10所示。

表3-10　丁产品生产费用总额表

单位：元

摘要	直接材料	直接人工	制造费用	合计
月初在产品费用	18 000	4 160	5 235	27 395
本月发生生产费用	80 000	25 000	30 000	135 000
合计	98 000	29 160	35 235	162 395

要求：

（1）试测算各道工序在产品完工率（完工程度），计算在产品的约当产量，如表3-11所示。

表3-11　各道工序在产品完工程度及在产品的约当产量计算表

工序	月末在产品数量（件）	工时定额（工时）	完工率（程度）（%）	在产品约当产量（件）
1	100	40	20	20
2	200	30	55	110
3	100	30	85	85
合计	400	100		215

（2）采用约当产量法计算完工丁产品成本和月末在产品的成本。

计算过程如下：

① 各道工序在产品完工率（完工程度）及在产品的约当产量。

$$第一道工序在产品完工程度 = \frac{40 \times 50\%}{100} \times 100\% = 20\%$$

$$第二道工序在产品完工程度 = \frac{40 + 30 \times 50\%}{100} \times 100\% = 55\%$$

$$第三道工序在产品完工程度 = \frac{40 + 30 + 30 \times 50\%}{100} \times 100\% = 85\%$$

第一道工序月末在产品约当产量 $= 100 \times 20\% = 20$（件）

第二道工序月末在产品约当产量 $= 200 \times 55\% = 110$（件）

第三道工序月末在产品约当产量 $= 100 \times 85\% = 85$（件）

技能导练：约当产量法——
各工序在产品完工
程度及约当产量计算

② 用约当产量法计算完工丁产品成本和月末在产品的成本。

$$丁产品直接材料费用分配率 = \frac{98\ 000}{1\ 000 + 400} = 70$$

丁产品月末在产品应负担材料费用 $= 400 \times 70 = 28\ 000$（元）

丁产品完工产品应负担材料费用 $= 98\ 000 - 28\ 000 = 70\ 000$（元）

$$丁产品直接人工费用分配率 = \frac{29\ 160}{1\ 000 + 215} = 24$$

技能导练：约当产量法——
产品成本计算表（一）

丁产品月末在产品应负担人工费用 $= 215 \times 24 = 5\ 160$（元）

丁产品完工产品应负担人工费用 $= 29\ 160 - 5\ 160 = 24\ 000$（元）

$$丁产品制造费用分配率 = \frac{35\ 235}{1\ 000 + 215} = 29$$

丁产品月末在产品应负担制造费用 $= 215 \times 29 = 6\ 235$（元）

丁产品完工产品应负担制造费用 $= 35\ 235 - 6\ 235 = 29\ 000$（元）

技能导练：约当产量法——
产品成本计算表（二）

根据计算结果编制丁产品的成本计算单，如表 3 - 12 所示。

表 3 - 12 产品成本计算单（按约当产量法计算在产品成本）

产品名称：丁产品　　　　　　　　　　20 × × 年 × 月　　　　　　　　　　金额单位：元

项　　　目	成本项目			
	直接材料	直接人工	制造费用	合计
月初在产品费用	18 000	4 160	5 235	27 395
本月发生生产费用	80 000	25 000	30 000	135 000
合计	98 000	29 160	35 235	162 395
月末在产品约当产量（件）	400	215	215	
完工产品数量（件）	1 000	1 000	1 000	
约当产量合计（件）	1 400	1 215	1 215	

续表

项　目	成本项目			
	直接材料	直接人工	制造费用	合计
费用分配率（元/件）	70	24	29	125
完工产品成本	70 000	24 000	29 000	123 000
月末在产品成本	28 000	5 160	6 235	39 395

编制结转完工入库丁产品的会计分录如下：

借：库存商品——丁产品　　　　　　　　　　　　　　　　　123 000

贷：生产成本——基本生产成本——丁产品　　　　　　　　　　　　123 000

　提　示

按约当产量法计算在产品成本法的特点是先把月末在产品数量按材料投料程度或完工程度折合成完工产品数量，再将归集的生产费用在月末在产品约当产量和完工产品产量之间进行分配，分别确定其成本。该方法适用于各月末在产品数量较多，在产品数量变化较大，产品中各个成本项目所占比重相差不大的产品。在这种情况下，月末在产品成本不能忽略不计，不能按年初固定成本确定，也不能只计算所耗原材料费用，必须按产品成本各项目分别计算，确定月末在产品成本。

　问题与思考

技能导练：约当
产量法——账务处理

李明在学习按约当产量法计算在产品成本后认为，分配材料费用的在产品约当产量应按月末在产品数量乘以投料程度 100% 计算，分配制造费用、人工费用的在产品约当产量确定方法相同，均按月末在产品数量乘以完工程度 50% 计算。对于他这种做法，你怎么看？

3.2.5　在产品按完工产品计算法

在产品按完工产品计算法，简称完工产品法，指月末在产品视同完工产品，按完工产品与月末在产品二者的数量比例分配各项生产费用。

【例 3–8】以项目 2 新华公司 20××年 1 月有关资料为例，假设新华公司基本生产车间生产甲产品，月初（年初）甲产品在产品成本为：直接材料费用 2 000 元，燃料动力费用 300 元，直接人工 380 元，制造费用 200 元；本月生产甲产品投入的生产费用如表 2–19 所示，共计 155 798 元，其中直接材料费用 98 000 元，燃料动力费用 17 840 元，直接人工 23 256 元，制造费用 16 702 元。假设本月生产甲产品 102 件，完工 90 件，月末在产品 12 件（已接近完工）。在产品按完工产品计算法确定本月完工产品成本。编制产品成本计算单，如表 3–13 所示。

表 3 – 13　产品成本计算单（在产品按完工产品计算法）

产品名称：甲产品　　　　　　　　　　20××年1月　　　　　　　　　金额单位：元

项　　目	成本项目				
	直接材料	燃料动力	直接人工	制造费用	合计
月初在产品成本	2 000	300	380	200	2 880
本月发生的生产费用	98 000	17 840	23 256	16 702	155 798
生产费用合计	100 000	18 140	23 636	16 902	158 678
完工产品成本（90件）	88 235.32	16 005.92	20 855.24	14 913.48	140 009.96
单位成本（元/件）	980.39	177.84	231.73	165.71	1 555.67
月末在产品成本（12件）	11 764.68	2 134.08	2 780.76	1 988.52	18 668.04

编制结转完工入库甲产品的会计分录如下：

借：库存商品——甲产品　　　　　　　　　　　　　　　　　　　　140 009.96

　　贷：生产成本——基本生产成本——甲产品　　　　　　　　　　　140 009.96

 提　示

在产品按完工产品计算法的特点是一件在产品与一件完工产品承担相同的生产费用。适用于月末在产品已接近完工或已完工，但尚未入库的产品。

3.2.6　在产品按定额成本计价法

在产品按定额成本计价法，简称定额成本法，是指先根据月末在产品数量和单位定额成本计算月末在产品成本，然后倒挤确定本期完工产品成本的方法。计算公式可表示为

知识导学：在产品按定额成本计价法

月末在产品定额成本 = 月末在产品数量 × 单位定额成本

$$本期完工产品总成本 = 月初在产品定额成本 + 本期生产费用合计 - 月末在产品定额成本$$

采用在产品按定额成本计价法，关键在于确定月末在产品的定额成本。月末在产品的单位定额成本通常是按产品成本项目确定的，因此在具体计算月末在产品定额成本时，要按不同的定额标准分别计算月末在产品各个成本项目的定额成本，再加总确定月末在产品定额成本。例如，直接材料费用项目可根据在产品数量及单位在产品材料消耗定额确定；直接人工、制造费用等项目可根据在产品的工时定额和单位工时费用定额来确定。

月末在产品定额成本的计算，分别按成本项目进行。计算公式为

月末在产品直接材料定额成本 = 在产品数量 × 材料消耗定额 × 材料费用定额

月末在产品直接人工定额成本 = 月末在产品定额工时 × 每小时工资定额

月末在产品制造费用定额成本 = 月末在产品定额工时 × 每小时制造费用定额

其中，

月末在产品定额工时 = ∑（某工序累计工时定额 × 该工序在产品数量）

某工序累计工时定额 = 前道工序累计工时定额 + 本工序工时定额 × 50%

技能导练：额定成本计价法——入库

【例3-9】新华公司生产的丙产品，分两道工序制成，原材料在各道工

序开始时一次投入，各道工序内在产品的平均完工程度为 50%，在产品数量和定额消耗资料如表 3 – 14 所示。

表 3 – 14　在产品数量和定额消耗资料表

工序	在产品数量（件）	材料定额（千克）	工时定额（工时）
1	190	25	5
2	100	15	3
合计	290	40	8

直接材料费用定额 1.10 元，单位产品工时定额 8 工时，计划每工时费用分配率：直接人工 2元/工时，制造费用 2.5 元/工时。丙产品月初在产品和本月生产费用合计：直接材料 26 500 元，直接人工 9 480 元，制造费用 11 875 元。

要求：在产品按定额成本计价法分配计算本月完工产品成本和月末在产品成本。

计算过程如下：

（1）计算在产品直接材料定额成本。

第一道工序在产品直接材料定额成本 = 190 × 25 × 1.1 = 5 225（元）

第二道工序在产品直接材料定额成本 = 100 × 40 × 1.1 = 4 400（元）

技能导练：定额成本计价法在产品定额成本计算——直接材料

（2）计算各道工序在产品定额工时。

　　第一道工序在产品定额工时 = 190 × 5 × 50% = 475（工时）

　第二道工序在产品定额工时 = 100 × (5 + 3 × 50%) = 650（工时）

（3）计算在产品直接人工定额成本。

　　第一道工序在产品直接人工定额成本 = 475 × 2 = 950（元）

　　第二道工序在产品直接人工定额成本 = 650 × 2 = 1 300（元）

技能导练：定额成本计价法在产品定额成本计算——直接人工

（4）计算在产品制造费用定额成本。

　第一道工序在产品制造费用定额成本 = 475 × 2.5 = 1 187.5（元）

　第二道工序在产品制造费用定额成本 = 650 × 2.5 = 1 625（元）

根据计算结果，编制月末在产品定额成本计算表，如表 3 – 15 所示。

技能导练：定额成本计价法在产品定额成本计算——制造费用

表 3 – 15　月末在产品定额成本计算表

工序	在产品数量（件）	定额材料费用（元）	在产品定额工时（工时）	直接人工（2 元/工时）	制造费用（2.5 元/工时）	定额成本合计（元）
1	190	5 225	475	950	1 187.5	7 362.5
2	100	4 400	650	1 300	1 625	7 325
合计	290	9 625	1 125	2 250	2 812.5	14 687.5

（5）计算完工产品成本并编制产品成本计算单，如表 3 – 16 所示。

技能导练：定额成本计价法——产品成本计算

表 3 – 16 产品成本计算单（在产品按定额成本计价法）

产品名称：丙产品　　　　　　　　　　20××年×月　　　　　　　　　　单位：元

项 目	成本项目			
	直接材料	直接人工	制造费用	合计
本月生产费用合计	26 500	9 480	11 875	47 855
月末在产品定额成本	9 625	2 250	2 812.5	14 687.5
本月完工产品成本	16 875	7 230	9 062.5	33 167.5

编制结转完工入库丙产品的会计分录如下：

借：库存商品——丙产品　　　　　　　　　　　　　　　　33 167.5

　　贷：生产成本——基本生产成本——丙产品　　　　　　　　　　33 167.5

提　示

在产品按定额成本计价法的特点是月末在产品成本只按定额成本计算，月末在产品的实际成本与定额成本之间的差额全部由本期完工产品负担。该种方法适用于定额管理基础较好，各项消耗定额或费用定额比较准确、稳定，而且各月在产品数量变动不大的产品。

技能导练：定额成本
计价法——账务处理

3.2.7　定额比例法

按定额比例计算在产品成本法，简称定额比例法，是按照完工产品与月末在产品的定额耗用量或定额费用的比例分配生产费用，计算出完工产品成本和月末在产品成本的方法。计算时按成本项目进行，其中，直接材料费用项目一般按材料定额费用或材料定额耗用量比例分配；直接人工、制造费用等项目一般按定额工时比例分配。

采用按定额比例法计算产品成本的程序及相关公式如下。

1. 计算完工产品和月末在产品定额材料费用和定额工时

完工产品定额材料费用 = 完工产品产量 × 单位产品材料费用定额

月末在产品定额材料费用 = 月末在产品数量 × 单位在产品材料费用定额

完工产品定额工时 = 完工产品产量 × 单位产品工时定额

月末在产品定额工时 = 月末在产品数量 × 单位在产品工时定额

2. 分成本项目计算完工产品成本和月末在产品成本

$$\text{直接材料费用分配率} = \frac{\text{月初在产品原材料费用} + \text{本期发生的原材料费用}}{\text{完工产品定额材料费用（耗用量）} + \text{月末在产品定额材料费用（耗用量）}}$$

完工产品应分配直接材料 = 完工产品定额材料费用 × 直接材料费用分配率

月末在产品应分配直接材料 = 月末在产品定额材料费用 × 直接材料费用分配率

或

月末在产品应分配直接材料 = 直接材料费用合计 − 完工产品应分配直接材料

$$直接人工、制\\造费用等分配率 = \frac{月初在产品直接人工、制造费用等 + 本期发生的直接人工、制造费用等}{完工产品定额工时 + 月末在产品定额工时}$$

$$完工产品应分配直接人工、制造费用等 = 完工产品定额工时 \times 直接人工、制造费用等分配率$$

$$月末在产品应分配直接人工、制造费用等 = 月末在产品定额工时 \times 直接人工、制造费用等分配率$$

或

$$月末在产品应分配直接人工、制造费用等 = 直接人工、制造费用等费用合计 - 完工产品应分配直接人工、制造费用等$$

3. 计算完工产品实际总成本及单位成本

$$本期完工产品实际总成本 = 本期完工产品应分配材料费用 + 本期完工产品应分配人工费用 + 本期完工产品应分配制造费用$$

$$本期完工产品单位成本 = \frac{本期完工产品的实际总成本}{本期完工产品数量}$$

【例 3 - 10】新华公司本月完工乙产品 2 000 件，原材料费用定额 5 元，工时定额 2 工时。月末在产品 500 件，原材料费用定额 4 元，工时定额 1 工时。生产乙产品发生的费用资料如表 3 - 17 所示。

表 3 - 17　乙产品生产费用资料

单位：元

摘　　要	直接材料	直接人工	制造费用	合计
月初在产品成本	3 000	850	1 650	5 500
本月发生的生产费用	12 600	4 100	6 000	2 200
生产费用合计	15 600	4 950	7 650	28 200

要求：采用定额比例法分配本月生产费用，计算本月完工产品成本和月末在产品成本。

计算过程如下：

① 计算完工产品和月末在产品定额材料费用和定额工时。

$$完工产品定额材料费用 = 2\ 000 \times 5 = 10\ 000\ （元）$$

$$月末在产品定额材料费用 = 500 \times 4 = 2\ 000\ （元）$$

$$完工产品定额工时 = 2\ 000 \times 2 = 4\ 000\ （工时）$$

$$月末在产品定额工时 = 500 \times 1 = 500\ （工时）$$

② 分成本项目计算完工产品成本和月末在产品成本。

$$直接材料费用分配率 = \frac{3\ 000 + 12\ 600}{10\ 000 + 2\ 000} = 1.3$$

$$完工产品应分配直接材料 = 10\ 000 \times 1.3 = 13\ 000\ （元）$$

$$月末在产品应分配直接材料 = 2\ 000 \times 1.3 = 2\ 600\ （元）$$

$$直接人工费用分配率 = \frac{850 + 4\ 100}{4\ 000 + 500} = 1.1$$

$$完工产品应分配直接人工 = 4\ 000 \times 1.1 = 4\ 400\ （元）$$

$$月末在产品分配直接人工 = 500 \times 1.1 = 550\ （元）$$

$$制造费用分配率 = \frac{1\ 650 + 6\ 000}{4\ 000 + 500} = 1.7$$

$$完工产品应分配制造费用 = 4\ 000 \times 1.7 = 6\ 800（元）$$

$$月末在产品分配制造费用 = 500 \times 1.7 = 850（元）$$

③ 计算本月完工产品成本和月末在产品成本，编制产品成本计算单，如表 3 – 18 所示。

表 3 – 18 产品成本计算单（定额比例法）

产品名称：乙产品　　　　　　　　20 × ×年×月　　　　　　　　金额单位：元

项　　目		成本项目			
		直接材料	直接人工	制造费用	合计
月初在产品成本		3 000	850	1 650	5 500
本月发生的生产费用		12 600	4 100	6 000	22 700
生产费用合计		15 600	4 950	7 650	28 200
定额材料费用、定额工时	完工产品	10 000	4 000	4 000	
	月末在产品	2 000	500	500	
费用分配率（单位成本）		1.3	1.1	1.7	
完工产品成本		13 000	4 400	6 800	24 200
月末在产品成本		2 600	550	850	4 000

编制结转完工入库乙产品的会计分录如下：

借：库存商品——乙产品　　　　　　　　　　　　　　　　　　　24 200

　　贷：生产成本——基本生产成本——乙产品　　　　　　　　　　　24 200

 知识拓展

如何强化定额管理，降低成本？

1. 依靠定额管理，加强成本控制

企业的类型不一样，所以对于定额的要求也是不一样的，这就需要企业根据自身实际情况制定定额标准，定额太高就难以达到控制成本的目的，定额太低又太没意义了。因此，企业需要在自身实际情况的基础上，结合国家相关政策，采用一定的方法来进行规范，据定额管理进行资金预算，让目标成本化为现实。

2. 严格执行定额的编制原则将成本控制规范化

一般生产条件下，通过努力生产者可以达到甚至超过平均水平，定额的标准也可以侧面反映哪些是先进的技术，有利于降低能耗，达到鼓励先进，鞭策后进的水平。定额设置应简单明了、便于查阅，同时，定额项目的设置要尽量齐全完备，以利于成本控制。定额编制是一支经验丰富、技术管理知识全面的专家队伍，这样才能够保证编制定额的实践性、准确性和延续性。

3. 坚持实事求是，动态管理的原则将成本控制合理化

编制定额要从实际情况出发，结合生产过程特点，确定各项消耗。对于成本占比较大的费用

项目，要多考虑生产组织设计和工艺水平，从而使得定额的运用更加贴近实际，经济上更加合理。此外，还应注意到市场行情瞬息万变，因此定额的编制还要注意便于动态管理的原则。

4. 时时关注"四新"技术，对定额进行补充

"四新"即新技术、工艺、材料、设备，随着"四新"的不断出现，定额管理也必须变成动态管理，及时收集相关信息，否则会因为一些落后的设备、工艺造成定额管理实效，要专设部门及时搜集市场信息，了解市场信息和变化原因的具体资料，并对定额管理进行补充和完善，使得定额管理更加科学。

摘自：定额编制网《如何强化定额管理，降低成本？》，张国栋

要计算月末在产品定额耗用量（或定额成本），必须根据企业发料凭证中所列的材料消耗定额及产品产量凭证上所列产品工时定额计算求得。在明确月初在产品及本月投入产品的定额资料后，可以计算出各成本项目的分配率。

$$\text{直接材料费用分配率} = \frac{\text{月初在产品原材料费用}}{\text{月初在产品材料定额耗用量或定额成本}} + \frac{\text{本期发生的原材料费用}}{\text{本月投入的材料定额耗用量或定额成本}}$$

$$\text{直接人工、制造费用分配率} = \frac{\text{月初在产品直接人工、制造费用}}{\text{月初在产品定额工时}} + \frac{\text{本期发生的直接人工、制造费用}}{\text{本月投入的定额工时}}$$

以【例3-10】为例，完工产品材料定额费用为10 000元，定额工时4 000工时。假设该企业乙产品的月初在产品材料定额费用1 800元，定额工时600工时；本月投入的材料定额费用10 200元，定额工时3 900工时。则月末在产品有关定额资料为

月末在产品定额材料费用 = 1 800 + 10 200 - 10 000 = 2 000（元）

月末在产品定额工时 = 600 + 3 900 - 4 000 = 500（工时）

（1）计算直接材料费用分配率及分配结果。

$$\text{直接材料费用分配率} = \frac{3\ 000 + 12\ 600}{1\ 800 + 10\ 200} = 1.3$$

完工产品应分配直接材料 = 10 000 × 1.3 = 13 000（元）

月末在产品应分配直接材料 = 2 000 × 1.3 = 2 600（元）

（2）计算人工费用分配率及分配结果。

$$\text{直接人工费用分配率} = \frac{850 + 4\ 100}{600 + 3\ 900} = 1.1$$

完工产品应分配直接人工 = 4 000 × 1.1 = 4 400（元）

月末在产品分配直接人工 = 500 × 1.1 = 550（元）

（3）计算制造费用分配率及分配结果。

$$\text{制造费用分配率} = \frac{1\ 650 + 6\ 000}{600 + 3\ 900} = 1.7$$

完工产品应分配制造费用 = 4 000 × 1.7 = 6 800（元）

月末在产品分配制造费用 = 500 × 1.7 = 850（元）

（4）计算本月完工产品成本和月末在产品成本，编制产品成本计算单，如表3-19所示。

表 3-19 产品成本计算单（定额比例法）

产品名称：乙产品　　　　　　　　　20××年×月　　　　　　　　　金额单位：元

项　目			成本项目			
			直接材料	直接人工	制造费用	合计
月初在产品	定额	①	1 800	600	600	
	实际	②	3 000	850	1 650	5 500
本月投入	定额	③	10 200	3 900	3 900	
	实际	④	12 600	4 100	6 000	22 700
合计	定额	⑤=①+③	12 000	4 500	4 500	
	实际	⑥=②+④	15 600	4 950	7 650	28 200
分配率（单位成本）		⑦=⑥÷⑤	1.3	1.1	1.7	
完工产品	定额	⑧	10 000	4 000	4 000	
	实际	⑨=⑧×⑦	13 000	4 400	6 800	24 200
月末在产品	定额	⑩	2 000	500	500	
	实际	⑪=⑩×⑦	2 600	550	850	4 000

由此看来，根据倒挤法计算出的月末在产品定额资料与【例 3-10】中根据月末在产品结存数据计算出的月末在产品定额资料数据相同，分配结果一致。

提　示

按定额比例法计算在产品成本，适用于有比较准确的各种产品成本定额标准，各项消耗定额比较稳定，月末在产品数量变动较大的产品。该方法克服了定额成本法中将在产品实际成本与定额成本之间的差额计入完工产品成本，给完工产品成本计算结果的正确性带来的影响。

可见，生产费用在完工产品与在产品之间进行分配的方法有多种，在实际工作中，企业可结合产品生产特点及管理要求选定适宜的方法。为便于考核各期产品成本，方法选定后，一般不得随意变更。

问题与思考

天冶公司只生产和销售丁产品，20××年 6 月 1 日在产品成本 40 000 元。6 月份发生下列费用：生产领用原材料 70 000 元，生产工人工资 20 000 元，制造费用 13 000 元，企业管理部门一般耗用材料 5 000 元，企业产品广告费 15 000 元。本月月末在产品成本 35 000 元。则该企业 6 月份完工产品的生产成本是多少？

德育导行

做事先做人

2021 年，东京奥运会比赛正在如火如荼地进行，中国的五星红旗一次次在东京赛场升起，每到奥运时刻我们都会想起37年前实现中国奥运金牌"零突破"的运动员许海峰。1984年洛杉矶奥运会，在男子气手枪60发慢射比赛中，许海峰以566环的成绩夺得金牌，成为中国在奥运会上的首位冠军得主，揭开了中国奥运史的崭新一页。

而他不仅是一位奥运金牌得主，退役后还先后担任过国家射击队女子手枪项目主教练和国家射击队副总教练，培养了两名奥运冠军和众多世界及比赛冠军。许海峰对中国射击事业做出重大贡献，但他从不以此居功。他常告诫自己："我有幸得到中国奥运会的第一块金牌，那是机遇。在待遇和荣誉面前要满足，对事业和工作要永远不满足。"

他很注重队员们的学习，尤其是综合素质的提升，他说学习的宗旨是"要想打好枪，先要做好人"。这是许海峰对自己的要求也是对队员和工作人员的要求。与射击技术相比，他认为做人更重要。他说："如果一个运动员，不会做人，就算技术再好、本领再高也没有用。出去到处惹事，丢国家队的脸，出去比赛影响中国人的形象。"

启示：对于以企业价值运动为工作对象的财务人员，更要立业先立德。诚信为本，操守为重，合规守纪，才能更好地实现自我价值，为企业创造效益。

【任务评价】

请在表3-20中客观填写每一项工作任务的完成情况。

表3-20　任务评价表

任务	知识掌握	能力提升	素质养成
任务3.1核算在产品			
任务3.2生产费用在完工产品与在产品之间分配			

备注：任务评价以目标完成百分比表示，目标全部达成为100%，依次递减。

项目小结

德育导行：我对成本有话说——节能减排（二）

企业要将生产费用在完工产品与在产品之间分配，首先要明确在产品的含义，在产品就是尚未最终完工的产品，包括广义在产品与狭义在产品。广义在产品，就整个企业而言，是指从投产开始至尚未制成最终产品入库的产品；狭义在产品，就某个生产厂间或某一生产步骤来说，仅指正在某个生产车间或生产步骤加工中的在制品。本项目中所涉及的在产品是狭义在产品。

其次必须准确确定月末在产品的数量。确定在产品数量的方法有两种：一是通过账面资料确定，即企业应设置"在产品收发存账簿"，进行台账记录，反映在产品的结存数量，也称"在产品台账"；二是通过实地盘点方式确定月末在产品数量。

然后要确定月末在产品成本，目前常用的在产品成本计算方法有在产品忽略不计法、在产品按年初固定成本计价法、在产品按所耗原材料费用计价法、约当产量法、在产品按完工产品计算法、在产品按定额成本计价法和定额比例法。企业可以根据实际情况选择使用，在产品成本计算方法一经确定，不得随意变更。

在产品忽略不计法，也称不计在产品成本法，简称不计成本法。这种方法的适用条件是月末在产品数量很少，是否计算其成本对完工产品成本影响很小。

在产品按年初固定成本计价法，简称固定成本法，是指年内各月在产品成本都按年初确定的在产品成本计算，各月固定不变，并以此确定当月完工产品成本的方法。这种方法适用于各月的在产品数量较少，或在产品数量较多但各月较为均衡的产品生产企业。

在产品按所耗原材料费用计价法，即在产品成本按所耗原材料费用计算，简称只计材料法。这种方法的适用条件是各月月末在产品数量较大，各月在产品数量变化也较大，材料费用占产品成本绝大比重，不计算在产品应负担的人工费用和制造费用对正确计算完工产品成本影响不大。

按约当产量法计算在产品成本，简称约当产量法，是先将月末在产品数量按月末在产品完工程度折合成相当于完工产品数量即约当产量，再按完工产品产量与月末在产品约当产量的比例分配生产费用，同时确定月末在产品成本与本期完工产品成本的方法。该方法适用于各月末在产品数量较多，在产品数量变化较大，产品中各个成本项目所占比重相差不大的产品。

在产品按完工产品计算法，简称完工产品法，是指月末在产品视同完工产品，按完工产品与月末在产品二者的数量比例分配各项生产费用。这种方法适用于月末在产品已接近完工或已完工，但尚未入库的产品。

在产品按定额成本计价法，简称定额成本法，是指先根据月末在产品数量和单位定额成本计算月末在产品成本，然后倒挤确定本期完工产品成本的方法。这种方法适用于定额管理基础较好，各项消耗定额或费用定额比较准确、稳定，而且各月在产品数量变动不大的产品。

按定额比例法计算在产品成本，简称定额比例法，是按照完工产品与月末在产品的定额耗用量或定额费用的比例分配生产费用，计算出完工产品成本和月末在产品成本的方法。计算时按成本项目进行，其中，直接材料费用项目一般按材料定额费用或材料定额耗用量比例分配；直接人工、制造费用等项目一般按定额工时比例分配。该方法适用于有比较准确的各种产品成本定额标准，各项消耗定额比较稳定，月末在产品数量变动较大的产品。

思维导图总结如图 3-1 所示。

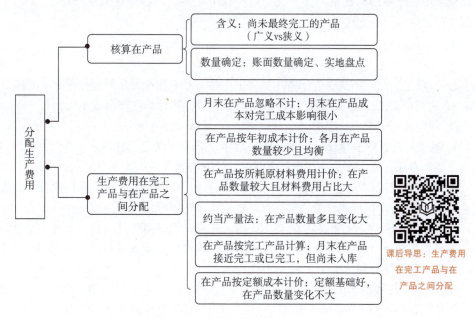

图 3-1 思维导图总结

聚焦赛证

对接竞赛
《会计技能竞赛》

1. 能够分工序计算在产品投料程度，会编制期末在产品约当产量计算表。

2. 能够分工序按定额生产工时计算直接人工费用和制造费用的完工程度，会编制在产品约当产量计算表。

3. 能够运用约当产量法对月末在产品和完工产品之间进行生产费用的分配。

4. 能够运用在产品按原材料费用计价法对月末在产品和完工产品之间进行生产费用的分配。

5. 能够运用定额成本法对月末在产品和完工产品之间进行生产费用的分配。

项目三赛证链接

对接 X 证书
《业财税融合成本管控职业技能等级标准》

工作领域：生产业务核算

初级任务：在产品和产成品核算

1. 能根据产品成本明细账提供的有关数据，采用约当产量法等方法，编制产品成本计算表。

2. 能根据完工产品成本汇总计算表，编制完工产品成本计算表。

项目练习

德育导行：分配生产
费用——坚持准则

一、单项选择题

1. 如果某种产品的月末在产品数量较大，各月在产品数量变化也较大，产品成本中各项费用的比重相差不大，生产费用在完工产品与月末在产品之间分配，应采用的方法是（   ）。

A. 不计在产品成本法   B. 约当产量法

C. 在产品按完工产品计算方法   D. 定额比例法

2. 下列（   ）不属于生产费用在完工产品与月末在产品之间进行分配的方法。

A. 约当产量法   B. 不计算在产品成本法

C. 年度计划分配率分配法   D. 定额比例法

3. 对于定额管理基础较好，各项消耗定额较准确、稳定，且各月末在产品数量变化较大的企业，生产费用在完工产品与在产品之间的分配方法适宜采用（   ）。

A. 约当产量比例法   B. 在产品按所耗原材料费用计价法

C. 在产品按定额成本计价法   D. 定额比例法

4. 假设某企业某种产品本月完工 320 件，月末在产品 200 件，在产品完工程度为 40%，月初和本月发生的原材料费用共 56 520 元，原材料随着加工进度陆续投入，则完工产品和月末在产品的原材料费用分别为（   ）。

A. 34 784 元和 21 763 元   B. 45 216 元和 28 260 元

C. 45 126 元和 11 304 元   D. 45 216 元和 11 304 元

5. 某产品经过三道工序连续加工制成，三道工序的工时定额分别为 5 工时、3 工时和 2 工时，各工序在产品的完工程度均为 50%，则该种产品在第二道工序在产品的完工率为（   ）。

A. 80%   B. 40%   C. 65%   D. 90%

6. 在产品按年初固定成本计价法适用于（　　）的产品。

A. 月末在产品数量很小

B. 各月月末在产品数量较大

C. 月末在产品数量变化较大

D. 月末在产品数量虽大，但各月之间变化不大

7. 在产品按定额成本计价法适用于（　　）的产品。

A. 消耗定额比较准确、稳定   B. 各月月末在产品数量变化较大

C. 各月月末在产品数量变化不大   D. A、C 条件同时具备

8. 在各道工序在产品数量和单位产品在各道工序的加工程度相差不大的情况下，全部在产品的完工程度均可按（　　）计算。

A. 25%   B. 50%   C. 75%   D. 100%

9. 企业生产甲产品经过两道工序加工而成，材料分工序在每道工序开始时一次投入，该产品材料定额 200 元，假设在第一道工序开始投料 160 元，在第二道工序开始投料 40 元，在分配材料费用时，第二道工序投料程度是（　　）。

A. 100%   B. 90%   C. 80%   D. 20%

10. 约当产量法适用于（　　）的产品。

A. 月末在产品数量较大

B. 各月末在产品数量变化较大

C. 产品成本中原材料费用和直接人工等加工费用的比重相差不大

D. 以上三项条件同时具备

11. 产品所耗原材料费用在生产开始时一次投入，其完工产品与月末在产品应负担的原材料费用应按完工产品产量与月末在产品（　　）比例分配计算。

A. 所耗原材料的数量   B. 数量

C. 约当产量   D. 50%

12. 财产清查发现在产品盘盈，调整账面记录时应借记（　　）账户。

A. "生产成本——基本生产成本"   B. "库存商品"

C. "在产品"   D. "制造费用"

二、多项选择题

1. 分配计算完工产品和月末在产品的费用时，采用在产品按定额成本计价法所具备的条件是（　　）。

A. 定额管理基础较好   B. 产品的消耗定额比较稳定

C. 各月末在产品数量变化比较小   D. 产品的消耗定额比较准确

2. 下列（　　）属于生产费用在完工产品与在产品之间进行分配的方法。

A. 交互分配法   B. 约当产量法

C. 定额比例法   D. 不计算在产品成本法

3. 约当产量法适用于（　　）的产品。

A. 各月月末在产品数量变化较大

B. 产品成本中原材料费用所占比重较大

C. 月末在产品数量较大

D. 产品成本中原材料费用和工资等其他费用所占比重相差不大

4. 下列（　　）属于制造业企业的在产品。

A. 尚在本步骤加工中的在产品　　　　B. 等待返修的废品

C. 转入各半成品库等待继续加工的半成品　　D. 对外销售的自制半成品

5. 生产费用在完工产品与月末在产品之间分配，采用在产品按其所耗原材料费用计算方法，适用的条件为（　　）。

A. 各月月末在产品数量较多　　　　B. 各月在产品数量变化较大

C. 原材料费用在成本中所占比例很小　　D. 原材料费用在成本中所占比重较大

6. 按完工产品和月末在产品的数量比例分配计算完工产品和月末在产品的原材料费用，必须具备的条件是（　　）。

A. 在产品已经接近完工　　　　B. 原材料消耗定额比较准确

C. 原材料消耗定额比较稳定　　　　D. 原材料在生产开始时一次投入

三、判断题

1. 月末在产品数量较大，但各月月末在产品数量变化不大的产品，其月末在产品可按固定成本计价。　　　　　　　　　　　　　　　　　　　　　　　　　　　　　　　　（　　）

2. 采用约当产量法时，分配原材料费用与分配加工费用所用的完工率是一致的。（　　）

3. 如果原材料在生产产品的每道工序开始时一次投入，则用来分配原材料费用的投料程度为该工序为止累计的原材料消耗定额与完工产品原材料消耗定额的比率。（　　）

4. 如果原材料在生产产品的每道工序开始时一次投入，则用来分配原材料费用的最后一道工序的投料程度为100%。　　　　　　　　　　　　　　　　　　　　　　　　　　（　　）

5. 在产品按定额成本计价法适用于各项消耗定额或费用定额比较准确、稳定，而且各月月末在产品数量变化较大的产品。　　　　　　　　　　　　　　　　　　　　　　　（　　）

6. 用约当产量法在完工产品与在产品之间分配费用，只适用于直接人工和其他加工费用的分配，不适用于原材料费用的分配。　　　　　　　　　　　　　　　　　　　　　（　　）

7. 某工序在产品的完工程度为该工序止累计的工时定额与完工产品工时定额的比率。

　　　　　　　　　　　　　　　　　　　　　　　　　　　　　　　　　　　　　（　　）

8. 将在产品按其完工程度折合成完工产品的数量称为在产品约当产量。　　　（　　）

9. 采用约当产量法时，当各道工序的在产品数量和在产品加工量比较均衡时，全部在产品的平均完工程度可按50%计算。　　　　　　　　　　　　　　　　　　　　　　（　　）

10. 采用在产品成本按年初固定数额计算时，年内各月的在产品成本均按年初在产品成本计算，永远不变。　　　　　　　　　　　　　　　　　　　　　　　　　　　　　　（　　）

四、实务训练

实务训练1

1. 目的：练习月末在产品成本的计算（在产品按所耗原材料费用计价法）。

2. 资料：

某企业生产甲产品，月末在产品只计算原材料费用。该月月初在产品原材料费用为3 000元；本月发生的原材料费用为4 400元。原材料在生产开始时一次性投入。本月完工产品200件，月末在产品100件。

3. 要求：计算该月月末甲产品在产品成本是多少。

实务训练2

1. 目的：练习计算月末在产品完工程度。

2. 资料：

某企业 A 产品生产经过两道工序加工完成。A 产品耗用的原材料在生产开始时一次性投入。20××年 5 月 A 产品有关生产资料如下。

（1）A 产品单位工时定额 80 工时，其中第一道工序 30 工时，第二道工序 50 工时。

（2）假定各工序内在产品完工程度平均为 50%。

3. 要求：计算 A 产品第二道工序在产品完工程度是多少。

实务训练 3

1. 目的：练习计算月末在产品的约当产量。

2. 资料：

某企业生产 B 产品经过两道工序加工完成。原材料在生产开始一次投入。生产成本在完工产品与在产品之间分配采用约当产量比例法。20××年 3 月有关 B 产品的生产资料如下。

（1）B 产品单位工时定额 100 工时，其中第一道工序 60 工时，第二道工序 40 工时。

（2）假定各道工序在产品完工程度为 50%。

（3）第一道工序在产品数量为 100 件，第二道工序在产品数量为 80 件。

3. 要求：计算该月 B 产品月末在产品约当产量为多少件。

实务训练 4

1. 目的：练习计算完工产品成本和月末在产品成本。

2. 资料：

星海公司生产 501#产品，20××年 8 月产品成本资料如表 3－21 所示。

表 3－21　产品成本资料

产品名称：501#产品　　　　　　　　20××年 8 月　　　　　　　　单位：元

摘　　要	直接材料	直接人工	制造费用	合计
月初在产品成本	2 000	350	1 000	3 350
本月发生生产成本	7 000	1 000	2 000	10 000
本月生产成本合计	9 000	1 350	3 000	13 350

本月 501#产品完工 800 件，月末在产品 200 件。

3. 要求：

（1）假定原材料在生产开始时一次投入，其他成本在生产过程中均衡发生，采用约当产量计算完工产品和月末在产品成本，并将计算结果填入表 3－22 中。

表 3－22　产品成本计算单

产品名称：501#产品　　　　　　　　20××年 8 月　　　　　　　　金额单位：元

摘　　要	直接材料	直接人工	制造费用	合计
月初在产品成本				
本月发生生产成本				
本月生产成本合计				
月末在产品约当产量（件）				
完工产品产量（件）				

摘　　要	直接材料	直接人工	制造费用	合　计
约当产量合计（件）				
费用分配率（元/件）				
完工产品成本				
月末在产品成本				

（2）若原材料随加工程度逐步投入，月末在产品投料程度为 50%，其他成本在生产过程中均衡发生，采用约当产量法计算完工产品和月末在产品成本，并将计算结果填入表 3 – 23 中。

表 3 – 23　产品成本计算单

产品名称：501#产品　　　　　　　　　20××年 8 月　　　　　　　　　金额单位：元

摘　　要	直接材料	直接人工	制造费用	合　计
月初在产品成本				
本月发生生产成本				
本月生产成本合计				
月末在产品约当产量（件）				
完工产品产量（件）				
约当产量合计（件）				
费用分配率（元/件）				
完工产品成本				
月末在产品成本				

项目4 计算产品成本

知识目标

◇ 理解各种成本计算方法的特点及其适用范围。

◇ 掌握品种法、分步法、分批法、分类法和定额法的核算程序。

◇ 掌握各种成本计算方法的应用。

本项目知识图谱

课前导引：计算产品成本

能力目标

◇ 能够根据企业生产工艺的特点和管理要求合理选用不同的产品成本计算方法。

◇ 能够正确运用各种成本计算方法核算产品成本，并能编制成本计算单。

◇ 在运用逐步综合结转分步法核算成本时，能够对综合成本进行成本还原。

素质目标

培养学生要秉公办事、不徇私舞弊、不徇私情等职业素质，对于不真实、不合法的业务操作不予办理，踏实提升自身会计职业技能。

【任务导入】

振华公司是一家小型钢铁厂，主要生产各种钢材。在生产过程中，设有三个基本生产车间：第一生产车间——炼铁车间、第二生产车间——炼钢车间、第三生产车间——轧钢车间。原材料在第一车间生产开始时一次投入，其中炼铁车间用铁矿石等原料炼出生铁，然后再把这些生铁转移到炼钢车间；炼钢车间再炼出钢锭；最后轧钢车间再将钢锭轧制成各种规格型号的钢材，经检验合格后送交成品仓库。半成品生铁、钢锭也可对外销售。该公司产成品成本计算方法以分步法为主，各车间内部采用品种法计算产品成本。该公司的会计王健对公司所采用的成本核算方法进行了思考：

1. 公司为什么采用品种法和分步法计算成本呢？

2. 采用品种法和分步法如何计算成本呢？

3. 计算产品成本的方法都有哪些呢？

通过学习本项目内容，将能找到这些问题的答案。

任务4.1 品 种 法

4.1.1 任务资料

振华公司产成品的形成依次需要经过三个生产步骤，因此，其产品的成本计算与这三个生产步骤都有关系。而对于每一个生产步骤来讲，产品生产量大且品种单一，因此，每一步骤产品成本的计算方法与整个产成品成本的计算方法有所不同。根据提供的资料，请替会计王健先计算一下炼铁车间所炼生铁的成本。

具体资料如下。

振华公司20××年1月份炼铁车间的生产情况及成本费用资料如表4-1、表4-2、表4-3和表4-4所示。

表4-1 生产情况表

炼铁车间 20××年1月 单位：吨

项 目	炼铁车间
月初在产品	15 000
本月投产	45 000
本月完工	40 000
月末在产品	20 000
在产品完工程度	50%

表4-2 月初在产品成本费用资料

炼铁车间 20××年1月 单位：元

月初在产品成本	成本项目			合 计
	直接材料	直接人工	制造费用	
	7 850 000	2 880 000	3 150 000	13 880 000

表4-3 本月材料费用情况表

炼铁车间 20××年1月 单位：元

项 目	铁矿石	辅助材料	合 计
产品耗用	23 750 000	9 000	23 759 000
车间耗用		6 000	6 000
合计	23 750 000	15 000	23 765 000

表 4 - 4　应付职工薪酬情况表

炼铁车间　　　　　　　　　　　20 × ×年 1 月　　　　　　　　　　单位：元

项　　目	职工薪酬	合　　计
生产工人工资	7 000 000	7 000 000
车间人员工资	9 450 000	9 450 000
合计	16 450 000	16 450 000

此外，炼铁车间还发生折旧费用 11 750 元，若不考虑其他费用，根据所提供的资料，用品种法计算 1 月月末炼铁车间炼成的生铁成本。

问题与思考

上例中炼铁车间生铁成本的计算为什么采用品种法？采用何种成本计算方法是由哪些因素决定的呢？

产品成本是在生产过程中形成的。计算何种产品的成本和采用何种方法计算成本，在很大程度上取决于生产的类型；另外，计算产品成本是为成本管理提供资料的，因此计算何种产品的成本和采用什么方法计算成本，又要考虑管理上的要求。为适应生产的特点和成本管理的不同要求，在产品成本计算工作中有三种不同的成本计算对象，即产品品种、产品批别和产品生产步骤。依这三种不同的成本计算对象，形成了品种法、分批法和分步法三种基本的成本计算方法。

知识拓展

影响产品成本计算方法的因素

生产的主要类型和成本管理要求是影响成本计算方法的主要因素。若按生产工艺过程和生产组织方式的不同，可以把企业分为不同的生产类型。

1. 企业生产类型特点

（1）按生产工艺过程的特点分类。制造业企业的生产按照生产工艺过程划分，可以分为单步骤生产和多步骤生产两种类型。

① 单步骤生产，也叫简单生产，是指生产过程在工艺上不能间断，或者不便于分散在不同地点的生产，如发电、熔铸、采掘工业等。单步骤生产，产品生产周期一般较短，生产过程中间没有自制的半成品产出。

② 多步骤生产，也叫复杂生产，是指生产过程可分为几个步骤，这些步骤在工艺上可以间断，可以分散在不同时间、不同地点进行的产品生产。如果这些步骤按顺序进行，不能并存，不能颠倒，要到最后一个步骤完成才能生产出产成品，这种生产就叫连续式复杂生产，如纺织、冶金、造纸等。如果这些步骤不存在时间上的继起性，可以同时进行，每个步骤生产出不同的零部件，然后再经过组装成为产成品，这种生产就叫装配式复杂生产，如机械、电器、船舶等。

（2）按生产组织方式的特点分类。生产组织是指企业产品生产的专业化程度，即一定时期内产品生产的重复性。制造业企业的生产按组织方式可以分为大量生产、成批生产和单件生产三种类型。

①　大量生产是指连续不断重复生产同一品种和规格产品的生产。这种生产一般产品品种比较少，生产比较稳定，如发电、采煤、冶金等。大量生产的产品，需求比较单一、稳定，需求数量大。

②　成批生产是指预先确定产品的批别和有限数量进行的生产。这类生产的特点是产品品种或规格比较多，而各种产品数量多少不等，每隔一段时间重复生产一批。成批生产有一定的重复性，从长期来看也有一定的稳定性。这种生产组织是现代企业生产的主要形式。成批生产按照产品批量的大小，可分为大批生产和小批生产。大批生产的产品数量较多，通常在一段时期内连续不断地生产相同的产品，特点类似于大量生产，如服装生产企业；小批生产的产品数量较少，每批产品同时投产，一般也同时完工，特点类似于单件生产，如电梯生产企业。

③　单件生产是根据购买单位订单所要求的特定规格和数量来组织生产的一种形式。这种生产组织形式并不多见，主要适用于一些大型而复杂的产品，如重型机械、造船、专用设备等。

上述两种分类不是孤立的、相斥的，而是交融的，大量成批生产可以是单步骤生产，也可以是多步骤生产。

2. 生产类型特点对产品成本计算方法的影响

（1）对成本计算对象的影响。在大量大批单步骤生产中，由于不间断地重复生产同类产品，中间没有半成品存在，因此只能以产品的品种作为成本计算对象来归集所发生的生产费用，形成品种法；而在大量、大批、连续式多步骤生产中，各个步骤的生产相对独立，生产费用可以按产品的生产步骤归集，因此可以把各个生产步骤的产品作为成本计算对象，以计算各步骤半成品（最后步骤形成的是产成品）成本，形成分步法；对于单件或小批量生产，常常是以客户的订单或批别组织生产，因此可以按产品的订单或批别作为成本计算对象，来计算各订单或各批别的产品成本，从而形成分批法。

（2）对成本计算期的影响。成本计算期指的是生产费用计入产品成本所规定的起止时期。在大量、大批生产情况下，由于生产投入和产出不间断进行，每月都有完工产品，因此产品成本应定期在每月月末计算，这种成本计算期与会计报告期一致。在小批或单件生产情况下，各批产品的生产周期往往不同，而且批量小，应按照各批产品的生产周期计算产品成本，成本计算期与产品的生产周期一致，但与会计报告期不同。

（3）对完工产品和在产品之间费用分配的影响。在大量、大批生产情况下，由于成本计算期与产品的生产周期不一致，每月月末一般会有在产品存在，因此需要将生产费用在完工产品与月末在产品之间分配。在单件或小批量生产情况下，因为成本计算期与产品生产周期一致，产品全部完工时才计算完工产品的成本，所以不存在生产费用在完工产品与在产品之间分配的问题。

3. 成本管理要求的影响

不同的企业，成本管理的要求也不完全一样。例如，有的企业只要求计算产成品的成本，而有的企业不仅要计算产成品的成本，还要计算各个步骤半成品的成本；有的企业要求按月计算成本，而有的企业可能只要求在一批产品完工后才计算成本等。成本管理要求的不同也是影响选择成本计算方法的一个因素。

4.1.2　品种法的概念及特点

品种法是以产品品种作为成本计算对象来归集生产费用、计算产品成本的一种方法。品种法主要适用于大量、大批、单步骤生产的企业，如发

知识导学：品种法

电、采掘等；或者虽属于多步骤生产，但管理上不要求分步计算产品成本的小型企业，如小水泥厂、造纸厂等。品种法是产品成本计算方法中最基本的方法，因为不论什么企业，也不管要求如何，最终都必须按照产品品种计算出产品的成本。品种法的特点主要有以下三个方面。

（1）成本计算对象是产品品种。品种法的成本计算对象是产品品种，按产品品种开设产品成本计算单或设置基本生产成本明细账。如果企业只生产一种产品，该种产品就是成本计算对象，只需以这一种产品开设基本生产成本明细账，并按成本项目开设专栏。由于这种情况下发生的各项生产费用都是直接费用，因此可直接计入产品成本计算单中的有关栏目。如果企业生产的产品不止一种，基本生产成本明细账就要按照产品品种分别开设，分别汇集生产费用。此时，对发生的生产费用需要区分是直接费用还是间接费用，直接费用可以直接计入各基本生产成本明细账中的有关栏目；间接费用则需要采用适当的分配方法，在各种产品之间进行分配，然后分别计入各该基本生产成本明细账中的有关栏目。

（2）按月定期计算产品成本。大量、大批生产的企业，其生产是连续不断进行的，不能在产品生产完工时立即计算出产品的成本，这样就必须定期在月末计算其完工产品成本，所以成本计算期与会计报告期一致，但与产品生产周期不一致。

（3）月末一般要将生产费用在完工产品和在产品之间进行分配。在大量、大批、单步骤生产情况下，产品品种单一，且生产周期短，一般月末没有在产品或在产品很少，不需要将生产费用在完工产品和月末在产品之间进行分配；而对于大量、大批、多步骤生产的企业，由于产品连续不断地产出，因此在月末计算成本时，既会有完工产品，又会有在产品，那么就应将本期累计的生产费用在完工产品和在产品之间进行分配。

4.1.3　品种法的计算程序

采用品种法计算产品成本时，首先按照产品品种设置基本生产成本明细账或产品成本计算单，并在明细账中按成本项目设置专栏。只有设置了基本生产成本明细账，才能将生产费用按受益对象进行归集，这是成本计算的开始环节，然后按以下步骤归集和分配生产费用，计算产品成本。

（1）根据生产过程中所发生的各项费用的原始凭证和有关资料，分配各项要素费用。

（2）根据各项要素费用分配表登记基本生产成本明细账或产品成本计算单、辅助生产成本明细账和制造费用明细账等。对于直接费用如直接材料、直接人工等费用，可以直接计入基本生产成本明细账或产品成本计算单相应的专栏；对于间接费用则可先在制造费用等明细账中归集，然后再按一定的分配标准分配计入有关基本生产成本明细账有关栏目。

（3）分配辅助生产费用。将辅助生产费用明细账上所归集的费用，按各受益单位的耗用量编制辅助生产费用分配表，分配辅助生产费用，并据以登记有关成本费用明细账。

（4）分配制造费用。将制造费用明细账上所归集的费用，采用一定的方法在生产的各种产品之间进行分配，编制制造费用分配表，并据以登记基本生产成本明细账或产品成本计算单。

（5）计算完工产品成本和月末在产品成本。将基本生产成本明细账或产品成本计算单中按成本项目归集的生产费用采用适当的方法在本月完工产品和月末在产品之间进行分配，确定完工产品和月末在产品成本；同时，结转完工产品成本。根据基本生产成本明细账或产品成本计算单，编制完工产品成本汇总表，计算各种完工产品的总成本和单位成本。

品种法成本核算流程如图4-1所示。

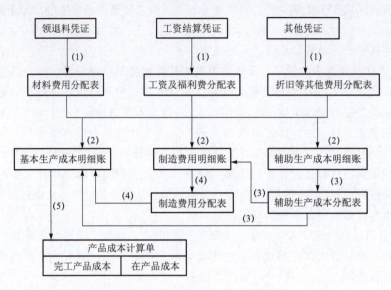

图 4-1 品种法成本核算流程

 提　　示

图 4-1 是一个简化了的成本核算流程图，目的是便于理解，实际工作中要比这更复杂。

4.1.4 品种法的应用举例

【例 4-1】振华公司第一生产车间，大量生产 A、B 两种产品，其生产工艺过程属于单步骤生产。企业根据生产特点和管理要求，确定采用品种法计算产品成本。该企业还设有供电、供水两个辅助生产车间，为企业提供劳务服务。辅助生产费用采用直接分配法分配，辅助生产车间所发生的制造费用计入辅助生产成本。月末在产品完工程度均为 50%。原材料在生产开始时一次投入。该企业 20××年 5 月份有关产量资料及成本费用资料如下。

产量资料如表 4-5 所示。

表 4-5　产量资料

20××年 5 月　　　　　　　　　　　　　　　　　　　　　　单位：件

产品名称	月初在产品	本月投入	本月完工产品	月末在产品
A 产品	75	1 050	675	450
B 产品	105	870	975	

月初在产品成本资料如表 4-6 所示。

表 4 - 6 月初在产品成本资料

20××年 5 月   单位：元

产品名称	直接材料	直接人工	制造费用
A 产品	15 000	6 120	9 279
B 产品	13 762.5	10 545	4 551

本月发生的生产费用，包括材料费用、职工薪酬费用、折旧费用及其他费用，如表 4 - 7、表 4 - 8、表 4 - 9 和表 4 - 10 所示。

表 4 - 7 本月材料费用表

20××年 5 月   金额单位：元

领料用途	直接领用甲材料	共同耗用乙材料	耗料合计	乙材料定额耗用量（千克）
A 产品	60 000			1 500
B 产品	75 000			1 650
小计	135 000	31 500	166 500	
基本生产车间一般耗用	7 500		7 500	
供电车间	21 000		21 000	
供水车间	9 000		9 000	
合 计	172 500	31 500	204 000	

表 4 - 8 本月职工薪酬费用表

20××年 5 月   单位：元

部 门	应付职工薪酬（工资）	应付职工薪酬（福利费）
产品生产工人	25 500	3 570
供电车间	15 000	2 100
供水车间	12 000	1 680
基本生产车间一般耗用	10 500	1 470
合 计	63 000	8 820
注：该表只列出了其中的两项，且福利费为工资的 14%。		

表4-9　本月折旧费用表

20××年5月　　　　　　　　　　　　　　　　　　单位：元

部　　门	金　　额
基本生产车间	15 000
供电车间	6 000
供水车间	9 000
合　　计	30 000

表4-10　本月其他费用表

20××年5月　　　　　　　　　　　　　　　　　　单位：元

部　　门	费　用　项　目					
	摊销低值易耗品	差旅费	办公费	保险费	其他	合计
基本生产车间	2 400	4 200	750	3 300	600	11 250
供电车间	1 200	1 500	300	750	750	4 500
供水车间	750	2 700	600	1 800	900	6 750
合　　计	4 350	8 400	1 650	5 850	2 250	22 500

注：电费、办公费、保险费及其他费用一并以银行存款支付。

供电车间和供水车间两个辅助车间生产产品及劳务供应情况如表4-11所示。

表4-11　辅助生产劳务供应量及受益对象

受益对象	供电车间（度）	供水车间（吨）
供水车间	50	—
供电车间	—	500
基本生产车间	4 650	43 500
行政管理部门	100	1 000
合　　计	4 800	45 000

A、B产品共同耗用的材料费用按定额耗用量比例分配；生产工人工资和制造费用按A、B两种产品的生产工时比例分配。耗用工时情况：A产品耗用工时为6 000工时，B产品耗用工时为6 750工时。

根据上述资料，成本核算程序如下。

（1）按产品品种设置基本生产成本明细账或产品成本计算单。

本例中需设置"生产成本——基本生产成本——A产品""生产成本——基本生产成本——B产品""生产成本——辅助生产成本——机修车间""生产成本——辅助生产成本——供水车间""制造费用——基本生产车间"等账户。

（2）根据资料，按照品种法计算程序计算产品成本。

① 根据有关领料凭证，编制材料费用分配表，如表 4 - 12 所示。

表 4 - 12 材料费用分配表

20××年5月 金额单位：元

应借账户			甲材料	乙材料			合 计
总账账户	明细账户	成本或费用项目		定额用量（千克）	分配率（元/千克）	分配额	
生产成本——基本生产成本	A 产品	直接材料	60 000	1 500		15 000	75 000
	B 产品	直接材料	75 000	1 650		16 500	91 500
	小计		135 000	3 150	10	31 500	166 500
生产成本——辅助生产成本	供电车间	机物料	21 000				21 000
	供水车间	机物料	9 000				9 000
	小计		30 000				30 000
制造费用	基本生产车间	机物料	7 500				7 500
合 计			172 500			31 500	204 000

根据表 4 - 12 编制会计分录如下：

借：生产成本——基本生产成本——A 产品　　　　　　　　　75 000
　　　　　　　　　　　　　　　——B 产品　　　　　　　　　91 500
　　生产成本——辅助生产成本——供电车间　　　　　　　　　21 000
　　　　　　　　　　　　　　　——供水车间　　　　　　　　　9 000
　　制造费用——基本生产车间　　　　　　　　　　　　　　　7 500
　　贷：原材料——甲材料　　　　　　　　　　　　　　　　172 500
　　　　　　　——乙材料　　　　　　　　　　　　　　　　 31 500

② 根据各部门的工资计算凭证和福利费的计提办法，编制职工薪酬费用分配表，如表 4 - 13 所示。

表 4 - 13 职工薪酬费用分配表

20××年5月 金额单位：元

应借账户			分配标准（工时）	分配率（元/工时）	应付工资	应付福利费	合 计
总账账户	明细账户	成本或费用项目					
生产成本——基本生产成本	A 产品	直接工资	6 000		12 000	1 680	13 680
	B 产品	直接工资	6 750		13 500	1 890	15 390
	小计		12 750	2	25 500	3 570	29 070

续表

应借账户			分配标准（工时）	分配率（元/工时）	应付工资	应付福利费	合　计
总账账户	明细账户	成本或费用项目					
生产成本——辅助生产成本	供电车间	职工薪酬			15 000	2 100	17 100
	供水车间	职工薪酬			12 000	1 680	13 680
	小计				27 000	3 780	30 780
制造费用	基本生产车间	职工薪酬			10 500	1 470	11 970
合　计				63 000		8 820	71 820

根据表4-13编制会计分录如下：

借：生产成本——基本生产成本——A产品　　　　　　　　　　　　　13 680

　　　　　　　　　　　　——B产品　　　　　　　　　　　　　15 390

　　生产成本——辅助生产成本——供电车间　　　　　　　　　　　17 100

　　　　　　　　　　　　——供水车间　　　　　　　　　　　　　13 680

　　制造费用——基本生产车间　　　　　　　　　　　　　　　　　11 970

　贷：应付职工薪酬——职工工资　　　　　　　　　　　　　　　　63 000

　　　　　　　　　　——职工福利费　　　　　　　　　　　　　　 8 820

③ 根据本月发生的折旧费用，编制折旧费用分配表，如表4-14所示。

表4-14　折旧费用分配表

20××年5月　　　　　　　　　　　　　　　　　　　　　单位：元

应借总账账户	明细账户	成本或费用项目	金　额
制造费用	基本生产车间	折旧费	15 000
生产成本——辅助生产成本	供电车间	折旧费	6 000
	供水车间	折旧费	9 000
	小计		15 000
合　计			30 000

根据表4-14编制会计分录如下：

借：生产成本——辅助生产成本——供电车间　　　　　　　　　　　 6 000

　　　　　　　　　　　　——供水车间　　　　　　　　　　　　　 9 000

　　制造费用——基本生产车间　　　　　　　　　　　　　　　　　15 000

　贷：累计折旧　　　　　　　　　　　　　　　　　　　　　　　　30 000

④ 根据其他费用汇总表，编制其他费用分配表，如表4-15所示。

表 4 – 15 其他费用分配表

20××年5月 单位：元

应借账户		费用项目及金额					
总账账户	明细账户	摊销低值易耗品	差旅费	办公费	保险费	其他	合计
制造费用	基本生产车间	2 400	4 200	750	3 300	600	11 250
生产成本——辅助生产成本	供电车间	1 200	1 500	300	750	750	4 500
	供水车间	750	2 700	600	1 800	900	6 750
	小计	1 950	4 200	900	2 550	1 650	11 250
合 计		4 350	8 400	1 650	5 850	2 250	22 500

根据表4 – 15编制会计分录如下：

低值易耗品摊销的会计分录：

借：制造费用——基本生产车间 2 400

生产成本——辅助生产成本——供电车间 1 200

——供水车间 750

贷：周转材料——低值易耗品摊销 4 350

分配其他费用的会计分录：

借：制造费用——基本生产车间 8 850

生产成本——辅助生产成本——供电车间 3 300

——供水车间 6 000

贷：银行存款 18 150

（3）归集和分配辅助生产费用。

① 根据上述各种费用分配表和其他有关资料，登记辅助生产成本明细账，如表4 – 16和表4 – 17所示。

表 4 – 16 辅助生产成本明细账

车间名称：供电车间 单位：元

20××年		凭证号数	摘 要	机物料	职工薪酬	折旧	其他费用	合计
月	日							
5	31	略	材料费用分配表（表4 – 12）	21 000				21 000
	31		职工薪酬分配表（表4 – 13）		17 100			17 100
	31		折旧费用分配表（表4 – 14）			6 000		6 000
	31		其他费用分配表（表4 – 15）				4 500	4 500

续表

20××年		凭证号数	摘 要	机物料	职工薪酬	折旧	其他费用	合计
月	日							
	31		待分配费用合计	21 000	17 100	6 000	4 500	48 600
	31		分配转出	21 000	17 100	6 000	4 500	48 600

表 4-17   辅助生产成本明细账

车间名称：供水车间   单位：元

20××年		凭证号数	摘 要	机物料	职工薪酬	折旧	其他费用	合计
月	日							
5	31	略	材料费用分配表（表4-12）	9 000				9 000
	31		职工薪酬分配表（表4-13）		13 680			13 680
	31		折旧费用分配表（表4-14）			9 000		9 000
	31		其他费用分配表（表4-15）				6 750	6 750
	31		待分配费用合计	9 000	13 680	9 000	6 750	38 430
	31		分配转出	9 000	13 680	9 000	6 750	38 430

② 根据辅助生产成本明细账归集的费用以及供电和供水车间提供劳务的数量，采用直接分配法分配辅助生产费用，具体如表4-19所示。

辅助生产劳务供应量及受益对象如表4-18所示。

表 4-18   辅助生产劳务供应量及受益对象

受益对象	供电车间（度）	供水车间（吨）
供水车间	50	—
供电车间	—	500
基本生产车间	4 650	43 500
行政管理部门	100	1 000
合计	4 800	45 000

表 4-19   辅助生产费用分配表（直接分配法）

20××年5月   金额单位：元

项 目	供电车间（度）	供水车间（吨）	合 计
待分配辅助生产费用	48 600	38 430	87 030
提供给辅助生产车间外的劳务量	4 750	44 500	

续表

项 目		供电车间（度）	供水车间（吨）	合 计
分配率（单位成本）		10.231 6	0.863 6	
基本生产车间	耗用数量	4 650（度）	43 500（吨）	
	分配金额	47 576.94	37 566.6	85 143.54
行政管理部门	耗用数量	100（度）	1 000（吨）	
	分配金额	1 023.06※	863.4※	1 886.46
合 计		48 600	38 430	87 030
注：带※数字为倒挤计算结果。				

根据表4-19编制会计分录如下：

借：制造费用——基本生产车间 85 143.54

管理费用 1 886.46

贷：生产成本——辅助生产成本——供电车间 48 600

——供水车间 38 430

（4）归集和分配制造费用。

① 根据上述各项费用分配表，登记基本生产车间制造费用明细账，如表4-20所示。

表4-20 制造费用明细账

车间名称：基本生产车间　　　　　　　　　　　　　　　　　　　　　单位：元

20××年 月	20××年 日	摘要	机物料	职工薪酬	折旧费	低值易耗品摊销	差旅费	办公费	保险费	其他	电费及水费	合 计
5	31	材料费用分配表（表4-12）	7 500									7 500
	31	职工薪酬分配表（表4-13）		11 970								11 970
	31	折旧费用分配表（表4-14）			15 000							15 000
	31	其他费用分配表（表4-15）				2 400	4 200	750	3 300	600		11 250
	31	辅助生产费用分配表（表4-19）									85 143.54	85 143.54
	31	待分配费用合计	7 500	11 970	15 000	2 400	4 200	750	3 300	600	85 143.54	130 863.54
		分配转出	7 500	11 970	15 000	2 400	4 200	750	3 300	600	85 143.54	130 863.54

② 根据基本生产车间制造费用明细账和 A、B 产品的生产工时，编制制造费用分配表，如表 4－21 所示。

表 4－21 制造费用分配表

20××年5月 金额单位：元

应借账户		分配标准	分配率	应分配金额
总账账户	明细账户	（工时）	（元／工时）	
生产成本——	A 产品	6 000	10. 263 8	61 582.8
基本生产成本	B 产品	6 750	10. 263 8	69 280.74※
合　　计		12 750		130 863.54

注：带※数字为倒挤计算结果。

根据表 4－21 编制会计分录如下：

借：生产成本——基本生产成本——A 产品　　　　　　　　　　　61 582.8

　　　　　　　　　　　　　　——B 产品　　　　　　　　　　　69 280.74

贷：制造费用——基本生产车间　　　　　　　　　　　　　　130 863.54

（5）将生产费用在完工产品和在产品之间分配。通过前面对费用的归集和分配工作的进行，应由各产品负担的成本现已登记到了各自产品（A、B 产品）的基本生产成本明细账中（见表 4－22、表 4－23）。月末还要进一步计算出完工产品的成本。A 产品月末有完工产品，也有在产品，而且在产品的完工程度为 50%，原材料在生产开始时一次投入，可用约当产量法分配各项费用。B 产品月末无在产品，所以基本生产成本明细账中所归集的生产费用全部是完工产品成本。

表 4－22 基本生产成本明细账

月末在产品数量：450 件

产品名称：A 产品　　　　　　完工产品数量：675 件　　　　　　单位：元

20××年		摘　要	成本项目			合　　计
月	日		直接材料	直接人工	制造费用	
5	1	月初在产品成本	15 000	6 120	9 279	30 399
5	31	材料费用（表 4－12）	75 000			75 000
	31	职工薪酬（表 4－13）		13 680		13 680
	31	制造费用（表 4－21）			61 582.8	61 582.8
		生产费用合计	90 000	19 800	70 861.8	180 661.8
		分配率	80	22	78.74	180.74
	31	结转完工产品成本	54 000	14 850	53 149.5	121 999.5
	31	月末在产品成本	36 000	4 950	17 712.3※	58 662.3

注：带※数字为倒挤计算结果。

各项费用分配率的计算如下：

$$直接材料分配率 = \frac{90\,000}{675 + 450} = 80(元/件)$$

$$直接人工分配率 = \frac{19\,800}{675 + 450 \times 50\%} = 22(元/件)$$

$$制造费用分配率 = \frac{70\,861.8}{675 + 450 \times 50\%} \approx 78.74(元/件)$$

表 4 - 23　基本生产成本明细账

月末在产品数量：0 件

产品名称：B 产品　　　　　　完工产品数量：975 件　　　　　　单位：元

20××年		摘　要	成本项目			合计
月	日		直接材料	直接人工	制造费用	
5	1	月初在产品成本	13 762.5	10 545	4 551	28 858.5
5	31	材料费用（表4 - 12）	91 500			91 500
	31	职工薪酬费用（表4 - 13）		15 390		15 390
	31	制造费用（表4 - 21）			69 280.74	69 280.74
		生产费用合计	105 262.5	25 935	73 831.74	205 029.24
	31	结转完工产品成本	105 262.5	25 935	73 831.74	205 029.24

（6）根据各产品的基本生产成本明细账，编制完工产品成本汇总表，如表4 - 24 所示。

表4 - 24　完工产品成本汇总表

单位：元

成本项目	A 产品（675 件）		B 产品（975 件）	
	总成本	单位成本	总成本	单位成本
直接材料	54 000	80	105 262.5	107.96
直接人工	14 850	22	25 935	26.6
制造费用	53 149.5	78.74	73 831.74	75.73
合计	121 999.5	180.74	205 029.24	210.29

根据表4 - 24 编制会计分录如下：

借：库存商品——A 产品　　　　　　　　　　　　　　　　　　　121 999.5

　　　　　——B 产品　　　　　　　　　　　　　　　　　　　205 029.24

　　贷：生产成本——基本生产成本——A 产品　　　　　　　　　121 999.5

　　　　　　　　　　　　　　　　——B 产品　　　　　　　　　205 029.24

 **问题与思考**

如果上例中振华公司第二生产车间只生产一种产品，用品种法如何核算该产品的生产成本呢？

钱塘江上经风雨　八十一难造大桥

我国著名土木工程学家、桥梁专家、工程教育家茅以升年近不惑时，接到一个电报，正是这封电报，让他与钱塘江连接在一起。电报是他在唐山路矿学堂的同学发来的，称建设厅厅长想推动各方在钱塘江兴建大桥。当时，中国多座大桥均留下了帝国主义的痕迹：德国人建的黄河大桥，俄国人建的哈尔滨松花江大桥，日本人建的沈阳浑河大桥，美国人建的珠江大桥……难道中国人自己不能建造大桥吗？想到这，茅以升"让现代化大桥飞越天堑，去打破洋人诬蔑我们的谎言"的决心更加坚定了。

经过半年勘测，茅以升在分析比较了十几个方案之后，做出了"钱塘江桥设计书"。然而，这只是开始，建桥需要500万银元，相当于7万建筑工人一年的工资，这样一笔巨款如何解决呢？桥梁专家的茅以升此时化身说客，与各银行联系，工程款的问题总算解决……

茅以升对大桥中的每一道工序都极尽苛刻。一根钢梁约有18 000个螺钉，每个螺钉安装后都有专人逐个检查，不合格的螺钉被打上记号，重新安装。茅以升的目的只有一个，就是让桥上这28万颗螺钉，颗颗都能承载千斤重担，他要向世人展示，中国人建造的大桥不比外国人差！

启示：没有谁会随随便便成功，身为财务人员要体会茅以升的"责任感""使命感"，发挥自身优势为企业创造价值，也有坚持严格的准则，将会计职业道德铭记于心、内化为行。

节选自《茅以升：人贵自立　勤奋为桥》：中国青年网，http://qclz.youth.cn/mysh/wdld1/201201/t20120120_1927904.htm

任务4.2　分　步　法

课前导引：分步法

【任务导入】

前面已介绍了振华公司生产钢材顺序要经过三个车间，炼铁车间完工的半成品即生铁，要转移到炼钢车间炼出钢锭，钢锭还需转移到轧钢车间继续加工，最后形成各种型号的钢材产成品。这种产成品的成本需要分车间计算，即分步骤计算。在前面的品种法下已经计算出炼铁车间完工半成品生铁的成本，在此基础上，要再经过两道程序加工成产成品，那么产成品的成本该如何计算呢？请看下面具体的资料。

炼钢车间及轧钢车间成本费用资料如表4－25所示（炼铁车间资料前面已给出）。

表4－25　成本费用资料情况表

20××年1月　　　　　　　　　　　　单位：元

成本项目	月初在产品			本月发生费用		
	炼铁车间	炼钢车间	轧钢车间	炼铁车间	炼钢车间	轧钢车间
直接材料						
半成品		1 415 000	3 465 000		★	★
直接人工		277 500	367 500		1 572 500	1 207 500

续表

成本项目	月初在产品			本月发生费用		
	炼铁车间	炼钢车间	轧钢车间	炼铁车间	炼钢车间	轧钢车间
制造费用		292 500	388 500		1 657 500	1 276 500
合　　计		1 985 000	4 221 000		3 230 000	2 484 000

注：★处数据是从上一步骤转入的半成品成本（上一步骤半成品全部转入）。

生产情况如表4-26所示。

表4-26　生产情况表

20××年1月　　　　　　　　　　　　　　　单位：吨

项　　目	炼铁车间	炼钢车间	轧钢车间
月初在产品	15 000	12 500	17 500
本月投产	45 000	42 500	35 000
本月完工	40 000	45 000	37 500
月末在产品	20 000	10 000	15 000
在产品完工程度/%	50	50	50

假如你是王健，应如何根据所给资料计算出产成品钢材的成本呢？

知识导学：分步法

4.2.1　分步法的概念及特点

分步法是按照产品的生产步骤归集生产费用、计算产品成本的一种方法。它主要适用于大量、大批、多步骤生产，管理上又要求按步骤核算成本的企业。在这些企业中，产品生产可以分成若干个生产步骤。例如，在钢铁厂，先将铁矿石送进高炉冶炼，得生铁，再将生铁（或铁水）送进平炉或转炉炼钢，得钢锭，将钢锭再轧制成各种规格型号的钢材，因此钢铁厂的生产可分为炼铁、炼钢、轧钢等生产步骤；又如，在纺织厂，先将棉花纺成纱，将纱再织成布，因此可以分为纺纱、织布等生产步骤；同样，机械制造业企业可分为铸造、加工、装配等生产步骤。企业为了加强管理，不仅要求按照产品品种归集生产费用，而且还要求按照产品的生产步骤归集生产费用，计算各步骤产品成本。这种方法的特点主要表现在以下三个方面。

（1）成本计算对象的确定。成本计算对象应为各个加工步骤的各种产品，并据以设置基本生产成本明细账。在大量、大批、多步骤生产下，每经过一个加工步骤产出的半成品，由于形态和性质可能不同，计量单位也可能不尽相同，因此，成本计算必须按各步骤的各种产品进行。需要指出的是，在实际工作中，产品成本计算的分步与实际生产步骤的划分不一定完全一致。

（2）成本计算期的确定。在大量、大批多步骤生产中，由于生产过程长，可以间断，而且往往都是跨月陆续完工，所以，成本计算一般都是按月、定期进行，而与产品的生产周期不一致。

（3）生产费用需要在完工产品与月末在产品之间分配。在大量、大批、多步骤生产中，成本计算一般都是按月进行，与产品的生产周期不一致，在月末计算成本时，通常既有完工产品，又有在产品，因此，需要将汇集在产品成本明细账中的生产费用在完工产品与在产品之间进行分配。

4.2.2　分步法的种类

由于产品生产是分步骤进行的，上一步骤生产的半成品是下一步骤的加工对象。此半成品实物要转移到下一步骤，而其成本可能会跟着一同结转，也可能不随实物结转，根据这两种可能性，分步法按是否需要计算和结转各步骤半成品成本，可分为逐步结转分步法和平行结转分步法。

1. 逐步结转分步法

逐步结转分步法也称顺序结转分步法，它是按照产品连续加工的先后顺序，根据生产步骤所归集的成本、费用和产量记录，计算自制半成品成本，自制半成品成本随着半成品在各加工步骤之间转移而顺序结转，最后计算出产成品成本的一种方法。

采用逐步结转分步法的原因如下。

① 有些企业生产的半成品可对外销售，或半成品虽不对外销售但需进行比较考核的企业，要求计算这些半成品的成本。例如，纺织企业的棉纱、坯布，冶金企业的生铁、钢锭等半成品都属于这种情况。

② 有一些半成品同时被企业的几种产品共同耗用，为了分别计算各种产成品的成本，也要先计算这些半成品的成本。

③ 实行承包经营责任制的企业，为了有效控制各生产步骤内部的生产耗费和资金占用水平，也需要计算各步骤的半成品成本。

综上所述，逐步结转分步法就是为了分步骤计算半成品成本而采用的一种分步法，也称计算半成品成本分步法。在此种方法下，每个生产步骤都应按半成品设置基本生产成本明细账，计算半成品成本，最后步骤按产成品设置基本生产成本明细账，最终计算出产成品成本。逐步结转分步法的计算程序如图4-2所示。

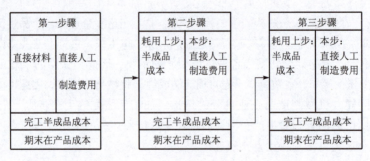

图4-2　逐步结转法成本计算程序

逐步结转分步法的计算程序按半成品是否通过自制半成品仓库收发可分为以下两种情况。

① 半成品不通过仓库收发的成本计算程序，如图4-3所示（材料于生产开始时一次投入）。

由此可见，半成品不通过仓库收发成本计算特点如下。

首先，根据第一步骤基本生产成本明细账所归集的月初在产品成本和本月发生的人工费及制造费用，计算出第一步骤完工半成品成本，然后随半成品实物转移到第二步骤，其成本也一并转入第二步骤产品成本明细账中。其次，将第一步骤转入的半成品成本加上第二步骤月初在产品成本及本月发生的费用计算出第二步骤完工半成品成本，并随半成品实物一同转入第三步骤。依此类推，直到最后一步骤计算出产成品成本为止。

② **半成品通过仓库收发的成本计算程序**，如图4-4所示（材料于生产开始时一次投入）。

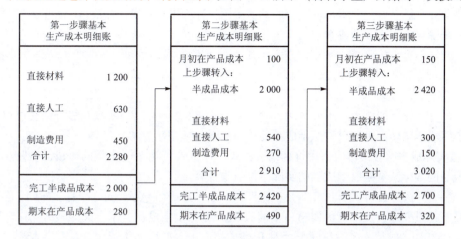

图4-3 半成品不经过半成品仓库的计算程序

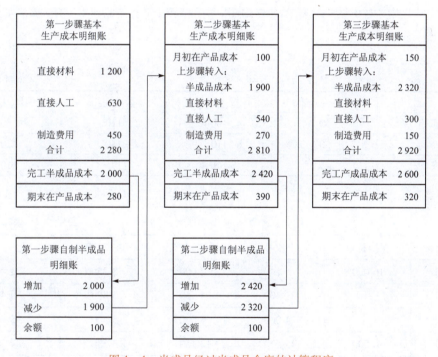

图4-4 半成品经过半成品仓库的计算程序

在这种情况下，成本核算的基本步骤与上述半成品不通过仓库收发基本相同，唯一所不同的是，在各步骤设立"自制半成品"账户，核算各步骤半成品的收、发、存情况。完工半成品验收入库时，借记"自制半成品"账户，贷记"生产成本——基本生产成本——××车间"账户，在下一步骤领用时再编制相反的会计分录。由于各月半成品的成本水平不同，因此，半成品的收发核算要与材料核算一样，发出半成品的单位成本可用先进先出法、加权平均法或个别计价法等计价方法计算。

从以上所述可以看出，逐步结转分步法本质上是品种法的多次连续应用，其成本计算对象是各个步骤的半成品和最后步骤的产成品。第一生产步骤采用品种法计算出完工半成品成本后，将按下一步骤耗用半成品的数量，把相应半成品成本也转入下一步骤，下一步骤再一次采用品种法归集所耗半成品费用和本步骤发生的其他费用，计算该步骤半成品成本。如此逐步结转，直到最后一步骤计算出产成品成本。

逐步结转分步法按照半成品成本在下一步骤基本生产成本明细账中的反映方式不同，又可分为综合结转法和分项结转法两种。

（1）综合结转。综合结转法是将上一生产步骤转入下一生产步骤的半成品成本，以一笔总数计入下一步骤生产成本明细账中的"直接材料"或"半成品"项目。综合结转可以按照半成品的实际成本结转，也可以按照半成品的计划成本（或定额成本）结转。

① 按实际成本综合结转。采用这种结转方法，各步骤所耗上一步骤的半成品费用，应根据所耗半成品的实际数量乘以半成品的实际单位成本计算。

【例 4-2】振华公司 20××年 2 月份生产甲产品，该产品顺序经过 3 个加工车间，各车间所产半成品不通过仓库收发。材料由第一车间投入，制成 A 半成品；A 半成品转入第二车间继续加工，生产出 B 半成品；第三车间继续对 B 半成品加工，最后加工成甲产成品。材料、半成品都是在各车间第一道工序一次投入，各步骤生产费用的分配采用约当产量比例法。假设各步骤月末在产品完工程度均为 50%，该厂要求采用逐步综合结转法计算产品成本。有关资料如表 4-27、表 4-28 和表 4-29 所示。

表 4-27 产量资料

20××年 2 月
单位：件

项 目	月初在产品	本月投入（领用）	本月完工	月末在产品
一车间	40	100	110	30
二车间	50	110	140	20
三车间	45	140	175	10

表 4-28 月初在产品成本资料

20××年 2 月
单位：元

项 目	直接材料	半成品	直接人工	制造费用	合 计
一车间	16 000		2 000	3 250	21 250
二车间		21 500	4 150	4 800	30 450
三车间		24 000	6 000	5 500	35 500
合 计	16 000	45 500	12 150	13 550	87 200

表 4-29 本期发生的生产费用

20××年 2 月
单位：元

项 目	直接材料	直接人工	制造费用	合 计
一车间	214 000	19 000	21 000	254 000
二车间		33 000	32 000	65 000
三车间		47 000	49 000	96 000
合 计	214 000	99 000	102 000	415 000

根据上述资料，编制各车间基本生产成本明细账，如表 4 - 30、表 4 - 31 和表 4 - 32 所示。

表 4 - 30　第一车间基本生产成本明细账

产品名称：A 半成品　　　　　　　　　　20 × × 年 2 月　　　　　　　　　　单位：元

项　　目	直接材料	直接人工	制造费用	合　　计
月初在产品成本	16 000	2 000	3 250	21 250
本月发生费用	214 000	19 000	21 000	254 000
合　　计	230 000	21 000	24 250	275 250
单位产品成本	1 642.86	168	194	2 004.86
完工半成品成本	180 714.6	18 480	21 340	220 534.6
月末在产品成本	49 285.4	2 520	2 910	54 715.4

表中有关数据计算如下：

$$直接材料成本项目的单位成本 = \frac{230\ 000}{110 + 30} = 1\ 642.86 （元/件）$$

$$完工 A 半成品直接材料费用 = 110 × 1\ 642.86 = 180\ 714.6 （元）$$
$$月末在产品直接材料费用 = 230\ 000 - 180\ 714.6 = 49\ 285.4 （元）$$

$$直接人工成本项目的单位成本 = \frac{21\ 000}{110 + 30 × 50\%} = 168 （元/件）$$

$$完工 A 半成品直接人工费用 = 110 × 168 = 18\ 480 （元）$$
$$月末在产品直接人工费用 = 30 × 50\% × 168 = 2\ 520 （元）$$

$$制造费用成本项目的单位成本 = \frac{24\ 250}{110 + 30 × 50\%} = 194 （元/件）$$

$$完工 A 半成品制造费用 = 110 × 194 = 21\ 340 （元）$$
$$月末在产品制造费用 = 30 × 50\% × 194 = 2\ 910 （元）$$

表 4 - 31　第二车间基本生产成本明细账

产品名称：B 半成品　　　　　　　　　　20 × × 年 2 月　　　　　　　　　　单位：元

项　　目	半成品	直接人工	制造费用	合　　计
月初在产品成本	21 500	4 150	4 800	30 450
本月发生费用	220 534.6	33 000	32 000	285 534.6
合　　计	242 034.6	37 150	36 800	315 984.6
单位产品成本	1 512.72	247.67	245.33	2 005.72
完工半成品成本	211 780.8	34 673.8	34 346.2	280 800.8
月末在产品成本	30 253.8	2 476.2	2 453.8	35 183.8

有关数据计算如下：

$$A 半成品成本项目的单位成本 = \frac{242\ 034.6}{140 + 20} ≈ 1\ 512.72 （元/件）$$

完工 B 半成品应负担 A 半成品费用 $= 140 \times 1\,512.72 = 211\,780.8$（元）

月末在产品应负担 A 半成品费用 $= 242\,034.6 - 211\,780.8 = 30\,253.8$（元）

$$直接人工成本项目的单位成本 = \frac{37\,150}{140 + 20 \times 50\%} \approx 247.67（元/件）$$

完工 B 半成品直接人工费用 $= 140 \times 247.67 = 34\,673.8$（元）

月末在产品直接人工费用 $= 37\,150 - 34\,673.8 = 2\,476.2$（元）

$$制造费用成本项目的单位成本 = \frac{36\,800}{140 + 20 \times 50\%} \approx 245.33（元/件）$$

完工 B 半成品制造费用 $= 140 \times 245.33 = 34\,346.2$（元）

月末在产品制造费用 $= 36\,800 - 34\,346.2 = 2\,453.8$（元）

表 4-32　第三车间基本生产成本明细账

产品名称：甲产成品　　　　　　　　　　20×× 年 2 月　　　　　　　　　　单位：元

项　　目	半成品	直接人工	制造费用	合　　计
月初在产品成本	24 000	6 000	5 500	35 500
本月发生费用	280 800.8	47 000	49 000	376 800.8
合　　计	304 800.8	53 000	54 500	412 300.8
单位产品成本	1 647.57	294.44	302.78	2 244.79
完工产成品成本	288 324.75	51 527	52 986.5	392 838.25
月末在产品成本	16 476.05	1 473	1 513.5	19 462.55

有关数据计算如下：

$$B 半成品成本项目的单位成本 = \frac{304\,800.8}{175 + 10} \approx 1\,647.57（元/件）$$

完工产成品应负担 B 半成品费用 $= 175 \times 1\,647.57 = 288\,324.75$（元）

月末在产品应负担 B 半成品费用 $= 304\,800.8 - 288\,324.75 = 16\,476.05$（元）

$$直接人工成本项目单位成本 = \frac{53\,000}{175 + 10 \times 50\%} \approx 294.44（元/件）$$

完工产成品直接人工费用 $= 175 \times 294.44 = 51\,527$（元）

月末在产品直接人工费用 $= 53\,000 - 51\,527 = 1\,473$（元）

$$制造费用成本项目的单位成本 = \frac{54\,500}{175 + 10 \times 50\%} \approx 302.78（元/件）$$

完工产成品制造费用 $= 175 \times 302.78 = 52\,986.5$（元）

月末在产品制造费用 $= 54\,500 - 52\,986.5 = 1\,513.5$（元）

根据第三车间基本生产成本明细账和产成品入库单，编制结转产成品成本的会计分录如下：

借：库存商品——甲产品　　　　　　　　　　　　　　　　　　392 838.25

　　贷：生产成本——基本生产成本——第三车间（甲产品）　　　392 838.25

【例 4-2】是上步骤生产的半成品直接转入下一加工步骤继续加工，没有通过半成品库，因此不需要编制半成品入库和从仓库领用的会计分录。假如每个步骤加工完成的半成品先入半成品仓库，下一步骤再办理领料手续领料，继续生产，编制会计分录如下：

半成品入库时：

借：自制半成品——×半成品

贷：生产成本——基本生产成本——×车间（×半成品）

下一步骤领用半成品时：

借：生产成本——基本生产成本——×车间（×半成品或×产成品）

贷：自制半成品——×半成品

问题与思考

仍用【例4-2】的资料，假定将表4-27中第二车间的领用量改为100件，月末在产品改为10件，第三车间领用量改为135件，月末在产品改为5件，其余资料不变，你会运用综合结转法计算产品成本吗？

② 按计划成本综合结转。采用这种结转方法，半成品日常收发的明细核算均按计划成本计价；在半成品实际成本计算出来后，再计算半成品成本差异率，调整所耗半成品成本差异。而半成品收发的总分类核算则按实际成本计价。

自制半成品明细账不仅要反映半成品收发和结存的数量和实际成本，而且要反映其计划成本，以及成本差异额和成本差异率。在产品成本明细账中，对于所耗用半成品的成本，可以直接按照调整成本差异后的实际成本登记，也可以按照计划成本和成本差异分别登记，以便于分析上一步骤半成品成本差异对本步骤成本的影响。在后一种登记方法下，产品成本明细账中的"半成品"项目或"直接材料"项目要分设"计划成本"、"成本差异"和"实际成本"三栏。

③ 综合结转法下的成本还原。采用综合结转法结转半成品成本，各步骤所耗半成品的成本是以"半成品"或"直接材料"项目综合反映的，这样计算出来的产成品成本，不能提供按原始成本项目反映的成本资料，因此不能反映产品成本的实际构成水平。为了从整个企业角度分析和考核产品成本的构成，应将按综合结转法计算出的产成品成本进行成本还原，即将产成品成本还原分解为直接材料、直接人工、制造费用等按原始成本项目反映的成本。

成本还原就是从最后一个步骤起，将本月产成品所耗各上一步骤半成品的综合成本，按照本月所产各该种半成品的成本结构，逐步分解还原为直接材料、直接人工和制造费用等原始成本项目，直到第一生产步骤为止。然后，将各步骤相同成本项目金额加以汇总，计算出按原始成本项目反映的产成品实际总成本。还原后产成品的实际总成本与成本还原前产成品的实际总成本是相等的，只是各成本项目金额发生了变化。而成本还原的次数与成本结转的次数相同，比成本计算步骤少一次。

成本还原的方法主要有还原分配率法和成本项目比重还原法两种。

方法一：还原分配率法。此方法一般通过编制成本还原计算表进行。进行成本还原的步骤如下。

第一步：计算还原分配率。

$$还原分配率 = \frac{本月产成品所耗上一步骤半成品成本}{本月上一步骤所产的半成品成本合计}$$

第二步：以还原分配率分别乘以本月所产该种半成品各个成本项目的费用，即可将本月产成品所耗半成品的综合成本，按照本月所产该种半成品的成本构成进行分解、还原，求得按原始成本项目反映的还原对象成本。

还原以后的各项费用之和等于还原对象，应与产成品所耗半成品费用相抵消。

第三步：将表中的"直接人工""制造费用"与产成品所耗半成品费用还原值中的原材料、工资及福利费、制造费用按成本项目分别相加，即为按原始成本项目反映的还原后的产成品总成本。

以【例4-2】为例，进行成本还原如下。

① 第一次还原（从最后一个步骤起）。

还原对象：288 324.75

$$第一次成本还原分配率 = \frac{288\ 324.75}{280\ 800.8} = \frac{288\ 324.75}{211\ 780.8 + 34\ 673.8 + 34\ 346.2} \approx 1.026\ 8$$

甲产成品所耗 B 半成品成本项目中的"半成品"金额 = 211 780.8 × 1.026 8 ≈ 217 456.53（元）

甲产成品所耗 B 半成品成本项目中的"直接人工"金额 = 34 673.8 × 1.026 8 ≈ 35 603.06（元）

甲产成品所耗 B 半成品成本项目中的"制造费用"金额 = 288 324.75 − (217 456.53 + 35 603.06) = 35 265.16（元）

② 第二次还原。

还原对象：217 456.53

$$第二次成本还原分配率 = \frac{217\ 456.53}{220\ 534.6} = \frac{217\ 456.53}{180\ 714.6 + 18\ 480 + 21\ 340} \approx 0.986\ 0$$

B 半成品所耗 A 半成品成本项目中的"直接材料"金额 = 180 714.6 × 0.986 0 ≈ 178 184.60（元）

B 半成品所耗 A 半成品成本项目中的"直接人工"金额 = 18 480 × 0.986 0 = 18 221.28（元）

B 半成品所耗 A 半成品成本项目中的"制造费用"金额 = 217 456.53 − (178 184.60 + 18 221.28) = 21 050.65（元）

上述计算过程可通过编制成本还原计算表进行，如表4-33所示。

表4-33　产成品成本还原计算表

产品名称：甲产品　　　　　　　　　　20××年2月　　　　　　　　金额单位：元

行次	项　目	产量（件）	还原分配率	半成品	直接材料	直接人工	制造费用	合　计
1	还原前产成品成本	175		288 324.75		51 527	52 986.5	392 838.25
2	第二步骤半成品成本			211 780.8		34 673.8	34 346.2	280 800.8
3	第一次成本还原		1.026 8	217 456.53		35 603.06	35 265.16	288 324.75
4	第一步骤半成品成本				180 714.6	18 480	21 340	220 534.6

续表

行次	项 目	产量（件）	还原分配率	半成品	直接材料	直接人工	制造费用	合 计
5	第二次成本还原		0.986 0		178 184.60	18 221.28	21 050.65	217 456.53
6	还原后产成品总成本				178 184.60	105 351.34	109 302.31	392 838.25
7	还原后产成品单位成本	175			1 018.20	602.01	624.58	2 244.79
注：还原后产成品总成本为第1行、第3行、第5行的总金额。								

通过计算成本还原率进行成本还原，没有考虑以前月份所产半成品成本构成的影响，在各月所产半成品的成本构成变动较大的情况下，按照上述方法进行成本还原会产生误差。如果半成品有比较准确的定额成本或计划成本资料，可以按半成品的定额成本或计划成本的成本结构进行还原。

方法二：产品成本项目比重还原法。此方法是按上步骤所产半成品成本中，各成本项目占总成本的比例进行还原。计算程序分两步。

第一步：计算上一步骤所产半成品中各成本项目占总成本的比例。

第二步：将本步骤所耗用上步骤的半成品按上步骤成本构成的比例进行成本还原。

本步骤完工产品所耗用上步骤半成品应还原的某项目金额 = 本步骤完工产品所耗用上步骤半成品的综合成本 × 上步骤所产半成品成本项目所占的比例

以【例4-2】资料为例，进行成本还原如表4-34所示。

表4-34 产成品成本还原计算表

产品名称：甲产品　　　　　　　　　20××年2月　　　　　　　　　金额单位：元

成本项目	第一步骤A半成品 成本 ①	第一步骤A半成品 成本项目比重（%）②	第二步骤B半成品 成本 ③	第二步骤B半成品 成本项目比重（%）④	第三步骤甲产成品 成本 ⑤	第三步骤甲产成品 还原成第二步 ⑥ = 288 324.75 ×④	第三步骤甲产成品 再还原为第一步 ⑦ = 217 454.53 ×②	原始成本项目合计 ⑧ = ⑤ + ⑥ + ⑦	还原后的单位成本 ⑨ = ⑧ ÷ 产量
B半成品					288 324.75	−288 324.75			
A半成品			211 780.8	75.42		217 454.53	−217 454.53		
直接材料	180 714.6	81.94					178 182.24	178 182.24	1 018.184

续表

成本项目	第一步骤A半成品		第二步骤B半成品		第三步骤甲产成品			原始成本项目合计	还原后的单位成本
	成本	成本项目比重（%）	成本	成本项目比重（%）	成本	还原成第二步	再还原为第一步		
	①	②	③	④	⑤	⑥＝288 324.75×④	⑦＝217 454.53×②	⑧＝⑤＋⑥＋⑦	⑨＝⑧÷产量
直接人工	18 480	8.38	34 673.8	12.35	51 527	35 608.11	18 222.69	105 357.8	602.045
制造费用	21 340	9.68	34 346.2	12.23	52 986.5	35 262.11	21 049.60	109 298.21	624.561
合计	220 534.6	100	280 800.8	100	392 838.25	0	0	392 838.25	2 244.79

采用综合结转法逐步结转半成品成本，可以在各生产步骤的基本生产成本明细账中反映各该步骤完工产品所耗半成品费用的水平和本步骤加工费用的水平，有利于各个生产步骤的成本管理，但还原工作量较大。因此，这种结转方法一般适用于管理上要求计算各步骤完工产品所耗半成品费用，但不要求进行成本还原的情况。

知识导学：分项结转分步法

（2）分项结转法。分项结转法是将各步骤所耗上一步骤半成品成本，按照成本项目分项转入各该步骤基本生产成本明细账的各个成本项目中。如果半成品通过仓库收发，在自制半成品明细账中登记半成品成本时，也要按照成本项目分别登记。

在这种结转方法下，可以按照半成品的实际成本结转，也可以按计划成本结转，但由于后一做法计算工作量较大，因此一般多采用按实际成本结转的方法。分项结转法成本计算程序如图4-5所示。

第一步骤基本生产成本明细账		第二步骤基本生产成本明细账		第三步骤基本生产成本明细账	
生产成本	直接材料 1 300 直接人工 630 制造费用 450 合计 2 380	上步骤转入	直接材料 500 直接人工 350 制造费用 250 合计 1 100	上步骤转入	直接材料 300 直接人工 600 制造费用 450 合计 1 350
完工半成品成本	直接材料 500 直接人工 350 制造费用 250 合计 1 100	本期发生	直接人工 450 制造费用 350 合计 800	本期发生	直接人工 200 制造费用 100 合计 300
月末在产品	直接材料 800 直接人工 280 制造费用 200 合计 1 280	完工半成品成本	直接材料 300 直接人工 600 制造费用 450 合计 1 350	完工成品成本	直接材料 200 直接人工 640 制造费用 440 合计 1 280
		月末在产品	直接材料 200 直接人工 200 制造费用 150 合计 550	月末在产品	直接材料 100 直接人工 160 制造费用 110 合计 370

图4-5 分项结转法成本计算程序

【例 4 – 3】 仍以【例 4 – 2】中甲产品成本为例，但需要把月初在产品成本资料加以改动，如表 4 – 35 所示，产量资料以及本月发生的生产费用资料不变，说明分项结转法的核算特点。

表 4 – 35 月初在产品成本资料

20 × ×年 2 月 单位：元

项　　目	直接材料	直接人工	制造费用	合　　计
一车间	16 000	2 000	3 250	21 250
二车间	17 618	5 952	6 880	30 450
三车间	19 667	8 011	7 822	35 500
合　　计	53 285	15 963	17 952	87 200

按照逐步分项结转分步法编制第一车间基本生产成本明细账，如表 4 – 36 所示。

表 4 – 36 第一车间基本生产成本明细账

产品名称：A 半成品 20 × ×年 2 月 单位：元

项　　目	直接材料	直接人工	制造费用	合　　计
月初在产品成本	16 000	2 000	3 250	21 250
本月发生费用	214 000	19 000	21 000	254 000
合　　计	230 000	21 000	24 250	275 250
单位产品成本	1 642.86	168	194	2 004.86
完工半成品成本	180 714.6	18 480	21 340	220 534.6
月末在产品成本	49 285.4	2 520	2 910	54 715.4

表中有关数据的计算与前述计算过程相同（略）。

根据表 4 – 35 和表 4 – 36，编制第二车间基本生产成本明细账，如表 4 – 37 所示。

表 4 – 37 第二车间基本生产成本明细账

产品名称：B 半成品 20 × ×年 2 月 单位：元

项　　目	直接材料	直接人工	制造费用	合　　计
月初在产品成本	17 618	5 952	6 880	30 450
上步骤转入费用	180 714.6	18 480	21 340	220 534.6
本月本步骤发生费用		33 000	32 000	65 000
合　　计	198 332.6	57 432	60 220	315 984.6
单位产品成本	1 239.58	382.88	401.47	2 023.93
完工半成品成本	173 541.2	53 603.2	56 205.8	283 350.2
月末在产品成本	24 791.4	3 828.8	4 014.2	32 634.4

根据表 4 – 35 和表 4 – 37，编制第三车间基本生产成本明细账，如表 4 – 38 所示。

表4－38　第三车间基本生产成本明细账

产品名称：甲产成品　　　　　　　　　　20××年2月　　　　　　　　　　单位：元

项　　目	直接材料	直接人工	制造费用	合　　计
月初在产品成本	19 667	8 011	7 822	35 500
上步骤转入费用	173 541.2	53 603.2	56 205.8	283 350.2
本月本步骤发生费用		47 000	49 000	96 000
合　　计	193 208.2	108 614.2	113 027.8	414 850.2
单位产品成本	1 044.37	603.41	627.93	2 275.71
完工产成品成本	182 764.75	105 596.75	109 887.75	398 249.25
月末在产品成本	10 443.45	3 017.45	3 140.05	16 600.95

提　示

　　在第二、三车间成本计算过程中，因为有多处中间计算过程不能整除，导致了分项结转法下的计算结果与综合结转法下不太一致，并不是分项结转法这种方法有问题。

　　由此可以看出，采用分项结转法逐步结转半成品成本，可以直接提供按原始成本项目反映的产成品成本资料，不需要进行成本还原。但结转成本工作比较复杂，而且在各步骤完工产品成本中看不出所耗上一步骤半成品的费用和本步骤加工费用的水平，不便于进行完工产品成本分析。因此，分项结转法一般适用于管理上只要求按原始成本项目计算产品成本，不要求计算各步骤完工产品所耗半成品费用和本步骤加工费用的企业。

　　采用逐步结转分步法，能够提供各个生产步骤的半成品成本资料；能为在产品的实物管理和生产资金管理提供资料；能全面反映各步骤完工产品中所耗上一步骤半成品费用水平和本步骤加工费用水平，有利于各步骤的成本管理。采用分项结转法结转半成品成本时，可以直接提供按原始成本项目反映的产品成本资料，满足企业分析和考核产品构成水平的需要，而不必进行成本还原。采用此方法，也存在不足之处，主要是这一方法的核算工作比较复杂，核算工作量也比较大，核算工作的及时性也较差。

　　2. 平行结转分步法

　　平行结转分步法是在逐步结转分步法的基础上，为了简化成本计算而发展起来的一种分步法。在采用分步法的大量、大批、多步骤生产的装配类企业中，其生产过程首先是对各种原材料平行地进行连续加工，使之成为零部件等各种半成品，然后再组装成各种产成品。这种企业各生产步骤所产半成品种类很多，但却很少外售，如果管理上不要求计算半成品成本，则可采用平行结转分步法。

知识导学：平行
结转分步法

　　（1）平行结转分步法指半成品成本并不随半成品实物的转移而结转，而是在哪一步骤发生就留在该步骤的基本生产成本明细账内，月终，将相同产品的各个生产步骤应计入产成品成本的"份额"平行结转、汇总，即可计算出该种产品的产成品成本的一种方法，也称为不计算半成品成本分步法。

平行结转分步法的特点如下。

① 半成品实物逐步转移，但半成品成本并不逐步结转。

② 半成品在各步骤间转移，无论是否通过半成品库收发，均不通过"自制半成品"账户进行总分类核算。

③ 将每一生产步骤发生的费用在产成品和尚未最后制成的在产品之间进行分配，计算出各生产步骤发生的费用中应计入产成品成本的"份额"。这里的在产品包括：正在本步骤加工中的在产品（狭义在产品）；本步骤已经完工转入以后各步骤继续加工的半成品；已入半成品库准备进一步加工、尚未最终形成产成品的半成品；未验收入库的完工产品和待返修的废品。它是广义的在产品概念，是从整个企业的角度而言的在产品。

④ 将各步骤费用中应计入产成品成本的"份额"平行结转，汇总计算出产成品的总成本和单位成本。

（2）平行结转分步法的核算程序。

① 按产品生产步骤和产品品种开设生产成本明细账，各步骤按成本项目归集本步骤发生的生产费用（不包括耗用上一步骤半成品的成本）。

知识导学：平行结转分步法——汽车组装的奥秘

② 月末，将各步骤所归集的生产费用在产成品与广义的在产品之间进行分配，确定各步骤应计入产成品成本的份额。

③ 用各步骤归集的生产费用总额减去本步骤应计入产成品成本的份额，即为本步骤期末在产品成本，其计算公式为

$$某步骤月末在产品成本 = 该步骤月初在产品成本 + 该步骤本月生产费用 - \\ 该步骤应计入产成品成本的份额$$

④ 将各步骤应计入产成品成本的"份额"平行结转，汇总计算出产成品的总成本和单位成本。

上述核算程序如图4-6所示。

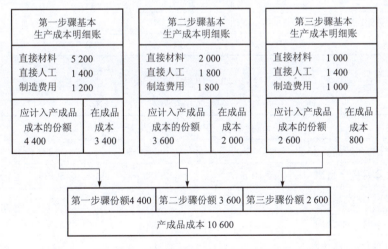

图4-6 平行结转分步法成本核算程序

在平行结转分步法下，产成品和在产品之间生产费用的分配，可以采用约当产量法、定额成本计价法、定额比例法等方法。本书以约当产量法为例讲述平行结转分步法的核算。

在约当产量比例法下，一般是首先以某确定成本计算对象的完工产量和期末广义在产品的

约当产量为基数，计算各步骤各项费用分配率，然后按完工产品数量，计算各步骤各项费用应计入产成品成本的份额。计算公式为

$$\text{某步骤某项费用分配率} = \frac{\text{该步骤该项费用期初在产品成本} + \text{该步骤该项费用本期发生额}}{\text{完工产品产量} + \text{该步骤期末广义在产品约当产量}}$$

上式中，某步骤期末广义在产品约当产量的计算，分别与不同的成本项目有关。例如，耗用材料的多少与投料程度有关；耗用工资及制造费用的多少与完工程度有关。因此要分成本项目计算各步骤期末广义在产品约当产量。计算公式为

$$\text{某步骤材料费用分配的期末广义在产品约当产量} = \text{该步骤月末在产品数量} \times \text{本步骤月末在产品投料率} + \text{本步骤已完工转入以后各步骤但尚未完工的半成品数量}$$

$$\text{某步骤工资及制造费用分配的期末广义在产品约当产量} = \text{该步骤月末在产品数量} \times \text{本步骤月末在产品完工率} + \text{本步骤已完工转入以后各步骤但尚未完工的半成品数量}$$

【例4-4】振华公司大量生产A产品，分3个车间连续加工完成，原材料在生产开始时一次投入，各步骤期末在产品完工程度均为50%，由于该产品在各步骤生产的半成品不对外销售，在管理上不要求计算各步骤半成品成本，为简化计算，采用平行结转分步法计算产品成本。该企业采用约当产量比例法计算各步骤应计入产品成本的份额。20××年5月份有关A产品产量资料如表4-39所示；月初在产品成本与本月发生的生产费用资料如表4-40所示。

表4-39　产量资料

20××年5月　　　　　　　　　　　　　　　　　单位：件

项　目	一车间	二车间	三车间	产成品
月初在产品	4	12	20	
本月投入	100	88	80	
本月完工	88	80	82	82
月末在产品（狭义）数量	16	20	18	
完工程度/%	50	50	50	

表4-40　生产费用资料

20××年5月　　　　　　　　　　　　　　　　　单位：元

	项　目	直接材料	直接人工	制造费用	合计
一车间	月初在产品成本	4 500	796	772	6 068
	本月发生费用	10 800	2 788	2 300	15 888
二车间	月初在产品成本		900	885	1 785
	本月发生费用		3 280	2 525	5 805
三车间	月初在产品成本		424	500	924
	本月发生费用		4 308	3 595	7 903

根据产量和生产费用资料计算各车间应计入产成品的成本份额，并计算出产成品的总成本及单位成本。

第一步：第一车间成本计算过程如下：

① 直接材料成本：

$$第一车间月末广义在产品数量 = 16 \times 100\% + 20 + 18 = 54（件）$$

$$材料费用分配率 = \frac{4\,500 + 10\,800}{82 + 54} = 112.50（元/件）$$

$$应计入产成品成本的直接材料份额 = 82 \times 112.50 = 9\,225（元）$$

$$月末广义在产品直接材料费用 = (4\,500 + 10\,800) - 9\,225 = 6\,075（元）$$

② 直接人工成本：

$$第一车间月末广义在产品约当产量 = 16 \times 50\% + 20 + 18 = 46（件）$$

$$直接人工费用分配率 = \frac{796 + 2\,788}{82 + 46} = 28（元/件）$$

$$应计入产成品成本的直接人工份额 = 82 \times 28 = 2\,296（元）$$

$$月末广义在产品直接人工费用 = (796 + 2\,788) - 2\,296 = 1\,288（元）$$

③ 制造费用成本：

$$制造费用分配率 = \frac{772 + 2\,300}{82 + 46} = 24（元/件）$$

$$应计入产成品成本的制造费用份额 = 82 \times 24 = 1\,968（元）$$

$$月末广义在产品的制造费用 = (772 + 2\,300) - 1\,968 = 1\,104（元）$$

④ 应计入产成品的成本份额合计 = 9\,225 + 2\,296 + 1\,968 = 13\,489（元）

根据以上计算结果，编制第一车间基本生产成本明细账，如表 4 - 41 所示。

表 4 - 41　第一车间基本生产成本明细账

产品名称：A 产品　　　　　　　　　　　20 × × 年 5 月　　　　　　　　　　　金额单位：元

项　　目	直接材料	直接人工	制造费用	合　　计
月初在产品成本	4 500	796	772	6 068
本月生产费用	10 800	2 788	2 300	15 888
合　　计	15 300	3 584	3 072	21 956
费用分配率	112.5	28	24	164.5
本月产成品数量（件）	82	82	82	—
应计入产成品的成本份额	9 225	2 296	1 968	13 489
月末在产品成本	6 075	1 288	1 104	8 467

第二步：第二车间成本计算过程如下：

① 直接人工成本：

$$第二车间月末广义在产品约当产量 = 20 \times 50\% + 18 = 28（件）$$

$$直接人工费用分配率 = \frac{900 + 3\,280}{82 + 28} = 38（元/件）$$

$$应计入产成品成本的直接人工份额 = 82 \times 38 = 3\,116（元）$$

$$月末广义在产品直接人工费用 = (900 + 3\,280) - 3\,116 = 1\,064（元）$$

② 制造费用成本：

$$制造费用分配率 = \frac{885 + 2\ 525}{82 + 28} = 31（元/件）$$

$$应计入产成品成本的制造费用份额 = 82 \times 31 = 2\ 542（元）$$

$$月末广义在产品的制造费用 = (885 + 2\ 525) - 2\ 542 = 868（元）$$

③ 应计入产成品的成本份额合计 = 3 116 + 2 542 = 5 658（元）

根据以上计算结果，编制第二车间基本生产成本明细账，如表4-42所示。

表4-42 第二车间基本生产成本明细账

产品名称：A产品　　　　　　　　　20××年5月　　　　　　　　　金额单位：元

项　　目	直接材料	直接人工	制造费用	合　　计
月初在产品成本		900	885	1 785
本月生产费用		3 280	2 525	5 805
合　计		4 180	3 410	7 590
费用分配率（元/件）	38	31	69	
本月产成品数量（件）	82	82	—	
应计入产成品的成本份额		3 116	2 542	5 658
月末在产品成本	1 064	868	1 932	

第三步：第三车间成本计算过程如下：

① 直接人工成本：

$$第三车间月末广义在产品约当产量 = 18 \times 50\% = 9（件）$$

$$直接人工费用分配率 = \frac{424 + 4\ 308}{82 + 9} = 52（元/件）$$

$$应计入产成品成本的直接人工份额 = 82 \times 52 = 4\ 264（元）$$

$$月末广义在产品的直接人工费用 = (424 + 4\ 308) - 4\ 264 = 468（元）$$

② 制造费用成本：

$$制造费用分配率 = \frac{500 + 3\ 595}{82 + 9} = 45（元/件）$$

$$应计入产成品成本的制造费用份额 = 82 \times 45 = 3\ 690（元）$$

$$月末广义在产品的制造费用 = (500 + 3\ 595) - 3\ 690 = 405（元）$$

③ 应计入产成品的成本份额合计 = 4 264 + 3 690 = 7 954（元）

根据以上计算结果，编制第三车间基本生产成本明细账，如表4-43所示。

表4-43 第三车间基本生产成本明细账

产品名称：A产品　　　　　　　　　20××年5月　　　　　　　　　金额单位：元

项　　目	直接材料	直接人工	制造费用	合　　计
月初在产品成本		424	500	924
本月生产费用		4 308	3 595	7 903
合　计		4 732	4 095	8 827

续表

项 目	直接材料	直接人工	制造费用	合 计
费用分配率（元/件）	52	45	97	
本月产成品数量（件）	82	82	—	
应计入产成品的成本"份额"		4 264	3 690	7 954
月末在产品成本		468	405	873

第四步：根据第一、二、三车间基本生产成本明细账，编制产成品成本汇总表，如表 4－44 所示。

表 4－44　产成品成本汇总计算表

产品名称：A 产品　　　　　　　　　　20××年 5 月　　　　　　　　　完工产量：82 件
　　　　　　　　　　　　　　　　　　　　　　　　　　　　　　　　　单位：元

摘 要	直接材料	直接人工	制造费用	合 计
第一车间计入产成品成本的"份额"	9 225	2 296	1 968	13 489
第二车间计入产成品成本的"份额"		3 116	2 542	5 658
第三车间计入产成品成本的"份额"		4 264	3 690	7 954
产成品总成本	9 225	9 676	8 200	27 101
单位成本	112.5	118	100	330.5

根据表 4－44 和产品入库单，编制结转本月完工入库产品的会计分录如下：

借：库存商品——A 产品　　　　　　　　　　　　　　　　　　　　　27 101
　　贷：生产成本——基本生产成本——第一车间　　　　　　　　　　13 489
　　　　　　　　　　　　　　　　——第二车间　　　　　　　　　　 5 658
　　　　　　　　　　　　　　　　——第三车间　　　　　　　　　　 7 954

（3）平行结转分步法是采用分步法计算产品成本的一种简化方法，其优点如下。

① 下一步骤的成本计算工作不必等待上一步骤的成本计算结果，加快了成本计算速度。

② 各步骤按成本项目将各项费用平行计入产品成本中，能够较为正确地反映产品成本结构而不必像逐步综合结转分步法那样需要进行成本还原。

但是，这种成本计算方法不能提供各步骤半成品成本资料及各步骤所耗上一步骤半成品费用资料，因而不能全面地反映各步骤生产耗费的水平，不利于成本管理。各步骤间不结转半成品成本，使半成品实物结转与费用结转脱节，因此不能为各步骤在产品的实物管理和资金管理提供资料。

3. 逐步结转分步法和平行结转分步法的比较

（1）逐步结转分步法要求各步骤计算出半成品成本，由最后一步骤计算出完工产品成本，所以又称为"计算半成品成本分步法"。平行结转分步法各步骤只计算本步骤生产费用应计入产成品成本的份额,最后将各步骤应计入产成品成本的份额平行汇总,计算出最终完工产品的成本,因此又称为"不计算半成品成本分步法"。

(2)月末在产品的含义不同。逐步结转分步法所指的在产品,是指本步骤尚未完工,仍需要在本步骤继续加工的在产品,是狭义的在产品。平行结转分步法所指的在产品,是指本步骤尚未完工以及后面各步骤仍在加工,尚未最终完工的在产品,是广义的在产品。

(3)完工产品的含义不同。逐步结转分步法所指的完工产品,是指各步骤的完工产品,通常是半成品,只有最后步骤的完工产品才是最终的产成品,因此是广义的完工产品。由于半成品成本随半成品实物的转移而结转,所以,最后步骤完工产品成本就是产成品成本。平行结转分步法所指的完工产品,是指最后步骤的完工产品,因此是狭义的完工产品。完工产品的成本由各步骤平行转出的份额汇总而成。

(4)成本费用的结转和计算方法不同。逐步结转分步法的成本费用,随半成品实物的转移而结转。因此,各步骤生产的成本费用既包括本步骤发生的费用,还包括上一步骤转来的费用。产品在最后步骤完工时计算出来的成本,就是完工产品成本。平行结转分步法的生产费用,并不随半成品的转移而转入下一步骤,因此,各步骤生产的成本费用仅是本步骤发生的成本费用。产品最终完工时,各步骤将产成品在本步骤应承担的成本费用份额转出,并由此汇总出完工产品成本。

成本核算方法应根据企业具体情况来选择,前述振华公司产品生产需经过多个步骤,而且有必要计算半成品成本,所以适宜采用分步法计算成本;而下面"案例导入"中的汇丰工厂是一个小批、单件、单步骤生产的中小型企业,它的成本核算方法适宜采用分批法。

德育导行:成本核算
要增强服务意识

任务4.3 分 批 法

课前导引:1分钟趣味动画
说三大产品成本核算方法

【任务导入】

振华公司生产计划部门依据客户订单下达生产任务,按生产批号组织生产。20××年3月份产品生产情况分别如下。

(1)02号甲产品14件,1月份投产,3月份全部完工。1、2两个月份累计费用为:直接材料4 000元,直接人工1 000元,制造费用1 200元。本月发生费用为:直接人工400元,制造费用500元。

(2)03号乙产品8件,3月份投产,尚未完工。本月发生生产费用分别为:直接材料20 000元,直接人工5 600元,制造费用4 800元。

(3)04号丙产品36件,2月份投产,本月完工20件,其余为在产品16件。2月份发生的生产费用为:直接材料60 000元,直接人工15 000元,制造费用13 000元,本月发生费用:直接人工7 000元,制造费用6 000元。

其他有关资料如下。

三种产品的原材料均在生产开始时一次投入;04号丙产品本月完工产品数量在批内所占的比重约为55%,根据生产费用发生情况,费用在完工产品和月末在产品之间分配采用约当产量比例法,在产品完工程度为50%。假如你是该单位的成本会计核算人员,在分批法下,3月末你如何计算这些产品的成本呢?

4.3.1 分批法的概念及特点

分批法是以产品的批别作为成本计算对象来归集生产费用、计算产品成本的一种方法。它主要适用于单件或小批，而且管理上不要求按步骤计算成本的多步骤生产，如重型机床、船舶、精密仪器和专用设备的制造，以及服装的加工等。在这种生产类型的企业中，产品的品种和每批产品的批量往往是根据客户的订单确定的，因此，分批法也称订单法。

知识导学：分批法

分批法的特点表现在以下三个方面。

（1）成本计算对象是产品的批别或订单。在小批、单件生产中，产品的种类和每批产品的批量，多是根据购买单位的订单确定的。但是，如果一张订单中要求生产好几种产品，为了便于考核分析各种产品的成本计划执行情况，加强生产管理，就要将该订单按照产品的品种划分成几个批别组织生产并计算成本；如果一张订单中只要求生产一种产品，但其数量较大，不便于集中一次投产，或者购货单位要求分批交货，也可将该订单分为几个批别组织生产并计算成本；如果一张订单中只要求生产一种产品，但该产品生产周期很长而且是由许多零部件装配而成的，也可按生产进度或构成产品部件分批组织生产，计算成本；如果在同一时期接到的几张订单要求生产的都是同一种产品，为了更经济、合理地组织生产，也可将这几张订单合为一批组织生产，在这种情况下，分批法的成本计算对象，就不是购货单位的订单，而是企业生产计划部门下达的生产任务通知单，通知单内应对该批生产任务进行编号，称为产品批号。财会部门应根据产品批号设立产品成本明细账，生产费用发生后，按产品批别进行归集和分配，并计入各批产品的基本生产成本明细账。

 **提　示**

一般情况下，企业根据订单开设生产通知单，车间则根据生产通知单组织生产，仓库根据生产通知单准备材料，财会部门根据生产通知单开设成本计算单或基本生产成本明细账归集其生产费用，计算产品成本。

（2）以产品的生产周期作为成本计算期。采用分批法计算产品成本的企业，虽然各批产品的成本计算单仍按月归集生产费用，但是只有在该批产品全部完工时才能计算其实际成本。由于各批产品的生产复杂程度不同，质量数量要求也不同，生产周期就各不相同。有的批次当月投产，当月完工；有的批次要经过数月甚至数年才能完工。可见完工产品的成本计算因各批次的生产周期而异，是不定期的。所以，分批法的成本计算期与产品的生产周期一致，与会计报告期不一致。它属于不定期计算产品成本法。

（3）生产费用一般不需要在完工产品和在产品之间分配。单件或小批生产，在购货单位要求一次交货的情况下，每批产品要求同时完工。这样该批产品完工前的基本生产成本明细账上所归集的生产费用，即为在产品成本；完工后的基本生产成本明细账上所归集的生产费用，即为完工产品成本。因此，在通常情况下，生产费用不需要在完工产品和在产品之间分配。但是当产品批量较大，购货单位要求分次交货时，就会出现批内产品跨月陆续完工的情况，月末应采用适当的方法将生产费用在完工产品和月末在产品之间分配，以分别计算完工产品成本和月末在产品成本。

4.3.2　分批法的计算程序

（1）按产品批别设置基本生产成本明细账、辅助生产成本明细账，账内按成本项目设置专栏；按车间设置制造费用明细账。

（2）根据各生产费用的原始凭证或原始凭证汇总表和其他有关资料，编制各种要素费用分配表，分配各要素费用并登账。

对于各批产品所耗用的原材料、生产工人工资以及提取的职工福利费等费用，一般根据原始凭证或要素费用分配表按产品批别列示，并计入各个批别产品成本明细账中的直接材料、直接人工成本项目中；至于在车间内发生的各项其他费用（间接耗用材料、管理人员工资、折旧费、修理费等），一般先按不同的车间进行归集，计入制造费用账户中，待月末按适当的方法进行分配。

（3）分配辅助生产费用。月末编制"辅助生产费用分配表"，按受益对象分配辅助生产费用，并据以登记有关成本费用明细账。

（4）月末编制"制造费用分配表"，分配制造费用，并据以计入各个批别产品成本明细账中的制造费用成本项目中。

（5）月末根据完工批别产品的完工通知单，汇总完工批别基本生产成本明细账中所归集的生产费用，计算出该批完工产品的总成本和单位成本，并转账；如月末有部分产品完工，部分未完工，则将所归集的生产费用采用适当的方法在完工产品与月末在产品之间进行分配，计算出该批已完工产品的总成本和单位成本。

提　示

在分批法下，如果批内产品跨月陆续完工的情况不多，完工产品数量占全部批量的比重很小时，为简化核算，可以按计划单位成本、单位定额成本或最近一期相同产品的实际单位成本计算当期完工产品的成本，然后用所归集的总的生产费用减掉完工产品成本，即为在产品成本。

4.3.3　简化的分批法

在有些小批、单件生产的企业或车间里，同一月份投产的产品批数有时很多，几十批甚至上百批，而实际每月完工的批数并不多。在这种情况下，如果将当月发生的各项生产费用全部分配给各批产品，而不论各批产品完工与否，这样费用分配的核算工作将非常繁重。因此，为了简化核算，这类企业或车间可采用不分批计算在产品成本的分批法，也叫人工及制造费用的累计分配法或简化的分批法。其成本计算特点如下。

（1）设立"基本生产成本二级账"，将月份内各批产品发生的生产费用（按成本项目）以及生产工时登记在"基本生产成本二级账"中，按月提供企业或车间全部产品的累计生产费用和累计工时资料（实际工时或定额工时）。

（2）按产品批别或订单设立"基本生产成本明细账"，与"基本生产成本二级账"平行登记，但该"基本生产成本明细账"在产品完工之前只登记直接材料费用和生产工时，在没有完工产品的情况下，不分配间接计入费用，只有在有完工产品的那个月份，才对间接费用进行分配，登记完工产品成本。

提 示

在简化的分批法下，只有"直接材料费用"是直接费用，不需要进行分配。

（3）在有完工产品的月份，根据"基本生产成本二级账"的记录资料，计算全部产品累计间接计入费用分配率，按完工产品的累计工时乘以累计间接计入费用分配率，计算和分配完工产品应负担的间接计入费用，并将分配的间接计入费用计入该产品"基本生产成本明细账"中，而全部产品的在产品应负担的间接计入费用，仍以总数反映在"基本生产成本二级账"中，不进行分配，不分批计算在产品成本。

计算公式为

$$全部产品累计间接计入费用分配率 = \frac{全部产品累计间接计入费用}{全部产品累计工时}$$

$$某批完工产品应负担的间接计入费用 = 该批完工产品累计工时 \times 全部产品累计间接计入费用分配率$$

简化分批法的计算程序如图4－7所示。

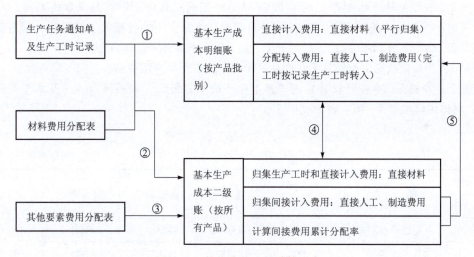

图4－7 简化分批法的计算程序

① 根据生产任务通知单，按产品批别设立多张基本生产成本明细账和一张基本生产成本二级账，并登记生产工时。

② 根据材料费用分配表，在基本生产明细账和基本生产成本二级账中归集直接费用——材料费用。

③ 根据其他要素费用分配表，在基本生产成本二级账归集间接计入费用——直接人工和制造费用等。

④ 将基本生产成本明细账与二级账记录的直接材料费用和生产工时进行核对。

⑤ 产品如有完工，计算间接费用分配率，分配间接费用，由二级账转到完工批次的基本生产成本明细账。

下面通过案例分析说明简化分批法的应用。

【例4-5】资料1：振华公司小批生产多种产品（原材料于生产开始时一次投入），由于生产批数多，为简化成本计算工作，采用分批法计算产品成本。该企业20××年3月份的产品批别如下。

（1）101批甲产品20件，1月投产，本月完成。

（2）201批乙产品30件，2月投产，本月完成。

（3）202批丙产品16件，2月投产，本月完工4件。

（4）301批丁产品24件，3月投产，尚未完工。

该企业3月份上述四种产品的月初在产品成本资料如表4-45所示。

表4-45　月初在产品成本

金额单位：元

产品批别	累计工时（工时）	直接材料	直接人工	制造费用
累计总数	58 000	60 000	44 000	30 000
其中：101批甲产品	22 000	19 000		
201批乙产品	26 000	24 000		
202批丙产品	10 000	17 000		

资料2：本月4种产品生产工时总数为34 000工时，其中，甲产品7 800工时、乙产品13 400工时、丙产品6 200工时、丁产品6 600工时。本月发生的直接人工费总数、制造费用总数分别为25 920元、17 840元；丁产品开工，投入原材料费用48 000元。

资料3：为简化核算工作，月末在产品一律视同完工产品分配费用。

根据上述资料，该企业开设并登记"基本生产成本二级账"和各批号的"基本生产成本明细账"，具体内容如表4-46～表4-50所示。

表4-46　基本生产成本二级账

（各批产品总成本）　　　　金额单位：元

20××年		摘　要	生产工时（工时）	直接材料	直接人工	制造费用	合计
月	日						
3	1	月初在产品成本	58 000	60 000	44 000	30 000	134 000
3	31	本月发生费用	34 000	48 000	25 920	17 840	91 760
3	31	累计	92 000	108 000	69 920	47 840	225 760
3	31	全部产品累计间接计入费用分配率			0.76	0.52	
3	31	完工转出	73 250	47 250	55 670	38 090	141 010
3	31	月末在产品成本	18 750	60 750	14 250	9 750	84 750

表中有关数据的计算如下：

$$直接人工累计分配率 = \frac{69\ 920}{92\ 000} = 0.76（元/工时）$$

$$制造费用累计分配率 = \frac{47\ 840}{92\ 000} = 0.52（元/工时）$$

$$总的完工产品累计工时 = 29\ 800 + 39\ 400 + 4\ 050 = 73\ 250（工时）$$

$$总的完工产品直接材料费用 = 19\ 000 + 24\ 000 + 4\ 250 = 47\ 250（元）$$

$$总的完工产品直接人工费用 = 73\ 250 \times 0.76 = 55\ 670（元）$$

$$总的完工产品制造费用 = 73\ 250 \times 0.52 = 38\ 090（元）$$

$$月末在产品成本 = 累计生产费用 - 转出完工产品成本$$

$$直接材料费用 = 108\ 000 - 47\ 250 = 60\ 750（元）$$

$$直接人工费用 = 69\ 920 - 55\ 670 = 14\ 250（元）$$

$$制造费用 = 47\ 840 - 38\ 090 = 9\ 750（元）$$

$$月末在产品累计工时 = 92\ 000 - 73\ 250 = 18\ 750（工时）$$

表 4 - 47 基本生产成本明细账

批号：101　　　　　　　　　　　开工日期：1 月　　　　　　　　　　　批量：20 件

产品名称：甲产品　　　　　　　　完工日期：3 月　　　　　　　　　　金额单位：元

20××年		摘　要	生产工时（工时）	直接材料	直接人工	制造费用	合　计
月	日						
2	28	1—2 月份发生	22 000	19 000			
3	31	本月发生	7 800				
3	31	本月累计	29 800	19 000			
3	31	累计间接费用分配率			0.76	0.52	
3	31	本月转出完工产品成本	29 800	19 000	22 648	15 496	57 144
3	31	完工产品单位成本		950	1 132.40	774.80	2 857.20

$$完工产品应负担的直接人工费用 = 29\ 800 \times 0.76 = 22\ 648（元）$$

$$完工产品应负担的制造费用 = 29\ 800 \times 0.52 = 15\ 496（元）$$

表 4 - 48 基本生产成本明细账

批号：201　　　　　　　　　　　开工日期：2 月　　　　　　　　　　　批量：30 件

产品名称：乙产品　　　　　　　　完工日期：3 月　　　　　　　　　　金额单位：元

20××年		摘　要	生产工时（工时）	直接材料	直接人工	制造费用	合　计
月	日						
2	28	2 月份发生	26 000	24 000			
3	31	本月发生	13 400				
3	31	本月累计	39 400	24 000			
3	31	累计间接费用分配率			0.76	0.52	
3	31	本月转出完工产品成本	39 400	24 000	29 944	20 488	74 432
3	31	完工产品单位成本		800	998.13	682.93	2 481.06

完工产品应负担的直接人工费用 = 39 400 × 0.76 = 29 944（元）

完工产品应负担的制造费用 = 39 400 × 0.52 = 20 488（元）

表4-49　基本生产成本明细账

批号：202　　　　　　　　　　开工日期：2月　　　　　　　　　　　　批量：16件

产品名称：丙产品　　　　　　　完工日期：3月（完工4件）　　　　　　金额单位：元

20××年		摘　要	生产工时（工时）	直接材料	直接人工	制造费用	合　计
月	日						
2	28	2月份发生	10 000	17 000			
3	31	本月发生	6 200				
3	31	本月累计	16 200	17 000			
3	31	累计间接费用分配率			0.76	0.52	
3	31	本月转出完工产品成本	4 050	4 250	3 078	2 106	9 434
3	31	完工产品单位成本		1 062.50	769.50	526.50	2 358.50

完工产品丙所耗工时 $= \dfrac{16\,200}{16} \times 4 = 4\,050$（工时）

完工产品应负担的直接人工费用 = 4 050 × 0.76 = 3 078（元）

完工产品应负担的制造费用 = 4 050 × 0.52 = 2 106（元）

完工产品丙的直接材料费 $= \dfrac{17\,000}{16} \times 4 = 4\,250$（元）

表4-50　基本生产成本明细账

批号：301　　　　　　　　　　开工日期：3月　　　　　　　　　　　　批量：24件

产品名称：丁产品　　　　　　　完工日期：　　　　　　　　　　　　　金额单位：元

20××年		摘　要	生产工时（工时）	直接材料	直接人工	制造费用	合　计
月	日						
3	31	本月发生	6 600	48 000			

提　示

"基本生产成本二级账"要按成本项目登记企业所有产品的月初在产品成本、本月发生费用、累计费用；同时还要登记月初在产品累计工时、本月发生工时、累计工时；当产品完工时，期末要将完工产品负担的直接计入费用、应分配的间接计入费用转出。"基本生产成本明细账"平时只登记直接材料费用和生产工时数，只有当产品完工时，才登记完工产品应负担的间接计入费用。

通过【例4-5】可以看出，在各批号基本生产成本明细账中，在没有完工产品的月份，只登记原材料费用（直接费用）和生产工时，如批号301；在有完工产品的月份（包括批内产品全部完工或部分完工），如批号101、201、202，除了需要登记发生的原材料费用和生产工时外，还需要根据生产成本二级账登记各项间接费用的分配率，计算完工产品应负担的间接费用，以便计算完工产品的总成本和单位成本。

采用这种方法，各批号完工产品之间分配间接费用的工作以及完工产品与月末在产品之间分配间接费用的工作，都是利用累计间接费用分配率，到产品完工时合并在一起进行的。因此，这种简化的分批法也被称为累计间接计入费用分配法。

提　示

这种简化的分批法适用于同一月份投产的产品批数很多，而月末未完工批数较多的企业，否则，多批产品仍然要分配登记各项间接费用，工作量并没有减少很多；它还适用于各月发生的间接计入费用水平相差不多的情况，否则会使计算结果发生较大的偏差。

知识归纳

产品成本计算的基本方法主要区别，如表4-51所示。

表4-51　产品成本计算基本方法主要区别汇总表

基本方法	成本计算对象	成本计算期	期末在产品成本计算	适用范围	
				生产特点	成本管理要求
品种法	产品品种	按月计算，与会计报告期一致	单步骤生产一般不需计算，多步骤生产一般需计算	大量、大批、单步骤或多步骤产品生产	管理上不要求分步骤计算成本
分步法	产品品种及生产步骤	按月计算，与会计报告期一致	需要计算	大量、大批、多步骤生产	管理上要求按步骤计算成本
分批法	产品批别	不定期计算，与生产周期一致	一般不需计算，产品跨月完工时需计算	单件或小批生产单步骤或多步骤产品生产	管理上不要求分步骤计算成本

综上所述，为了适应生产的特点和成本管理要求，产品成本的计算有三种不同的成本计算对象，即产品品种、产品批别和产品的生产步骤。为了计算上述三种成本计算对象的成本，采用了以产品成本计算对象为标志的品种法、分批法和分步法三种成本计算方法。在实际工作中，为了简化成本计算工作或者为了加强定额管理，还可采用与企业的生产类型没有直接关系的分类法和定额法。这两种方法是产品成本计算的辅助方法。它们又该如何使用呢？

德育导行

躬身田畴心不改，研发水稻志坚定

"共和国勋章获得者""国家最高科学技术奖获得者""中国杂交水稻之父"袁隆平爷爷曾经常说："我不在家，就在试验田；不在试验田，就在去试验田的路上。"袁爷爷幽默的话语中透出一股倔强的认真劲儿。他还曾说："我还有两个梦：一个是禾下乘凉梦，一个是杂交水稻覆盖全球梦。"

正是这份认真、这份执着、这份胸怀，支撑他当年大学毕业时离开繁华都市，踏进了湘西田埂，就就业业探求粮食高产。烈日炎炎，农民都已在榕树下休息，他依然在田里劳作。偶然的机会，他发展一株"鹤立鸡群"的稻株，萌生了培育杂交水稻的想法，但这与传统经典遗传学观点相悖，许多权威学着都认为不可行。袁爷爷反复思考、探索，坚定实践。为了找到最优良的稻株，他吃了早饭就带着水壶和馒头下田，劳作到下午4点才回。六七月的炎夏，他每天手拿放大镜，一垄垄、一行行、一穗穗，大海捞针般在几千几万的稻穗中寻找。在勘察了14万余株稻穗和两年的反复试验研究后，他写出了论文《水稻的雄性不孕性》，正式走进了杂交水稻的领域。1974年，袁隆平在安江农校试种的"南优2号"杂交稻亩产628千克，远超常规稻亩产150千克，真正实现了让中国人民远离饥饿。

启示：袁隆平爷爷矢志不渝的追求、坦荡无私的奉献、永不言弃的奋斗、坚韧顽强的拼搏激励着我们。于成本会计，爱岗敬业、细致严谨、精技报国是我们前行的方向，切实做到为企业精准核算产品成本、有效控制成本费用。

任务4.4　分类法和定额法

课前导引：分类法和定额法

4.4.1　任务资料

吴艳是一名某高职院校财会专业刚毕业的学生，现正在三立制造企业实习，主要进行成本核算工作。该企业生产多种产品，按各种产品所耗用原材料和工艺过程的不同，将全部产品划分为A、B、C三大类，按类组织成本计算。A类产品包括甲、乙、丙三种产品，甲产品为标准产品，A类完工产品成本在类内各品种之间采用系数法和定额比例法分配，其中，直接材料费用按系数法分配；直接人工费用、制造费用均按定额工时比例分配。直接材料费用的系数按定额成本确定。20××年8月A类产品有关成本资料如下。

（1）A类产品成本计算单如表4-52所示。

表4-52　分类产品成本计算单

类别：A　　　　　　　　　　　　　　　　　　　　　　　　　　　　　　　　单位：元

20××		摘　　要	直接材料	直接人工	制造费用	合　　计
月	日					
8	1	月初在产品成本	19 000	650	750	20 400
		本月发生费用	50 200	40 225	48 400	138 825

续表

20××		摘 要	直接材料	直接人工	制造费用	合 计
月	日					
8	31	合计	69 200	40 875	49 150	159 225
		完工产品成本	59 600	39 875	47 850	147 325
		月末在产品成本	9 600	1 000	1 300	11 900

（2）单位产品材料费用定额为：甲产品 200 元，乙产品 180 元，丙产品 360 元。

（3）单位产品工时消耗定额为：甲产品 10 工时，乙产品 12 工时，丙产品 15 工时。

（4）本月各种产品产量为：甲产品 1 000 件，乙产品 1 200 件，丙产品 500 件。

企业领导要求吴艳完成以下工作。

（1）登记甲类产品系数计算表。

（2）计算 A 类类内各种产品的完工产品成本和单位成本。你若是吴艳，该怎样核算呢？

知识导学：分类法

4.4.2 分类法

1. 分类法的概念及特点

分类法是为了简化各类产品的成本计算工作而采用的一种成本计算方法。有些制造业企业，其生产的产品品种繁多，规格各异，如果仍按照产品的品种、规格归集生产费用，计算产品成本，那么成本的计算工作将极为繁重。在这种情况下，如果把不同品种、规格的产品，按照一定标准分类后再计算其成本，核算工作就会大大简化。分类法就是这样一种成本计算方法。它适用于产品品种规格繁多，并且可以按照一定的标准进行分类的企业，如鞋厂、轧钢厂等。另外，分类法还适用于制造业的联产品、副产品以及某些等级产品、零星产品的成本计算。其主要特点是：按产品类别归集生产费用，并计算出各类产品成本，然后在每类产品内再按照一定的方法将生产费用在各种产品之间分配，计算出各种产品成本。这种方法的成本计算期仍然取决于生产特点和管理要求。如果是大量、大批生产，结合品种法或分步法进行成本计算，则应定期在月末进行；如果与分批法结合运用，成本计算期可不固定，而与生产周期一致。所以，分类法并不是一种独立的基本成本计算方法，它是成本计算的辅助方法，与企业的生产类型没有直接的联系，也就是说，它可以应用于各种生产类型的企业，但有一个前提，即这些企业的产品要能够按照一定的标准分类；否则，分类法就无法使用。

2. 分类法的成本核算程序

分类法的成本核算程序如图 4-8 所示。

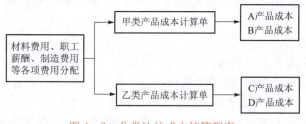

图 4-8 分类法的成本核算程序

具体核算程序如下。

（1）根据产品所用材料和工艺技术过程的不同，对产品进行分类，按照产品的类别设置产品成本明细账。

（2）按照规定的成本项目归集各类产品所发生的生产费用，计算各类产品的成本。

（3）选择合理的分配标准，将每类产品成本在类内各种产品之间进行分配，计算出各种产品的总成本和单位成本。

在同类产品中，各种产品之间费用分配的标准一般有定额消耗量、定额费用、售价以及产品的体积、重量和长度等。在选择费用的分配标准时，主要应考虑它与产品生产耗费高低的关系，即应选择与产品各项耗费的高低有密切联系的分配标准。

在类内各种产品之间分配费用时，各成本项目可以按同一分配标准进行分配；为了使分配结果更为合理，也可以根据各成本项目的性质，分别按照不同的分配标准进行分配。例如，材料费用可以按照直接材料定额消耗量或定额费用比例进行分配；直接人工等其他费用可以按照定额工时比例进行分配。此时，计算程序如下。

（1）分项目计算定额消耗量。

$$某类完工产品直接材料定额消耗量 = \sum 各种产品完工数量 \times 单位产品材料消耗定额$$

$$某类完工产品定额工时 = \sum 各种产品完工数量 \times 单位产品工时消耗定额$$

（2）分项目计算费用分配率。

$$直接材料分配率 = \frac{某类完工产品直接材料实际成本}{某类完工产品直接材料定额消耗量}$$

$$直接人工分配率 = \frac{某类完工产品直接人工实际成本}{某类完工产品定额工时}$$

$$制造费用分配率 = \frac{某类完工产品制造费用实际成本}{某类完工产品定额工时}$$

（3）分项目计算各种完工产品的成本。

$$某种产品直接材料费用 = 该种产品直接材料定额消耗量 \times 直接材料分配率$$

$$某种产品直接人工费用 = 该种产品定额工时 \times 直接人工分配率$$

$$某种产品制造费用 = 该种产品定额工时 \times 制造费用分配率$$

此外，为了简化分配工作，可以将分配标准折算成相对固定的系数，按照固定系数在类内各种产品之间分配费用。确定系数时，一般在类内选择一种产量较大、生产比较稳定，或规格适中的产品作为标准产品，将这种产品的系数定为1。再用其他各种产品的分配标准额分别与标准产品的分配标准额相比较，计算出其他各种产品的分配标准额与标准产品的分配标准额的比率，即系数。在分类法中，按照系数分配类内各种产品成本的方法，叫系数分配法。系数一经确定，在一定时期内应相对稳定。在实际工作中，也有的企业采用按照标准产品产量比例分配类内各种产品成本的方法，即将各种产品的产量按照系数进行折算，折算成为标准产品产量，然后按照标准产品产量的比例分配类内各种产品成本，这也是一种系数分配法。

该系数分配法的具体步骤如下。

（1）确定分配标准。

（2）将分配标准折算成固定系数。

（3）将类内各产品的产量按照系数折算出相当于标准产品的产量，计算公式为

$$某产品相当于标准产品的产量 = 该产品的实际产量 \times 该产品的系数$$

（4）计算出全部产品相当于标准产品的总产量，以此为标准分配类内各种产品的成本。

3. 分类法的优缺点及注意事项

（1）分类法的优缺点如下：

① 优点：按照产品类别归集生产费用，计算成本，不仅能简化核算工作，而且能够在产品品种规格繁多的情况下，分类掌握产品的成本水平。

② 缺点：采用分类法计算产品成本，由于类内各种产品成本是按照总系数标准分配计算的，因此，产品成本具有一定的假定性。

（2）采用分类法的注意事项如下：

① 产品的分类和分配标准（或系数）的选定是否适当，这是一个很关键的问题。对产品进行分类时，应以该产品所耗原材料和工艺技术过程是否相近为主要标准。因为所耗原材料和工艺技术过程相近的各种产品，成本水平也往往比较接近。在对产品进行分类时，类距既不能定得过小，使成本计算工作复杂化；也不能定得过大，造成成本计算上的"大杂烩"，影响成本计算的正确性。

② 在产品结构、所耗原材料或工艺技术发生较大变动时，应及时修订分配系数，或另选分配标准，以保证成本计算的正确性。

知识拓展

采用分类法计算产品成本，也包括联产品的生产、副产品的生产及等级品的生产等情况。

1. 联产品及其成本计算

（1）联产品概述。联产品是用相同的原材料经过同一个生产过程，同时生产出来的几种具有同等地位的主要产品。

联产品的成本计算，关键是确定分离点。各种联产品在生产过程中投入相同的原材料，经过同一个生产过程，在生产过程终了或者在生产步骤的某一个"点"上分离开来，这个"点"就称为"分离点"。分离之后有的产品可以直接销售，有的产品则需要经过进一步加工才能销售。联产品成本的计算通常分为两个阶段进行。首先，在分离点前发生的成本即联合成本，可按一个成本核算对象设置一个成本明细账进行归集，然后将其总额按一定分配方法（如售价法、实物数量法等）在各联产品之间进行分配。其次，对于在分离点后进一步加工而发生的成本，因其可以归属到某种联产品上去，即为可归属成本。所以，可按各种联产品分别设置明细账，归集其分离后所发生的加工成本。因此，某种联产品在整个生产过程中发生的成本应为分配到的联合成本与该种产品的可归属成本之和。

（2）联产品成本计算的一般程序如下：

① 将联产品作为成本核算对象，设置成本明细账。

② 归集联产品成本，计算联合成本。联产品发生的成本为联合成本。联产品的在产品一般比较稳定，可不计算期初、期末在产品成本，本期发生的生产成本全部为联产品的完工产品成本。

③ 计算各种产品的成本。

联产品的联合成本在分离点后，可按一定分配方法如售价法、实物数量法等，在各联产品之间进行分配，分别确定各种产品的成本。

a. 售价法。在售价法下，联合成本是按分离点上每种产品的销售价格比例进行分配的。采用这种方法，要求每种产品在分离点时的销售价格有可靠的计量。

如果联产品在分离点上即可供销售，则可采用销售价格进行分配。如果这些产品尚需要进一步加工后才可供销售，则需要对分离点上的销售价格进行估计。此时，也可采用可变现净值进行分配。

【例4-6】 三立制造生产甲产品和乙产品，甲、乙产品为联合产品。5月份发生了600 000元的加工成本。甲、乙产品在分离点上的销售价格总额为750 000元，其中甲产品的销售价格总额为450 000元，乙产品的销售价格总额为300 000元。采用售价法分配联合成本如下。

$$甲产品联合成本 = \frac{600\ 000}{450\ 000 + 300\ 000} \times 450\ 000 = 360\ 000(元)$$

$$乙产品联合成本 = \frac{600\ 000}{450\ 000 + 300\ 000} \times 300\ 000 = 240\ 000(元)$$

b. 实物数量法。采用实物数量法时，联合成本是以产品的实物数量为基础分配的。这里的"实物数量"可以是数量或重量。实物数量法通常适用于所生产的产品的价格很不稳定或无法直接确定的情况。

$$单位数量(或重量)成本 = \frac{联合成本}{各联产品的总数量(或总重量)}$$

【例4-7】 承**【例4-6】**，同时假定甲产品为350件，乙产品为150件。采用实物数量法分配联合成本如下。

$$甲产品联合成本 = \frac{600\ 000}{350 + 150} \times 350 = 420\ 000(元)$$

$$乙产品联合成本 = \frac{600\ 000}{350 + 150} \times 150 = 180\ 000(元)$$

④ 计算联产品分离后的加工成本。

联产品分离后继续加工的，按各种产品分别设置明细账，归集其分离后所发生的加工成本。

2. 副产品及其成本计算

副产品是指在同一生产过程中使用同种原料，在生产主要产品的同时附带生产出来的非主要产品。它的产量取决于主产品的产量，随主产品产量的变动而变动，如提炼原油过程中产生的渣油、石油焦，制皂过程中产生的甘油等。由于副产品价值相对较低，而且在全部产品生产中所占的比重较小，因此，副产品的成本计算比联产品要简单。通常只要将副产品按照一定的标准作价，从分离前的联合成本中扣除即可。也就是说，可以采用与分类法相似的方法，将主、副产品合为一类设立产品成本明细账，归集费用，计算成本；然后将副产品按照一定的方法计价，从总成本中扣除，以扣除后的成本作为主产品的成本。只有在副产品的比重较大，价值也较高的情况下，为了正确计算主、副产品的成本，才将主、副产品视同联产品，采用联产品的成本计算方法计算成本。

(1) 分离后直接销售的副产品的计价如下：

① 副产品不计算成本，即当副产品经济价值极小时，副产品不负担分离点前发生的任何成本，全部生产费用均为主产品成本。该法计算简便，但会高估主产品的成本。

② 副产品按固定或计划单位成本计价，即副产品与主产品分离后，按副产品产出的数量和固定或计划单位成本计算其成本，并从联合成本中扣除。当副产品成本中原材料所占的比重较大，或者是副产品成本占联合成本的比重较小时，应将其成本从主产品生产成本明细账"原材料"成本项目中扣除；当副产品各个成本项目的比重相差不大，或者副产品在联合成本中占有一定比重时，应将其成本按比例从联合成本明细账的各个成本项目中扣除。

③ 副产品按销售价格扣除销售费用、销售税金后的余额计价，或者按售价减去按正常利润率计算的销售利润后的余额计价。副产品成本可以从联合成本明细账"原材料"成本项目中扣除，也可以按比例从联合成本明细账的各个成本项目中扣除。该法使用于副产品价值较高的情况，计算较为简便，但在副产品市价波动较大时，其成本将大受影响，进而影响到主产品成本计

算的正确性。

④ 联合成本在主副产品之间分配。这主要是在副产品比重较大，且副产品经济价值较高时，为了正确核算主、副产品成本而采用的一种方法。采用该方法时，应将主、副产品视同联产品，采用一定标准在主副产品之间分配生产费用，并分别计算出各自的成本。

（2）主副产品分离后，副产品需要进一步加工的成本计算如下：

① 副产品只负担可归属成本。

② 副产品不仅负担可归属成本，而且负担分离点前的联合成本。

3. 等级产品成本计算

等级产品是指用相同的原材料，经过同一生产过程生产出来的品种相同但质量不同的产品。产生这种产品的原因主要有两种。

第一种原因：客观原因。即质量上的差别是由于内部结构、所用材料的质量或工艺技术上的要求不同等客观原因而产生的，那么应考虑对不同等级的产品确定不同的单位成本，即可以将这些产品归为同一品种不同规格的一类产品，采用分类法计算成本。在这种情况下，不能按产量（数量）比例分配等级产品的联合成本，可以采用售价或其他分配标准，或将分配标准折合成系数，采用系数法来计算分配等级产品的联合成本。

第二种原因：主观原因。即产品的结构、所用的原材料和工艺过程完全相同，产品质量上的差别是由于工人操作不当、技术不娴熟等主观原因造成的，那么这些不同等级产品的单位成本应该是相同的，不能将分类法的原理应用到这些产品的成本计算中去。也就是说，这些不同等级产品使用的原材料、经过的生产过程都相同，那么它们的单位成本理应相同。在单位成本相同的情况下，低等级产品由于售价较低而造成的损失，说明企业还需努力提高产品质量。在这种情况下，应按产量（数量）比例分配等级产品的联合成本。

4.4.3 定额法

上述各种成本核算方法——品种法、分批法、分步法和分类法，它们有一个共同特点，就是通过归集实际发生的生产费用，直接核算出产品的实际成本。那么，在这种情况下，要了解产品的实际成本偏离定额成本的情况，只有等到产品的实际成本核算出来以后才能进行，因为平时账面上不能够提供产品实际成本偏离定额成本的信息。这样不利于企业对生产费用和产品成本进行日常的分析和控制，此时需要另一种方法——定额法来核算。定额法不是通过归集实际发生的生产费用，直接核算出产品的实际成本，而是需要核算定额成本、脱离定额的差异、定额变动的差异、产品的实际成本四个方面。采用这种方法，企业不仅必须事先制定产品的定额成本，而且平时账面上要能够提供产品实际成本偏离定额成本的信息，这有利于企业对生产费用和产品成本进行日常的分析和控制。因此，定额法不仅能够核算产品的实际成本，而且能够及时揭示实际生产费用脱离定额的数额和原因，从而达到加强成本控制、降低产品成本的目的。

1. 定额法的适用范围

定额法是以预先制定的产品定额成本为标准，根据成本定额和定额差异额计算产品成本的一种方法。

定额法主要适用于定额管理工作的基础比较好，定额管理的制度比较健全，产品的生产已经定型，各项消耗定额比较准确、稳定的大量、大批生产类型的企业。

采用定额法的企业，事前，应以产品的各项现行消耗定额和计划单价为依据，计算产品的定额成本，并以此作为成本核算、成本分析、成本控制的基础和依据；事中，应根据实际产量，核算产品的实际生产费用和定额生产费用的差异，并及时揭示实际偏离定额的情况；事后，以产品定额成本为基础，加减定额成本差异，就得到产品的实际成本。

2. 定额法的核算程序

定额法要求企业预先制定科学合理的定额，成本计算中生产费用的归集和分配要围绕着定额成本进行，成本计算应当遵循如下程序。

（1）计算产品定额成本。定额成本不是实际成本，而是企业在现有生产条件下应达到的一种目标成本，它是核算产品实际成本的基础。

定额成本应按成本项目制定，并与实际成本的成本项目保持一致，这样有利于将实际成本与定额成本进行比较，揭示实际成本脱离定额的差异。

定额成本是根据产品的现行消耗定额和材料计划单价或计划小时费用计算的，具体计算如下。

某产品直接材料定额成本 = 该产品材料消耗定额 × 材料计划单价

某产品直接工资定额成本 = 该产品工时定额 × 计划小时工资率

某产品制造费用定额成本 = 该产品工时定额 × 制造费用计划单价

某产品的定额成本 = 该产品的直接材料定额成本 + 直接工资定额成本 +

制造费用定额成本 + 其他直接支出定额成本

提　示

其他直接支出定额成本的计算比照直接工资定额成本的计算。

定额成本的计算是通过编制定额成本计算表进行的。企业生产产品的品种结构、产品零部件的多少等的不同，使其定额成本计算表的编制方法也不相同。产品的定额成本与企业的计划成本不同，虽然两种成本的计算基础都是定额，但是各自依据用以进行计算的定额不尽相同。计划成本所依据的消耗定额是计划期内的平均消耗定额，即计划定额，其在计划期内通常是不变的；定额成本所依据的消耗定额是现行定额，是企业在当前的生产技术经济条件下，各项消耗所应当达到的标准。随着生产技术的进步和劳动生产率的提高，现行定额是在变化的。除此以外，定额成本与计划成本的用途也不相同。定额成本主要用于企业内部的成本控制、分析和考核，它能反映企业目前应达到的成本水平；而计划成本的主要用途是为了进行成本考核，为企业进行经济预测和决策提供资料。

（2）计算脱离定额的差异。脱离定额的差异，是指产品生产过程中实际发生的生产费用偏离现行定额的差异。它标志着各项生产费用支出的合理程度，及时反映和监督生产消耗的节约和浪费，有利于加强成本控制。因此，对定额差异的核算是实行定额法的重要内容。为了防止生产费用的超支，避免浪费和损失，差异凭证填制以后，还必须按照规定办理审批手续。脱离定额差异的计算一般是按照成本项目进行的。

① 直接材料定额差异的计算。直接材料定额差异的核算方法，一般有限额法、切割核算法和盘存法三种。本书重点介绍限额法的应用。

在限额法下，原材料的领用应当实行限额领料制度。此制度下，企业需要确定各种产品的材料消耗定额并编制"限额领料单"，由企业内各耗用材料单位按照限额领料单中规定的领料限额领取材料。若发生超出限额领用材料的情况，还应设置专门的超限额领料单差异凭证。在差异凭证中，应填写差异的数量、金额以及产生差异的原因。

应当注意的是，原材料脱离定额的差异是生产产品过程中实际用料脱离现行定额而形成的成本差异，而限额法并不能完全控制用料，差异凭证所反映的差异往往只是领料差异，而不一定是用料差异。这是因为，投产的产品数量不一定等于规定的产品数量；所领原材料的数量也不一定等于原材料的实际消耗量，即期初、期末车间可能有余额。因此，只有投产的产品数量等于规定的产品数量，且车间期初、期末均无余额或期初、期末余额数量相等时，领料（或发料）差异才是用料脱离定额的差异。此时，直接材料的定额差异计算公式为

$$某产品直接材料定额差异 = \sum[(该产品材料实际耗用量 - 该产品材料定额耗用量) \times 材料计划单价]$$

直接材料定额费用和脱离定额差异的计算如表 4-53 所示。

表 4-53 直接材料定额费用和脱离定额差异计算表

产品名称：甲产品　　　　　　　　　　　20××年×月　　　　　　　　　金额单位：元

材料名称	计量单位	计划单价	实际费用		定额费用		脱离定额差异		差异原因
			数量	金额	数量	金额	数量	金额	
X	千克	30	320	9 600	310	9 300	+10	300	略
Y	千克	50	35	1 750	40	2 000	−5	−250	略
合计				11 350		11 300		+50	

限额领料制度下，若车间本月领用的材料当月并未消耗完毕，则会出现本月领用材料的定额差异与当月实际耗用材料的定额差异不相一致的情况。此时，车间里就会有未耗用而结存下来的材料。因此，还需要计算本月的材料实际耗用量。计算公式为

$$本月直接材料实际耗用量 = 月初结存材料数量 + 本月领用材料数量 - 月末结存材料数量$$

② 直接人工定额差异的计算。企业生产工人的工资有两种核算形式：计件工资和计时工资。在计件工资形式下，生产工人的工资属于直接费用，其定额差异的计算方法同上述直接材料的方法相似，即凡符合定额范围内的生产工人工资，要登记在正常的产量记录中，对于脱离定额的差异，应设置"工资补付单"等差异凭证，并要经过一定的审批手续。工资补付单中应填明产生差异的原因，以便根据工资差异凭证进行分析。在计时工资形式下，生产工人工资的定额差异平时不能分产品直接计算，月末时，在实际生产工人工资总额确定后，可以按照下面的公式计算：

$$某产品直接工资定额差异 = 该产品实际生产工人工资额 - 该产品实际产量 \times 单位产品定额工资$$

计算成本时，如果生产工人工资是按照实际工时比例进行分配的，则定额差异的计算可以按照以下公式进行：

$$某产品直接工资定额差异 = 该产品实际生产工资额 - 该产品定额生产工资额$$

$$某产品实际生产工资额 = 该产品实际产量的实际生产工时 \times 实际单位小时工资额$$

$$实际单位小时工资额 = \frac{该车间实际生产工人工资总额}{该车间实际生产总工时}$$

$$某产品定额生产工资额 = 该产品实际产量的定额生产工时 \times 计划单位小时工资额$$

$$计划单位小时工资额 = \frac{该车间计划产量的定额生产工人工资额}{该车间计划产量的定额生产工时}$$

从上面的计算公式可以看出，要降低单位产品的计时工资，必须降低单位小时的生产工资和单位产品的生产工时。为此，企业不仅要严格控制工资总额，以免超过计划；还要充分利用工时，使生产工时总额不低于计划；并且要控制单位产品的工时消耗，以免超过工时定额。为了降低单位产品的计时工资费用，在定额法下，应加强日常控制，监督生产工时的利用情况和工时消耗定额的执行情况。因此，在日常核算中，要按照产品核算定额工时、实际工时和工时脱离定额的差异，并及时分析产生差异的原因。

③ 制造费用定额差异的计算。制造费用一般属于间接费用，费用发生时，不能直接按照所生产的产品计算定额差异，而只能在月末实际制造费用计算分配给各种产品之后，才能与相应产品的定额费用对比，计算出定额差异。若制造费用按小时标准分配，其定额差异也是由工时差异和小时费用率差异两个因素组成，其计算方法与直接工资定额差异计算方法基本相同。

其他直接支出定额差异的计算，可以根据该成本项目的构成情况分别采用上述①或②的方法进行。

计算出定额差异后，还要将其在完工产品和在产品之间进行分配，以确定完工产品成本。若企业期末在产品的数量较少，为了简化成本核算工作量，可以将定额差异全部分配计入完工产品成本中；如果期末在产品的数量较多，则需要将定额差异按照定额成本的比例在完工产品和在产品之间进行分配。

(3) 材料成本差异的分配。在采用定额法计算产品成本的企业中，材料的日常核算应当按照计划成本进行。因此，日常所发生的原材料费用，包括原材料的定额费用和原材料脱离定额的差异，都是按照计划单价计算的。为使材料消耗按实际成本反映，还必须计算材料成本差异。通常由财会部门于月末一次分配计入产品成本。为简化和加速各步骤成本计算工作，材料成本差异一般都由完工产品成本负担，不计入月末在产品成本，计算公式为

$$某产品应分配的直接材料成本差异 = [该产品的直接材料定额成本 + (-)$$

$$直接材料定额差异] \times 直接材料成本差异分配率$$

【例 4 - 8】永利企业所产产品 W，在 20×× 年 6 月份所耗直接材料定额成本为 30 000 元，材料定额差异为节约差 300 元，本月材料定额差异率为节约 1%；该企业另一种产品 P，同一月份所耗直接材料定额成本为 60 000 元，材料定额差异为超支差 420 元，本月材料定额差异率为超支 1%。

要求：分别计算产品 W 和 P 应分配的材料成本差异。

产品 W 应分配的材料成本差异 = (30 000 - 300) × (- 1%) = - 297（元）

产品 P 应分配的材料成本差异 = (60 000 + 420) × 1% = 604.2（元）

在实际工作中，材料成本差异的分配一般是通过编制发料凭证汇总表或专设的材料成本差异分配表进行的。材料成本差异分配表的格式如表 4 - 54 所示。

表 4 - 54　材料成本差异分配表

20×× 年 6 月　　　　　　　　　　　　　　　　　单位：元

产品名称	定额成本	定额差异	计划成本	材料成本差异率	材料成本差异
W	30 000	- 300	29 700	- 1%	- 297
P	60 000	420	60 420	1%	604.2

（4）**定额变动差异的核算**。定额变动差异是指因修订消耗定额或生产耗费的计划单价而产生的新旧定额之间的差异额。定额变动差异与脱离定额差异是不同的，定额变动差异是定额本身发生变动而产生的差异额，与实际发生的生产费用的节约或超支无关；脱离定额差异是实际发生的生产费用脱离定额的变动，反映生产费用节约或超支的程度。

随着生产技术的进步和劳动生产率的提高等，企业的各项消耗定额和生产耗费的计划价格，也应随之进行修订，以保证各项定额的实际有效。定额成本也应随之及时调整变化。

定额的修订一般在每个会计期间的期初进行，如月初、季初或年初修订定额。若在定额修订的月份，月初在产品的定额成本并未调整变化，它仍然是按照旧定额计算的。因此，为了将按旧定额计算的月初在产品定额成本和按新定额计算的本月投入产品的定额成本，在新定额的同一基础上相加起来，应该计算月初在产品的定额变动差异，以调整月初在产品的定额成本。

月初在产品定额变动差异的计算，可以根据月初在产品实物盘存数量或账面结存数量以及修订前后的消耗定额进行。这种计算方法要求按照零部件和工序进行，工作量较大。月初在产品定额变动差异的计算公式为

$$月初在产品定额变动差异 = \sum[（变动前消耗定额 - 变动后消耗定额）\times$$
$$定额发生变动的在产品数量 \times 计划单价]$$

但是若构成产品的零部件种类较多，计算定额变动差异的工作量会很大。因此，为了简化成本核算的工作量，定额变动差异的计算也可以按照单位产品费用的折算系数进行，即将按新旧定额所计算出的单位产品费用进行对比，求出系数，然后根据系数进行计算。其计算公式为

$$定额变动系数 = \frac{按新定额计算的单位产品费用}{按旧定额计算的单位产品费用}$$

$$月初在产品定额变动差异 = 按旧定额计算的月初在产品费用 \times$$
$$（1 - 定额变动系数）$$

【例4-9】 永利企业产品 M 的部分零部件从本月1日起实行新的材料消耗定额，单位产品原先的材料费用定额为350元，新的材料费用定额为315元。该产品月初在产品按原定额计算的材料定额成本为11 000元。月初在产品定额变动差异计算如下。

$$定额变动系数 = \frac{315}{350} = 0.9$$

$$月初在产品定额变动差异 = 11\,000 \times （1 - 0.9） = 1\,100（元）$$

提　示

技能导练：产品成本
定额计算表的编制

① 采用系数法计算月初在产品定额变动差异，只适宜零、部件成套生产或零、部件成套性较大的情况；否则，会影响计算结果的正确性。

② 定额变动差异一般应按照定额成本比例，在完工产品和月末在产品之间进行分配；若定额变动差异数额较小，或者月初在产品本月全部完工，定额变动差异也可以全部由完工产品负担。

（5）**产品实际成本的计算**。综上所述，采用定额法，产品实际成本应按以下公式计算：

$$产品实际成本 = 按现行定额计算的产品定额成本 \pm 脱离定额的差异 \pm$$
$$定额变动差异 \pm 材料成本差异$$

3. 定额法的优缺点

通过上述对定额法基本内容的介绍可以看出，定额法是将产品成本的计划工作、核算工作和分析工作有机结合起来，将事前、事中、事后反映和监督融为一体。所以说定额法并非仅仅是一种成本核算方法，它同时是以产品的定额成本来控制实际生产费用的一种成本控制方法。其优点具体表现在以下四个方面。

（1）定额法有利于加强成本的日常控制。采用定额法，在生产耗费发生时，同时确定生产费用的定额数和其脱离定额的差异，这样，能够及时发现各项生产费用的超支或节约情况，从而有利于加强成本控制。

（2）定额法有利于进行产品成本的日常分析和考核。由于产品实际成本是按照定额成本和各种差异分别核算的，因此便于对各项生产耗费和产品成本进行定期分析、考核，有利于进一步挖掘降低成本的潜力。

（3）定额法有利于提高成本的定额管理水平。采用定额法，离不开定额成本的制定、脱离定额差异和定额变动差异的计算、确定，这样，能够及时发现定额管理中的问题，提高定额管理水平。

（4）定额法有利于各项差异在完工产品和在产品之间的分配。在定额法下，由于有现成的定额成本资料，使各种差异、费用能够较为合理、方便地在完工产品与月末在产品之间进行分配。

尽管定额法有很多优点，但也有它不足的一面。首先，采用定额法计算产品成本要比采用其他方法的核算工作量大，因为采用定额法必须制定定额成本，单独核算脱离定额的差异，在定额变动时还必须修订定额成本，计算定额变动差异；其次，定额法必须应用于定额管理制度比较健全、产品比较定型而且消耗定额比较稳定的企业。

 **知识归纳**

产品成本计算辅助方法比较，如表4-55所示。

表4-55 产品成本计算辅助方法比较

成本计算方法	基本特点	适用范围
分类法	以产品类别作为成本计算对象，将生产费用先按产品类别进行归集，计算各类产品成本，然后再按照一定的分配标准在类内各种产品之间进行分配，来计算各种产品的成本	适用于产品的品种规格多，但每类产品的结构、所用原材料、生产工艺过程都基本相同的企业
定额法	以预先制定的产品定额成本为基础，加上或减去脱离成本定额差异以及定额变动差异来计算产品的实际成本	适用于管理工作的基础比较好，定额管理的制度比较健全，产品的生产已经定型，各项消耗定额比较准确、稳定的企业

产品成本计算方法的实际运用

产品成本计算的基本方法有三种：品种法、分步法、分批法；辅助方法有两种：分类法和定额法。尽管这几种成本计算方法都有各自的适用范围，但在实际工作中，在同一个企业里或在同一个车间里，由于其生产特点和管理要求并不完全相同，这样，实际采用的成本计算方法往往不只是某一种方法，可能同时采用几种成本计算方法进行成本计算。有时在生产一种产品时，在该产品的各个生产步骤以及各种半成品、各成本项目之间的结转，其生产特点和管理要求也不一样，这样，在生产同一种产品时，就有可能同时采用几种成本计算方法计算产品成本。

1. 几种成本计算方法可以同时采用

在一个制造业企业中，不同的生产车间同时采用几种成本计算方法的情况是很多的。制造业企业一般都有基本生产车间和辅助生产车间。基本生产车间生产的产品要计算成本，辅助生产车间为基本生产车间制造的工具、模具等也要计算成本，但基本生产车间和辅助生产车间的生产类型往往不同，因此采用的成本计算方法也往往不一样。例如，纺织厂的纺纱和织布等基本生产车间，一般属于多步骤的大量生产，应该采用分步法计算半成品纱和产成品布的成本，而厂内的供水、供电等辅助生产车间，属于单步骤的大量生产，则应采用品种法计算成本。这样，就一个企业来讲，同时采用了不同的成本计算方法。

一个企业的基本生产车间和辅助生产车间的生产类型即使相同，由于管理要求不一样，也可以采用不同的成本计算方法。例如，发电厂的基本生产车间——发电车间和辅助生产车间——供水车间，都是单步骤的大量生产，均可采用品种法计算成本。由于供水不是企业的主要产品，如果企业规模很小，也可以不单独计算供水的成本。

2. 几种成本计算方法结合应用

在实际工作中，即使是一种产品，各个生产步骤的各种半成品、各个成本项目之间的结转，其生产特点和管理要求也不一定一样，因而也有可能把几种成本计算方法结合起来应用。

（1）一种产品可能结合采用几种成本计算方法。一种产品的不同生产步骤，由于生产特点和管理要求的不同，可以采用不同的成本计算方法。例如，小批、单件生产的机械厂，铸工车间可以采用品种法计算铸件的成本；加工装配车间可采用分批法计算各批产品的成本；而在铸工和加工装配车间之间，则可采用逐步结转分步法结转铸件的成本；如果在加工和装配车间之间要求分步骤计算成本，但加工车间所产半成品种类较多，又不外售，不需要计算半成品成本，那么，在加工和装配车间之间则可采用平行结转分步法结转成本。这样，该厂就在分批法的基础上，结合采用了品种法和分步法；在分步法中还结合采用了逐步结转和平行结转的方法。

在构成一种产品的不同零部件之间，也可采用不同的成本计算方法。例如，机械厂所产产品的各种零、部件，其中不外销的专用件，不要求单独计算成本；经常外销的标准件以及各种产品通用的通用件，则应按照这些零、部件的生产类型和管理要求，采用适当的成本计算方法并单独计算成本。

另外，在一种产品的各个成本项目之间，也可采用不同的成本计算方法。例如，钢铁厂产品的原料成本，占全部成本的比重较大，又是直接计入费用，应该采用分步法，按照产品的品种和生产步骤设立明细账计算成本；其他成本项目，则可结合采用分类法，按照产品类别设立成本明细账归集费用，然后按照一定的系数分配计算各种产品的成本。又如，机械厂产品的原材料费用占全部成本的比重较大，如果定额资料比较准确、稳定，可以采用定额法计算成本；其他成本项目，则可采用其他方法计算成本。

（2）成本计算的分类法和定额法一般均应与基本方法结合应用。成本计算的分类法和定额法，是为简化成本计算工作或加强成本管理而采用的。这两种方法与生产类型的特点都没有直接的联系，可以应用在各种类型的生产，但必须与各该类型生产中所采用的基本成本计算方法结合起来，即与品种法、分批法或分步法相结合，不能单独采用。例如，生产无线电元件的制造业企业由于产品的品种、规格较多，又可以按照一定的标准分为若干类别，因而可以在所采用的基本成本计算方法的基础上，结合采用分类法计算产品成本；又如，在大量、大批、多步骤生产的机械制造业企业中，如果定额管理的基础比较好，产品的消耗定额比较准确、稳定，可以在所采用的分步法的基础上结合采用定额成本法计算产品成本。

企业的生产情况比较复杂，管理要求多样，这样就使得企业所采用的成本计算方法也是多种多样的。重点要掌握产品成本计算的基本方法，特别是最基本的方法——品种法，在具体的实际应用时，结合企业实际情况，灵活运用。

【任务评价】

请在表4-56中客观填写每一项工作任务的完成情况。

表4-56 任务评价表

任务	知识掌握	能力提升	素质养成
任务4.1 品种法			
任务4.2 分步法			
任务4.3 分批法			
任务4.4 分类法和定额法			

备注：任务评价以目标完成百分比表示，目标全部达成为100%，依次递减。

项目小结

德育导行：我对成本有话说——废品损失

本部分结合企业的实例，全面、系统地阐述了产品成本计算的基本方法：品种法、分批法、分步法。同时还详细阐述了分类法和定额法等辅助方法的应用。

品种法是一种最基本、最有代表性的产品成本计算方法。它是以产品品种作为成本计算对象来归集生产费用、计算产品成本的一种方法。品种法的主要特点：一是成本计算对象是产品品种；二是成本计算期与会计报告期一致；三是月末一般要将生产费用在完工产品与在产品之间分配。

分步法是以产品的各生产步骤和最后阶段的产成品为成本计算对象，归集生产费用计算产品成本的一种方法。它的基本特点：一是成本计算对象为各加工步骤的各种产品；二是成本计算期与会计报告期一致；三是月末要将生产费用在完工产品与在产品之间进行分配。分步法按照是否要在各步骤之间结转半成品成本，分为逐步结转分步法和平行结转分步法两种。逐步结转分步法的计算特点是各步骤需要计算出半成品成本，并且成本随半成品实物的流转而跟着转移。逐步结转分步法按照各步骤所生产的半成品在下一步骤成本明细账中的反映方式不同，又分为综合结转和分项结转，综合结转又有按计划成本结转和按实际成本结转两种。采用综合结转分步法结转成本时，还要进行成本还原，成本还原方法有还原分配率还原法和产品成本项目比重还原法。平行结转分步法并不计算各步骤半成品成本，只计算各步骤所发生的费用应计入产成品的份额，最后将这些份额加总计算出产成品的成本。

分批法是以产品的批别作为成本计算对象来归集生产费用计算产品成本的一种方法。批量生产往往是根据订单组织进行的，因此分批法也称为订单法。分批法的特点：一是以产品批别作为成本计算对象；二是成本计算期与生产周期一致，但与会计报告期不一致；三是在月末一般不需要计算在产品成本。在小批或单件生产的企业，若在同一月份内投产的产品批数很多，为了简化各种间接费用在各批产品之间分配的工作量，也可以采用简化分批法计算产品成本，这种方法的特点是平时对发生的人工费用和制造费用等间接费用进行累加，直到有完工产品那个月份才按照完工产品累计生产工时比例，将累计的间接费用在各批完工产品与在产品之间进行分配。

除此之外，还有一些可与这些基本方法结合使用的成本计算方法。例如，采用品种法计算成本，在产品品种、规格繁多的情况下，为了简化成本计算工作，可以先将产品划分为若干类别，分别计算各类别产品成本，然后在各个类别内部采用一定的分配标准，计算出各种产品的成本，这种方法称为分类法。在定额管理制度比较健全的企业中，为了加强成本的定额控制，还可以以定额成本为基础，计算产品的实际成本，这种方法称为定额法。

需要指出的是，由于企业生产情况错综复杂，在实际工作中，各种成本计算方法往往是同时使用或结合使用的。这主要取决于企业的生产特点，其目标是力求达到既要正确计算产品成本，又要简化成本的核算工作。

思维导图总结如图 4-9 所示。

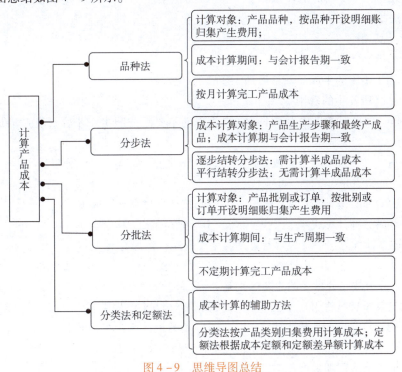

图 4-9 思维导图总结

聚焦赛证

项目四赛证链接

对接竞赛
《会计技能竞赛》

1. 能够运用品种法计算产品成本，编制产品成本计算单。

2. 能够运用逐步综合结转分步法、分项结转分步法计算产品成本，编制产品成本计算单。

对接 X 证书
《业财税融合成本管控职业技能等级标准》

工作领域：生产业务核算

初级任务：产品成本计算方法应用

1. 能根据品种法，计算产品成本并进行会计处理。

2. 能根据分批法，计算产品成本并进行会计处理。

3. 能根据分步法，计算产品成本并进行会计处理。

项目练习

课后导思：计算产品成本

一、单项选择题

1. 企业生产类型的特点对产品成本计算的影响，主要表现为（　　　）。

A. 企业的生产规模　　　　　　　　　B. 产品成本计算对象

C. 材料费用的分配方法　　　　　　　D. 产品成本计算的日期

2. 产品成本计算方法中最基本的方法是（　　　）。

A. 分类法　　　　　B. 分步法　　　　　C. 品种法　　　　　D. 定额法

3. 品种法的成本计算对象是（　　　）。

A. 各产品品种

B. 产品的批别

C. 每个加工步骤的半成品及最后加工步骤的产成品

D. 生产产品所发生的费用

4. 在大量、大批、多步骤生产下，如果管理上不要求按照生产步骤计算产品成本，也可以采用（　　　）计算产品成本。

A. 品种法　　　　　B. 分类法　　　　　C. 分批法　　　　　D. 分步法

5. 分批法的特点是（　　　）。

A. 按产品订单计算成本　　　　　　　B. 按产品批别计算成本

C. 按照产品品种计算成本　　　　　　D. 按车间来计算成本

6. 下列成本计算方法中，成本计算期与生产周期一致的有（　　　）。

A. 分步法　　　　　B. 分批法　　　　　C. 分类法　　　　　D. 品种法

7. 简化的分批法与分批法的主要区别是（　　　）。

A. 分批核算原材料费用　　　　　　　B. 不分配间接费用

C. 不分批计算完工产品成本　　　　　D. 不分批计算在产品成本

8. 采用简化的分批法，产品生产完工之前，产品成本明细账（　　　）。

A. 只登记直接费用和生产工时

B. 只登记原材料费用

C. 只登记间接费用，不登记直接费用

D. 不登记任何费用

9. 分批法适用于（　　）。

A. 大量生产　　　　　B. 大批生产　　　　　C. 多步骤生产　　　　　D. 小批生产

10. 管理上要求分步计算半成品成本时，应当采用（　　）。

A. 分类法　　　　　　　　　　　B. 平行结转分步法

C. 分批法　　　　　　　　　　　D. 逐步结转分步法

11. 分步法的主要特点是（　　）。

A. 按生产步骤计算产品成本

B. 分车间计算产品成本

C. 需要分别计算各步骤半成品成本和最后步骤的产成品成本

D. 需要计算各步骤应计入产成品成本的份额

12. 产品成本计算的分步法包括（　　）两种方法。

A. 实际成本结转和计划成本结转　　　　B. 逐步结转和平行结转

C. 综合结转和分项结转　　　　　　　　D. 分步结转和成本还原

13. 在综合结转分步法下，如果企业成本管理需要，对完工产品所耗用的上一步骤半成品的综合成本还要进行（　　）。

A. 计划成本计算　　　　　　　　B. 成本还原

C. 实际成本计算　　　　　　　　D. 成本分析

14. 成本还原是指从（　　）一个生产步骤开始，将本步骤耗用上一步骤自制半成品的综合成本，按照上一步骤完工半成品的成本构成，逐步还原为按原始成本项目反映的成本。

A. 最前　　　　　　B. 最后　　　　　　C. 中间　　　　　　D. 任意

15. 在分步法中，各步骤半成品已经转移，但其成本不结转的成本结转方式是（　　）。

A. 逐步结转　　　　B. 平行结转　　　　C. 分项结转　　　　D. 综合结转

16. 采用逐步综合结转方式，当上一步骤完工的半成品全部转入下一步骤继续加工时，上一步骤成本计算单中完工产品成本与下一步骤成本计算单中自制半成品项目本月的发生额关系是（　　）。

A. 前者大于后者　　　　　　　　B. 后者大于前者

C. 两者必然相等　　　　　　　　D. 没有必然联系

17. 某产品经三个步骤加工完成，成本计算采用逐步结转分步法进行，需要进行（　　）次成本还原。

A. 2　　　　　　　　B. 3　　　　　　　　C. 1　　　　　　　　D. 4

18. 采用平行结转分步法，第二生产步骤的广义在产品不包括（　　）。

A. 第一生产步骤正在加工的在产品　　　B. 第二生产步骤正在加工的在产品

C. 第二生产步骤完工入库的半成品　　　D. 第三生产步骤正在加工的在产品

19. 下列方法中，既是产品成本计算方法，又是成本控制方法的是（　　）。

A. 分批法　　　　　　B. 分类法　　　　　　C. 分步法　　　　　　D. 定额法

20. 在产品品种、规格繁多，又可按一定要求和标准划分为若干类别的企业或车间，产品成本计算一般可以采用（　　　）。

　　A. 分步法　　　　　　B. 分批法　　　　　　C. 分类法　　　　　　D. 定额法

21. 采用分类法的目的在于（　　　）。

　　A. 准确计算各种产品成本　　　　　　　B. 简化各种产品成本的计算工作

　　C. 简化各类产品成本的计算工作　　　　　D. 分类计算产品成本

22. 定额法的目的是（　　　）。

　　A. 加强成本的定额管理与控制　　　　　B. 简化计算工作

　　C. 计算产品的定额成本　　　　　　　　D. 计算产品的实际成本

23. 原材料脱离定额的差异是（　　　）。

　　A. 价格差异　　　　　　　　　　　　　B. 数量差异

　　C. 一种定额变动差异　　　　　　　　　D. 原材料成本差异

24. 定额法的缺点是（　　　）。

　　A. 不便于成本分析、考核　　　　　　　B. 只适用于大量大批生产

　　C. 只适用连续式生产　　　　　　　　　D. 核算工作量较大

25. 某种产品由三个生产步骤形成，采用逐步结转分步法计算成本。本月第一生产步骤转入第二生产步骤的生产费用为3 300元，第二生产步骤转入第三生产步骤的生产费用为5 200元。本月第三生产步骤发生的加工费用为3 400元，第三生产步骤月初在产品费用1 000元，月末在产品费用为900元。本月该种产品的完工产品成本为（　　　）元。

　　A. 12 000　　　　　　B. 8 700　　　　　　C. 7 700　　　　　　D. 3 500

二、多项选择题

1. 品种法适用于（　　　）。

　　A. 大量生产

　　B. 成批生产

　　C. 单步骤生产

　　D. 管理上不要求分步计算成本的多步骤生产

2. 产品成本计算的基本方法有（　　　）。

　　A. 品种法　　　　　　B. 分批法　　　　　　C. 分步法　　　　　　D. 分类法

3. 产品成本计算的辅助方法包括（　　　）。

　　A. 定额比例法　　　　B. 系数法　　　　　　C. 分类法　　　　　　D. 定额法

4. 品种法的成本计算程序包括（　　　）。

　　A. 按品种开设基本生产成本明细账归集生产费用

　　B. 归集并分配辅助生产费用

　　C. 归集并分配制造费用

　　D. 月末将归集的生产费用在完工产品与在产品之间分配

5. 下列属于品种法特点的是（　　　）。

　　A. 以产品品种为成本计算对象　　　　　B. 成本计算期与生产周期一致

　　C. 一般在月末计算产品成本　　　　　　D. 需要开设生产成本二级账

6. 产品成本计算的分批法适用于（　　　）。

　　A. 单件、小批量生产

B. 大量、大批、多步骤生产

C. 大量、大批、单步骤生产

D. 小批量、管理上不要求按生产步骤计算产品成本的多步骤生产

7. 分批法的主要特点有（　　）。

A. 以产品的批别或订单作为成本计算对象

B. 把产品的生产周期作为成本计算期

C. 月末通常不需要将生产费用在完工产品和在产品之间进行分配

D. 月末通常需要将生产费用在完工产品和在产品之间进行分配

8. 分批法与品种法的主要区别是（　　）。

A. 成本归集的对象不同　　　　　　　B. 生产周期不同

C. 成本计算期不同　　　　　　　　　D. 会计核算期间不同

9. 采用分批法计算产品成本，如果批内产品跨月陆续完工，（　　）。

A. 可以在有完工产品时先计算完工产品成本

B. 月末不需要在完工产品和在产品之间分配生产费用

C. 月末需要在完工产品和在产品之间分配生产费用

D. 月末需要计算完工产品成本和在产品成本

10. 采用简化的分批法，须具备的条件有（　　）。

A. 同一月份投产的产品批数较多

B. 同一月份投产的产品批数较少

C. 大量、大批、单步骤生产或管理上不要求分步计算成本的多步骤生产

D. 小批、单件、单步骤生产或管理上不要求分步计算成本的多步骤生产

11. 在简化的分批法下，某批产品完工以前，该批产品的成本明细账上只需按月登记（　　）。

A. 直接材料费用　　　　　　　　　　B. 间接费用

C. 生产工时　　　　　　　　　　　　D. 全部产品累计间接费用分配率

12. 采用简化的分批法，各月（　　）。

A. 只对完工产品分配间接费用

B. 只计算完工产品成本

C. 不计算在产品成本

D. 将间接费用在各批产品之间进行分配

13. 采用逐步结转分步法，（　　）。

A. 半成品成本随同实物同步结转到下一步骤

B. 成本核算手续简便

C. 能够提供半成品成本资料

D. 为对外销售半成品和对各车间成本指标考核提供成本资料

14. 分步法主要适用于大量、大批、多步骤生产，如（　　）等企业。

A. 纺织　　　　　　　　　　　　　　B. 钢铁

C. 机器制造　　　　　　　　　　　　D. 发电

15. 逐步结转分步法按照半成品成本在下一步骤产品成本明细账中反映形式的不同，可分为（　　）等方法。

A. 分项结转　　　　　　　　　　B. 综合结转

C. 单项结转　　　　　　　　　　D. 多项结转

16. 逐步结转分步法的特点是（　　　）。

A. 各步骤半成品成本都需要计算　　B. 半成品成本随同实物一同结转

C. 期末在产品是狭义的在产品　　　D. 期末在产品是广义的在产品

17. 平行结转分步法的特点是（　　　）。

A. 各步骤半成品成本不随半成品实物的流转而结转

B. 各步骤半成品成本随着半成品实物的流转而结转

C. 将各步骤应计入产成品成本的份额平行结转，汇总计算产成品的成本

D. 各步骤不计算半成品成本，只计算本步骤所发生的生产费用

18. 平行结转分步法适用的情况是（　　　）。

A. 半成品对外销售

B. 半成品不对外销售

C. 管理上要求提供各步骤半成品成本资料

D. 管理上不要求提供各步骤半成品成本资料

19. 平行结转分步法下，广义的在产品包括（　　　）。

A. 全部加工中的在产品和半成品

B. 尚在本步骤加工中的在产品

C. 完成本步骤加工已存入半成品库的半成品

D. 已从半成品库转入以后各步骤进一步加工、尚未最后完工的产品

20. 采用定额法计算产品成本，产品的实际成本由（　　　）等组成。

A. 定额成本　　　　　　　　　　B. 脱离定额差异

C. 材料成本差异　　　　　　　　D. 定额变动差异

三、判断题

1. 生产特点和管理要求对产品成本计算的影响主要表现在成本计算对象的确定上。（　　　）

2. 多步骤生产按产品加工方式的不同，可以分为连续式多步骤生产和装配式多步骤生产。

（　　　）

3. 成本管理的要求直接影响成本计算方法。（　　　）

4. 品种法一般适用于大量、大批、多步骤生产的情况。（　　　）

5. 简化的分批法是不分批计算在产品成本的分批法。（　　　）

6. 任何企业都可以采用定额比例法在完工产品和月末在产品之间分配生产费用。（　　　）

7. 品种法的成本计算期与会计期间一致。（　　　）

8. 一个企业可以以一种成本计算方法为主，再结合其他成本计算方法综合应用。（　　　）

9. 逐步结转分步法和平行结转分步法在完工产品成本的计算程序上是一致的。（　　　）

10. 逐步结转分步法也称作不计算半成品成本的分步法。（　　　）

11. 成本还原改变了产成品成本的构成，但不会改变产成品的成本总额。（　　　）

12. 采用逐步结转分步法计算成本，如果半成品成本是综合结转的，就必须进行成本还原。

（　　　）

13. 在分步法下，各步骤期末在产品都是指广义在产品。（　　　）

14. 分类法不是一种独立的成本计算方法，必须与三种基本成本计算方法相结合使用。

（　　　）

15. 生产车间领用的材料，全部计入"直接材料"成本项目。 （   ）

16. 采用品种法计算产品成本，月末如果没有在产品或者在产品数量很少且其金额不大，也可以不计算在产品成本。 （   ）

17. 如果一张订单规定有几种产品，在分批法下可以按产品品种分批组织生产。 （   ）

18. 综合结转分步法能够提供各个生产步骤的半成品成本资料，而分项结转分步法则不能提供。 （   ）

19. 在简化的分批法下，各批产品间接计入费用累计数，除以各批产品的累计工时数，即为累计分配率。它是计算已完工产品应负担的间接计入费用的依据。 （   ）

20. 定额变动差异是指由于修订定额或生产耗费的计划价格而产生的新、旧定额之间的差额。 （   ）

四、实务训练

实务训练 1

1. 目的：采用品种法计算产品成本。

2. 资料：

丰华制造厂设有一个基本生产车间，大量生产甲、乙两种产品。企业根据生产特点和管理要求，采用品种法计算产品成本，月末在产品完工程度为 50% 。原材料在生产开始时一次投入。该企业 20×× 年 10 月份甲产品有期初在产品成本，而乙产品期初无在产品。

甲产品期初在产品成本如表 4 – 57 所示。

表 4 – 57　月初在产品成本

20×× 年 10 月　　　　　　　　　　　　　　　　　单位：元

产品名称	直接材料	直接人工	制造费用
甲产品	13 200	4 600	1 200

本月发生的生产费用，包括材料费用、职工薪酬及制造费用等，如表 4 – 58 和表 4 – 59 所示。

表 4 – 58　材料费用表

20×× 年 10 月　　　　　　　　　　　　　　　金额单位：元

领料用途	共同耗用 材料	材料定额 耗用量（千克）
甲产品		4 000
乙产品		2 500
小计	66 300	6 500

表 4 – 59　职工薪酬及制造费用表

20×× 年 10 月　　　　　　　　　　　　　　　　　单位：元

部　　门	应付职工薪酬（工资）	制造费用
产品生产工人	16 800	
生产车间总费用		6 300
合　　计	16 800	6 300

生产工人工资和制造费用按实际工时比例分配。甲产品实际生产工时 26 000 工时，乙产品实际生产工时 16 000 工时。

甲产品本月完工 2 100 件，期末在产品 1 500 件，完工产品和在产品的费用分配采用约当产量比例法；乙产品本月完工 1 000 件，无期末在产品。

3. 要求：

（1）分别编制材料费用分配表、职工薪酬、制造费用分配表。

（2）计算完工产品成本。

（3）编制完工产品入库的会计分录。

实务训练 2

1. 目的：练习逐步结转分步法下综合结转的成本还原。

2. 资料：

某种产品某月部分成本资料如表 4－60 所示。

表 4－60　某产品某月部分成本资料

单位：元

成本	半成品	直接材料	直接工资	制造费用	成本合计
还原前产成品成本	6 048		2 400	3 700	12 148
本月所产半成品成本		2 600	1 100	1 340	5 040

3. 要求：

（1）计算成本还原分配率（保留一位小数）。

（2）对产成品成本中的半成品费用进行成本还原。

（3）计算按原始成本项目反映的产品成本如表 4－61 所示（列出算式）。

表 4－61　产品成本还原计算表

单位：元

项　目	自制半成品	直接材料	直接工资	制造费用	合计
还原前产成品成本					
本月所产半成品成本					
还原分配率					
产成品成本中半成品成本还原					
还原后产成品总成本					

项目5 管理控制成本

知识目标

◇ 掌握成本预测的内容与步骤，理解成本预测的定性分析法与定量分析法。

◇ 掌握成本决策的步骤方法、成本预算的编制方法。

◇ 理解成本控制的基本原则程序及手段方法。

◇ 理解成本报表的作用、种类和编制要求及分析要点。

◇ 掌握产品生产成本表、主要产品单位成本表、制造费用明细表等报表的结构和内容。

本项目知识图谱

课前导引：
成本预测

能力目标

◇ 能够运用定量预测法对过去的历史资料进行科学的处理与加工，借以揭示有关因素和变量之间的数量关系，以此进行成本预测。

◇ 能够据企业的经营战略方案及企业内外经营环境的状况确定企业的决策方法。

◇ 能够熟练运用固定预算法与弹性预算法进行企业的成本预算。

◇ 能熟练掌握并运用成本控制与管理的方法，结合企业实际情况，帮助企业解决管理难题。

◇ 能够编制产品生产成本表、主要产品单位成本表、制造费用明细表等报表，并对主要产品单位成本进行一般分析和成本项目分析。

素质目标

(1) 锻炼学生数据分析和解决问题的能力。

(2) 引导学生权衡各种因素，选择最优方案，培养较强的决策能力和风险意识。

(3) 引导学生学习如何确保数据的准确性和真实性，强化其职业道德和责任感。

【任务导入】

随着中国经济的飞速发展，光华公司紧紧依靠资源优势、投资拉动和廉价的劳动力，始终飞驰在发展的快车道上。它们不断扩张，日益膨胀，在自身利润和资本逐年攀升的同时，却鲜少低头检视和评估自己在市场中真正的竞争力、面对的风险和风险控制能力。金融危机的爆发迫使光华公司纷纷放慢了发展的节奏，企业管理者开始反思：面对可能出现的经济拐点，企业应该如何举措？精细化的成本管理系统如何实现？什么是成本管理的核心？成本管理在企业转型中如何发挥作用？

任务5.1 成 本 预 测

成本预测对于成本管理的成败有着举足轻重的影响。通过成本预测，企业相关经营管理者能够快速分辨投资决策是否可行，及时调整经营管理策略，减少因为未来不确定性造成的经营损失，增加企业盈利机会。

5.1.1 了解成本预测

1. 成本预测的内容

知识导学：成本预测

成本预测涉及宏观经济和微观经济两个方面的内容，但通常人们谈到成本预测时，仅指微观经济方面的内容，即企业成本预测的内容。在这个前提下，成本预测的内容主要包括：

（1）编制成本计划阶段的成本预测。它包括根据企业生产、销售发展情况和生产消耗水平的变化，在测定目标利润的前提下，测算目标成本；根据计划年度各项技术组织措施的实现，测算计划年度可比产品成本降低指标；根据产量与成本相互关系的直线方程式，预测产品成本发展趋势。

（2）在计划实施过程中的成本预测。在成本计划执行过程中，通过分析前一阶段成本计划的完成情况，考虑下一阶段生产技术经济措施的预计效果，预测下一阶段成本计划完成情况，查明与计划成本的差距，以便采取措施，保证完成和超额完成成本计划。

（3）技术经济指标对单位成本影响预测。通过分析主要技术经济指标变动与单位成本的关系，探索其变化发展的规律与因果关系，建立一定的数学模型，预测由于技术经济指标的变化而影响期末单位产品成本水平。

2. 成本预测的原则

成本预测是一个涉及企业生产经营管理活动复杂的动态过程，其中包含许多不受人们控制和状态不确定的因素影响，因此在进行成本预测时，除选择恰当的预测方法外，还应遵循以下几个原则：

（1）系统性原则。进行预测时，应把预测对象看成一个系统，观察系统内外相互联系，从中寻找本质联系，进而找到预测对象的发展趋势。

（2）客观性原则。成本预测结果的正确与否，最关键的是取决于所依据的会计、统计资料是否完整、准确。因此，在进行成本预测之前，必须广泛收集客观、准确的成本资料，并给予认真的审查和处理，尽可能排除会计、统计资料中那些偶然因素对成本的影响，保证资料具有连续性、全面性和一般性，以真实反映成本变化的规律。

（3）适应性原则。成本预测具有一定的局限性，这是因为影响产品成本的许多因素，在实务上，必须十分重视成本管理人员长期积累的实践经验，结合一系列定性预测方法，对定量预测结果给予合理的修正，从而使预测结果尽可能与未来成本发展趋势相一致。

（4）相关性原则。预测结果的准确与否在很大程度上取决于所选择的因素与产品成本之间的相关性。在实务中，当成本与某几个主要影响因素有较为明显的因果关系时，一般采用因果关系模型；当成本受到众多复杂因素影响，而且有些因素是不可控或不明确时，则应采用时间关系模型；当各个生产经营环节上的成本耗费与生产成果之间保持一定数量关系时，则可采用结构关系模型。

技能导练：研决策——
数据采集

（5）时间性原则。预测时期的长短，对预测结果的精确度影响很大。成本预测可以是短期的（月、季），中期的（年），也可以是长期的（三年、五年等）。因此，应把握好成本预测的时间范围，选择恰当的成本预测方法。

（6）多样性原则。在成本预测工作中，要注意研究问题所受的宏观因素、中观因素和微观因素的影响，将内部和外部多种因素结合起来，通盘思考，充分利用多种信息进行科学预测。

3. 成本预测的步骤

成本预测一定要以过去和现在的本企业和国内其他企业同类产品的数据为基础，然后将定量分析法和定性分析法结合运用，依据目前生产技术和经济的发展对企业成本可能产生的影响进行计算、比较和分析，最后做出判断。

成本预测过程可用图 5-1 表示。

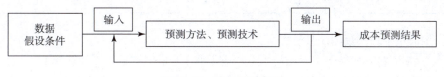

图 5-1　成本预测步骤

成本预测过程包括输入、处理和输出三个环节。输入包括有关的数据、假设条件等；处理是指在预测过程中所用的方法和技术；输出是指预测最终结果。

成本预测通常可按以下步骤进行：

（1）确定预测目标，即根据预测的对象和内容明确规定预测所要达到的目的和范围，这样才能有针对性地搜集有关资料和数据，选择合适的预测方法，规定预测的期限，从而使预测工作有效进行，保证预测的结果符合未来的变动趋势。

（2）搜集相关信息，根据已确定的目标，利用各种手段搜集与预测目标有关的历史资料和现实信息，经过鉴别、取舍、加工、归纳、去伪存真，把各种资料结合起来加以应用，有的资料可绘制成统计图表以便于分析。

（3）提出预测模型，进行预测首先要选择适当的预测模型。预测模型是用数字语言来描述和研究某一经济事件与各个影响因素之间数量关系的公式。然后，利用有关资料，计算出预测公式所需要的参数值。最后根据有关参数值，进行预测。

（4）分析预测误差，修正预测结果由于数学模型有时不可能包括全部复杂的影响预测对象变化的诸种因素，而且有些因素也不可能全部列入模型。这就需要用定性预测方法考虑这些因素，对数学模型所做出的预测结果进行修正，以使其结果更加接近实际。

（5）分析内部、外部的各种影响因素，考虑重大因素的影响为了使预测结果更加完善，必须从实际出发，根据客观形势的发展，考虑内外重大因素的影响，并要对那些不同于过去的影响因素进行分析研究和评定。

5.1.2　了解成本预测的方法

1. 定量分析法

定量分析法是根据历史数据（包括会计、统计、业务核算资料），运用现代数学方法进行科学的加工处理，据以建立反映各有关变量之间规律性联系的各类预测的方法体系。定量分析法按照具体做法的不同，又可分为趋势预测分析法和因果预测分析法两种。

趋势分析法是根据某项指标按时间顺序排列的历史数据，运用一定的数学方法进行加工计算，借以推测未来发展变化趋势的方法。它的实质就是承认事物发展的连续性，并把未来视为事物的延伸。例如简单平均法、指数平滑法等。

（1）简单平均法。简单平均法是通过计算以往若干时期成本的简单平均数，作为对未来的成本预测数，其计算公式如下：预计成本值 = 各期成本值之和 ÷ 期数

【例5-1】光华公司拥有明显的资源优势，20××年第一、二季度各月的某产品实际成本资料如下：

表5-1　20××年1—6月的某产品实际成本资料　　　　　单位：万元

月份	1	2	3	4	5	6
实际成本	1 000	1 200	1 180	1 150	1 170	1 140

要求：用简单平均法预测7月份成本。

根据表5-1资料，如果要求运用简单平均法预测7月的成本数，则计算如下：

$$（1\ 000 + 1\ 200 + 1\ 180 + 1\ 150 + 1\ 170 + 1\ 140）/6 = 1\ 123.33（万元）$$

（2）指数平滑法。指数平滑法是通过导入平滑系数对本期实际成本和本期的预测成本进行加权平均，并将其作为下期的预测成本。

2. 因果预测分析法

因果预测分析法则是从某项指标与其他有关指标之间的规律性联系中进行分析研究。它的实质是利用事物内部因素发展的因果关系来预测事物发展的趋势。例如投入-产出法、回归分析法等。

（1）投入-产出法。投入-产出法是由美国经济学家瓦西里·列昂节夫于20世纪30年代提出的，是根据矩阵代数原理建立的一种投入-产出关系模型，主要用于研究国民经济体系中各部门物资消耗投入和产出之间相互依存关系的一种平衡分析方法。

技能导练案例：初创型
企业成本管理应用

（2）回归分析法。回归分析法是一个统计学线性模型，用于计量一个或多个自变量每变动一个单位导致因变量发生变动的平均值。

3. 定性分析法

这种方法主要是建立在预测者具有丰富实际经验和广泛科学知识的基础上，依靠主观判断和综合分析能力来推断事物的性质和发展趋势的分析方法，亦称直观判断预测法或简称直观法。它一般是在企业缺少完备、准确的历史资料或难于定量分析时应用。例如，座谈会法、专家预测法等。应该指出，定量预测法与定性预测法并不是相互排斥，而是可以相互补充的。要注意把它们正确地结合起来使用，即在定量分析的基础上，考虑定性预测的结果，综合确定预测值，从而使最终的预测结果更加接近实际情况。

知识拓展

为什么要建立保持制造业合理比重投入机制

《中共中央关于进一步全面深化改革　推进中国式现代化的决定》提出："建立保持制造业合理比重投入机制，合理降低制造业综合成本和税费负担。"这是从制造业是立国之本、强国之基的战略高度，对推动制造业高质量发展、夯实实体经济根基作出的重要制度安排。其重要性紧迫性可以从两个方面理解。

第一，制造业是实体经济的主体，是一个国家实现现代化和成为经济强国的基础。保持制造业合理比重，就是要将制造业增加值在国内生产总值中的占比维持在一个合理区间，为国民经济持续健康发展提供基础性、全方位支撑。保持制造业合理比重投入，是指促进劳动、资本、土地、知识、技术、管理、数据等要素有效向制造业聚集，促进制造业保持合理比重。第二，我国制造业发展面临新形势新挑战。制造业不仅是我国国民经济的支柱，也是我国参与国际竞争、立于不败之地的底气和本钱。制造业稳定投入机制不健全、综合成本高是制约制造业保持合理比重的重要因素，主要有金融支持不足，税费负担偏重，产业人才有缺口，制造业同房地产、金融等行业的成本收益关系不合理，资源要素存在"脱实向虚"的倾向等。此外，我国制造业在全球产业分工中总体上仍处于价值链中低端，在一些重要细分领域存在短板，关键核心技术存在"卡脖子"问题。我国保持制造业合理比重既重要而紧迫，又有很大潜力和空间。

课后导思：成本预测

任务5.2　成　本　决　策

成本决策是企业经营决策的重要内容之一。成本决策渗透到企业的各个领域，零部件的自制还是外购、亏损产品是否应该停产，企业是否应该扩大生产规模等这些都需要进行成本决策。

课前导引：1分钟趣味
动画说成本管理

5.2.1　认识成本决策

1. 决策成本

决策成本是指与决策有关的一些成本概念。这些成本概念同企业传统的成本数据，既有区别，又有联系。它们一般无须记录在凭证和账本上，而只是在决策过程中为了分析评价不同备选方案需要加以考虑的因素，主要包括：沉没成本、重置成本、差别成本、机会成本、付现成本等。现分述如下：

知识导学：成本决策

（1）沉没成本。沉没成本是指那些由于过去的决策所引起，并已经支付款项而发生的成本。这类成本一般都是过去已经发生，当然就无法由现在或将来的经济决策所能变更的成本，亦可称为"旁置成本"，或"沉入成本"。

例如，根据任务资料，光华公司不断扩张，因而有报废零件20 000元，如再行加工，需要支出2 000元，但可售得6 000元；如将该批零件不经加工直接处理，则只售得1 000元。由于报废零件，不管是否进行修复，总归是一项损失，它属于沉没成本。在决策时，对沉没成本可以不予考虑，只要按净收入大小来决定不同方案的优劣。本例废品修复后出售可得净收入4 000（即6 000~2 000）元，如直接处理报废只能售得净收入1 000元。两者相比，显然前一方案较优。正由于这类成本一经支付就一去不复返，因而即使在账簿上记录了该项成本，但是在分析未来经济活动并做出决策时则无须加以考虑。

（2）重置成本。重置成本是指目前从市场上购买同一项原有资产所需支付的成本，亦称为"现时成本"。这一概念常常用于产品定价决策以及设备以旧换新的决策。例如：光华公司某一库存商品的单位成本为25元，重置成本为27元，共1 000件，现在有一客商准备以单价26元购买全部该种库存商品，如果只按库存成本考虑，每件可获利1元，共计1 000元，但如

技能导练案例：新时代
数字化技能辅助成本决策

果该公司销售的目的是重新购进，则在此应该考虑的是重置成本而不是库存成本，按重置成本计算，该公司将亏损 1 000 元。

（3）差别成本。差别成本是指两个不同方案的预计未来成本差别。例如，如果光华公司投产甲产品的预计总成本为 2 万元，而投产乙产品的预计总成本为 3 万元，那么两种投资方案的差别成本为 1 万元。

（4）机会成本。机会成本是指在经济决策过程中，因选取某一方案而放弃另一方案所付出的代价或丧失的潜在利益。企业资源在短期内是既定，因此要把准备放弃方案可能取得的利益看作是将被选取方案的机会成本加以考虑，才能对被选中方案的经济效益做出正确评价。例如，光华公司有机器一台，可用于本厂生产也可出租给另一工厂而收取租金，则这台机器继续用于生产的机会成本就是失去的租金收益。成本决策要求被选取方案的收益必须大于机会成本，否则所选中的方案就不是最优的。

（5）付现成本。付现成本是指所确定的某项决策方案中，需要以现金支付的成本。例如，如果公司需要购进某设备有两个方案，方案一是一次性动用现金 10 万元付款购买，方案二是用旧设备贴换，只需动用 6 万元现金支付，那么，方案一的付现成本为 10 万元，方案二的付现成本为 6 万元。

2. 成本决策的步骤

成本决策取决于四个基本要素：正确的决策目标、正确的决策原则、优秀的决策者、科学的决策程序。前三个基本要素贯穿于整个决策过程。成本决策的步骤如图 5-2 所示。

（1）提出问题，明确决策目标进行成本决策，首先要弄清楚这项决策究竟要解决什么问题。例如，某产品发生亏损要不要停产，停产后对企业利润有什么影响？假如工厂生产能力有剩余，国外有一客户要求订货，但出价低于生产成本，要不要接受这项一次性订货？

（2）广泛搜集资料决策分析要从实际出发，拟订方案后应以全面准确的信息为依据。为此必须通过调查，搜集资料。资料准确完备，才能有把握地拟订方案，成功的可能性就大。要获得准确、全面、及时、适用的资料，一方面要搜集历史资料，另一方面要调查搜集第一手资料，加以汇总整理使之系统化。为此，应建立信息网络，保证提供决策必需的信息。

（3）针对决策目标提出若干可行的备选方案为实现成本决策目标，可提出若干种备选方案。每种备选方案必须是技术上先进，经济上合理，同时在提出方案时，要注意实事求是，量力而行，扬长避短，力戒浮夸，务使现有的人力、物力和财力的资源都能得到最合理、最充分的利用。

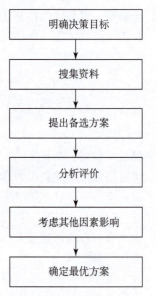

图 5-2 成本决策的步骤

（4）分析计算评价每一种方案有优点也会有缺点，成本决策就是要测定哪一种备选方案有更多的优点。但是，如果各方案的优缺点只有文字说明，则进行分析评价就很困难。为此，在确定可行备选方案的基础上，要进行定量分析，进一步反复计算，以选择最优方案。

（5）考虑其他非计量因素的影响根据上一步骤的初步评价，再结合计划期间各种非计量因素的影响。例如国际和国内政治经济形势的变动，以及人们心理、习惯的改变等等因素，严密地、逐一地加以考虑。

（6）确定最优方案根据各个备选方案的经济效益的大小进行筛选，从而确定哪个方案最优，供管理当局参考。

5.2.2 了解成本决策的方法

成本决策所采用的专门方法，因决策的具体内容和掌握资料的不同而各有所异。但其最常用的专门方法有差量分析法、本量利分析法、线性规划法、非线性方程式法这四种。

（1）差量分析法。这里的差量是指不同备选方案之间的差别。这一方法适用于同时涉及成本和收入的方案的决策分析。它是根据差别利润作为最终评价指标，以决定方案取舍的一种方法。

差量分析法的基本内容，就是以两个备选方案的差量收入与差量成本进行比较，若差量收入大于差量成本，即取得差量利润，则前一方案是较优的；相反，若差量收入小于差量成本，即差量利润为负数，那么后一方案较优。成本决策中常常用这种方法。

【例5-2】光华公司有一台机器既可以生产甲产品，也可以生产乙产品，有关数据见表5-2。

表5-2 产品的销售情况

项目	甲产品	乙产品
预计销售量（件）	9 000	7 000
预计销售单价（元）	30	25
单位变动成本（元）	20	15

要求：运用差量分析法，对企业生产何种产品进行决策分析

在【例5-2】中，甲、乙产品的差量收入 = 9 000 × 30 – 7 000 × 25 = 95 000（元）

差量成本 = 9 000 × 20 – 7 000 × 15 = 75 000（元）

差量利润 = 95 000 – 75 000 = 20 000（元）

生产甲产品比生产乙产品可多获利润20 000元，因而生产甲产品对企业是有利的。

（2）本量利分析法。本量利分析法是指根据成本无差别点来分析评价方案优劣，进而据以进行决策的一种方法。该法应用的步骤是：第一步：先建立各方案的预计总成本函数式。第二步：以各方案的成本函数式为基础建立等式，即一元一次方程。第三步：求解方程，计算出成本无差别点。第四步：以成本无差别点为界，进行各相关方案之间的比较与评价，并进一步做出决策。

（3）线性规划法——图解法。线性规划法是稀缺资源最优使用的一种决策方法，专门用来对具有线性联系的极值问题进行求解的一种现代数学方法。在该方法下，应首先确立进行决策的目标函数，然后根据约束条件列出所有的约束线性方程组。求解该方程组可以采用单纯形法，也可以采用图解法，这里仅介绍图解法。图解法就是在坐标图中画出目标函数和各约束线性方程，并找出各约束线性方程的交叉点，确定可行性区域，然后移动目标函数线，可得一组平行的等目标函数线。如果求极大值，等目标函数线应该从坐标原点向外移，如果求极小值，等目标函数应该从外向坐标原点移，目标函数最后离开可行性区域的交叉点就是最优点。

【例5-3】光华公司拥有强大的生产能力，生产甲、乙两种型号的组合柜，每种柜的制造白坯时间、油漆时间及有关数据见表5-3。问该公司如何安排这两种产品的生产才能获得最大利润，最大利润是多少？

表 5-3 甲、乙型号组合柜生产情况

工艺 \ 时间产品	甲	乙	生产能力（台时/天）
制白胚时间（台时）	6	12	120
油漆时间（台时）	8	4	64
单位利润（元）	200	240	

设甲、乙产品的日产量分别为 x、y，则约束条件如下：

$$\begin{cases} 6x + 12y \leqslant 120 \\ 8x + 4y \leqslant 64 \\ x \geqslant 0，y \geqslant 0 \end{cases}$$

目标函数为：$\max(P) = 200x + 240y$

利用图形法对上述线性规划问题进行求解，得：

$$x = 4，y = 8$$

可获最大利润 $P = 2\,720$（元）

（4）非线性方程式法。非线性方程式法在成本管理上运用很广，它可以用于最大利润或收入的决策，也可以用于最小成本的决策。有时各决策变量之间存在着多次函数关系，可以通过求导的微积分法进行极大值或极小值的决策。采用该法通常可以先对决策函数微分求一阶导数，并令一阶导数为零，求出各拐点，然后再对一阶导数微分求二阶导数，最后，将各拐点代入二阶导数，如果结果为正，该拐点就是极小值，如果结果为负，该拐点就是极大值。

德育导行

煮蛋的学问

有两家餐厅都卖煮鸡蛋，他们的鸡蛋都一样受欢迎，价钱也一样，但 A 餐厅赚的钱却比 B 餐厅多，旁人大惑不解。成本控制专家对 A 餐厅和 B 餐厅煮蛋的过程进行比较，终于找到了答案：

A 餐厅的煮蛋方式：用一个长宽高各 4 厘米的特制容器，放进鸡蛋，加水（估计只能加 50 毫升左右），盖上盖子，打火，1 分钟左右水开，再过 3 分钟关火，利用余热煮 3 分钟。

B 餐厅的煮蛋方式：打开液化器，放上锅，添进一瓢凉水（大约 250 毫升），放进鸡蛋，盖锅盖，3 分钟左右水开，再煮大约 10 分钟，关火。

你发现了什么不一样的吗？

原来前者起码节约 4/5 的水、2/3 以上的煤气和将近一半的时间，所以 A 餐厅在水和煤气上就比 B 餐厅节省了将近 70% 的成本。

从这小故事，引出一个财务公式：利润 = 收入 - 费用，收入是确定的，但是 A、B 餐厅的成本付出不相同，所以利润不相同。故事中材料是鸡蛋和水，费用是所花费的时间和燃气动力。而我们生产过程中，进行工艺更改，优化生产流程，从而节约材料或生产时间，降低生产成本，使企业提升利润、增强竞争力。

启示：作为成本会计，要深入生产、业务部门，熟悉企业的生产工艺流程和经营过程，了解产品和服务的技术标准和管理标准，为企业选定适用的产品成本核算方法，做好成本预测，锚定降本增效关键点，为成本决策提供可靠的依据。

任务5.3 成本预算

课前导引：成本预算

成本预算是一种系统的方法，用来分配企业的财务、实物及人力等资源，以实现企业既定的战略目标，它将各种经济活动用货币的形式表现出来。在企业的计划和控制中，成本预算是使用有效的工具之一。

5.3.1 了解成本预算

1. 成本预算的分类

（1）狭义的成本预算和广义的成本预算。成本预算有狭义和广义之分。狭义的成本预算仅包括业务预算，而广义的成本预算则包括业务预算、财务预算和专门决策预算。

知识导学：成本预算

业务预算是指为供、产、销及管理活动所编制的，与企业日常业务直接相关的预算，其内容主要包括销售预算、生产预算、直接材料预算、直接人工预算、制造费用预算、管理费用预算、销售费用预算和财务费用预算等。这些预算以实物量指标和价值量指标分别反映企业收入与费用的构成情况。

财务预算是一系列专门反映企业未来一定预算期内预计财务状况和经营成果以及现金收支等价值指标的各种预算的总称，具体包括现金预算、预计利润表、预计资产负债表和预计现金流量表等内容。

专门决策预算是指企业为那些在预算期内不经常发生的、一次性业务活动所编制的预算，主要包括：根据长期投资决策结论编制的与购置、更新、改造、扩建固定资产决策有关的资本支出预算；与资源开发、产品改造和新产品试制有关的生产经营决策预算等。

（2）长期预算和短期预算。根据预算所使用的时间长短，还可以将成本预算划分为长期预算与短期预算。长期预算一般指的是预算适用期在一年以上的预算，内容主要有固定资产购置、长期资金收支预算等，通常都是长期投资方面的预算，亦称"资本支出预算"。相对于长期预算，短期预算的预算期较短，一般都在一年以内或一个经营周期内。它的内容通常为业务预算、财务预算、一次性专门业务预算等。

2. 成本预算的编制原则

（1）目标明确，围绕中心原则。企业在编制全面预算时，要明确自己预算期的经营目标并以此作为编制全面预算的前提，作为考虑问题的出发点。在编制全面预算时，要在确定销售预算的基础上，把其他预算与其相互配合，协调平衡，并体现目标利润的要求，确保目标利润计划的落实。

（2）科学性原则。企业预算编制要具有科学性，具体主要体现在预算收入的预测和安排预算支出的方向要科学，要与企业发展状况相适应，要有利于企业的可持续发展；预算编制的程序设置要科学，合理安排预算编制每个阶段的时间，既以充裕的时间保证预算编制的质量，又要注重提高预算编制的效率；要同时考虑企业的外部环境与内部环境。

（3）稳妥性原则。企业经营目标的实现，受许多变量制约。在确定经营目标、落实预算指标时，应做好预测工作。要广泛搜集各方面的资料，充分估计各种因素，尤其是不确定性因素的影响，遵循谨慎、稳妥性原则。

（4）自上而下全体职工参与的原则。如果各个企业的职工都能参与到预算的制定，在预算的制定过程中提出各自的建议，并能得到合理的采纳。这样不仅能够提高职工参与管理的积极性，也有利于预算的执行，能够对经营目标的实现起到促进作用。

3. 成本预算的编制步骤

企业编制成本预算，一般可以按照"上下结合、分级编制、逐级汇总"的程序进行。

（1）准备相关材料成本预算的编制，首先应搜集、准备好与预算相关的材料。

（2）制定并下达目标企业的董事会或最高管理层根据宏观经济形势、企业的发展战略、内外部环境的变化等情况，对企业在预算周期的发展情况做出初步预测，制定经营目标。

（3）编制上报各预算执行单位根据预算目标与编制政策，结合自身的战略、实际情况、内外部因素变化情况等编制本部门的预算草案，并在规定时间内将预算上报给预算管理委员会。

（4）审查平衡预算管理委员会对各部门上报的预算草案进行初步的审查、汇总、分析，平衡与协商调整各部门的预算草案。

（5）审议批准预算草案经过多次的修正调整后，预算委员会将对预算方案进行讨论，评估预算方案与企业战略、长短期发展目标、预算方针等之间的一致性，对于有异议的项目进行进一步的修订与调整。最终将总体预算方案上报董事会或最高管理层审议，待其审议批准。

（6）下达执行董事会或最高管理层批准通过预算方案后，预算委员会将其层层分解为一系列具体指标，逐级下达到各预算执行部门，在日常经营中贯彻执行。

5.3.2　认识成本预算的编制方法

成本预算的编制方法有固定预算法、弹性预算法、零基预算法、滚动预算法和概率预算法等。

技能导练案例：成熟型
企业成本管理应用

1. 固定预算法

固定预算是根据未来固定不变的业务水平，不考虑预算期内生产经营活动可能发生的变动而编制的一种预算。这种预算用来考核非营利组织和业务水平较为稳定的企业是比较合适的。

2. 弹性预算法

弹性预算亦称变动预算，是固定预算的对称。用弹性预算的方法来编制成本预算时，其关键在于把所有的成本划分为变动成本与固定成本两大部分。变动成本主要根据单位业务量来控制，固定成本则按总额控制。

成本的弹性预算方式如下：

成本的弹性预算 = 固定成本预算数 + $\sum$（单位变动成本预算数 × 预计业务量）

弹性预算可以采用公式法编制，也可以采用列表法编制。

（1）公式法。公式法假定成本与业务量之间存在线性关系，用公式表示为：

$$Y = a + bX$$

其中，Y 为预算成本总额；a 为预算固定成本总额；b 为预算单位变动成本；X 为预计业务量。

【例 5 - 4】光华公司在进行大规模生产前，要进行成本预算，该公司按照 8 000 直接人工小时编制的预算资料见表 5 - 4。

表 5 - 4 预算成本表 单位：元

变动成本	金额	固定成本	金额
直接材料	6 000	间接人工	11 700
直接人工	8 400	折旧	2 900
电力及照明	4 800	保险费	1 450
合计	19 200	电力及照明	1 075
		其他	875
		合计	18 000

试问，采用公式法编制 9 000、10 000、11 000 直接人工小时的弹性预算。

【例 5 - 4】中，

预算固定成总额 a = 18 000

预算单位变动成本 b = 19 200/8 000 = 2.4（元/工时）

采用公式法编制 9 000、10 000、11 000 直接人工小时的弹性预算，即：

9 000 直接人工小时预算总成本 = 18 000 + 2.4 × 9 000 = 39 600（元）

10 000 直接人工小时预算总成本 = 18 000 + 2.4 × 10 000 = 42 000（元）

11 000 直接人工小时预算总成本 = 18 000 + 2.4 × 11 000 = 44 400（元）

（2）**列表法**。列表法是在预计的业务量范围内将业务量分为若干个水平，然后按不同的业务量水平编制预算。有关资料同表 5 - 4，当预计直接人工工时分别为 9 000、10 000、11 000 小时的情况下，采用列表法编制预算见表 5 - 5。

表 5 - 5 弹性成本预算（列表法） 单位：元

费用项目	单位变动成本（元/工时）	业务量		
		9 000	10 000	11 000
直接材料	0.75	6 750	7 500	8 250
直接人工	1.05	9 450	10 500	11 550
电力及照明	0.6	5 400	6 000	6 600
变动成本合计	2.4	21 600	24 000	26 400
固定成本	18 000	18 000	18 000	18 000
合计		39 600	42 000	44 400

公式法与列表法的比较见表 5 - 6。

表 5 - 6 弹性预算公式法与列表法的比较

方法	编制要点	优点	缺点
公式法	成本预算总额 = 预算固定成本总额 + 预算单位变动成本额 × 预计业务量（$Y = a + bX$）	便于计算任何业务量的预算成本	按公式进行成本分解较麻烦；阶梯成本和曲线成本需用数学方法修正为直线成本

续表

方法	编制要点	优点	缺点
列表法	采用列表的方式，在相关范围内，间隔一定的业务量范围，计算相关的预算数值	可以直接从表中查得各种业务量下的成本费用预算，不用另行计算；混合成本中的阶梯成本和曲线成本，可按成本性态模型计算填列，不必修正为近似直线成本。直接、方便	编制工作量较大，不能随业务量变动而任意变动，在评价和考核实际成本时，往往需要使用插补法计算"实际业务量的预算成本"，较烦琐

弹性预算的优点在于：一方面能够适应不同经营活动情况的变化，扩大了预算的范围，更好地发挥预算的控制作用，避免了在实际情况发生变化时，对预算作频繁的修改；另一方面能够使预算对实际执行情况的评价与考核，建立在更加客观可比的基础上。

3. 零底预算法

零底预算法是由美国德克萨斯工具公司担任财务预算工作的彼得·派尔于1970年编制该公司的费用预算时提出的。零底预算，或称零基预算，是指在编制预算时，对于所有的预算支出均以零字为基底，不考虑其以往情况如何，从根本上研究、分析每项预算有否支出的必要和支出数额的大小。然而，由于零基预算法需要耗费大量的时间和精力，需要生产人员、工程技术人员、成本决策人员等的紧密配合才能实现，所以，在实际工作中很难实行，该法在公共组织部门运用较为普遍。

4. 滚动预算法

滚动预算，其主要特点是预算期是连续不断的，始终保持12个月（一年），每过去一个月，就根据新的情况进行调整和修订后几个月的预算，并在原来的预算期末随即补充一个月的预算。

采用滚动预算，必须有一个与之相适应的外部条件，如上级下达的生产指标、供应的时间等。如果这些外部条件仍然是以自然年为基础，一年一安排，则企业要编制滚动预算是有困难的。随着我国经济体制改革的深化，市场经济的发展，这些条件的限制越来越小，这将为滚动预算的编制创造有利的条件。

5. 概率预算法

在编制预算过程中，涉及的变量很多，如业务量、价格、成本等，在生产和销售正常的情况下，这些变量的预计可能是一个定值，但是在市场的供需、产销变动比较大的情况下，这些变量的数字就难以确定了。这就需要根据客观条件，对有关变量做一些近似的估计，估计它们可能变动的范围，分析它们在该范围内出现的可能性（即概率），然后对各变量进行调整，计算期望值，编制预算。这种运用概率来编制预算，叫做概率预算。

【例 5-5】光华公司 20××年度预计有关销售和成本数据见表 5-7。

表 5-7 光华公司 20××年度预销量与成本数据

销售量		销售单价	单位变动成本		固定成本
数量（吨）	概率	（万元）	金额（万元）	概率	（万元）
			0.55	0.3	
1 000	0.2	1	0.60	0.6	150
			0.65	0.1	

续表

销售量		销售单价（万元）	单位变动成本		固定成本（万元）
数量（吨）	概率		金额（万元）	概率	
1 200	0.7	1	0.55	0.3	200
			0.60	0.6	
			0.65	0.1	
1 500	0.1	1	0.55	0.3	250
			0.60	0.6	
			0.65	0.1	

根据上述资料，计算不同销量的期望值，并确定收入、成本及利润，见表 5-8。

表 5-8 销售、成本及利润预算 单位：万元

销售量		联合概率	销售收入		变动成本			固定成本		利润	
数量（吨）	概率		总额	期望值	单位	总额	期望值	总额	期望值	总额	期望值
1 000 $P=0.2$	0.3	0.06	1 000	60	0.55	550	33	150	9	300	18
	0.6	0.12	1 000	120	0.60	600	72	150	18	250	30
	0.1	0.02	1 000	20	0.65	650	13	150	3	200	4
1 200 $P=0.7$	0.3	0.21	1 200	252	0.55	660	138.6	200	42	340	71.4
	0.6	0.42	1 200	504	0.60	720	302.4	200	84	280	117.6
	0.1	0.07	1 200	84	0.65	780	54.6	200	14	220	15.4
1 500 $P=0.1$	0.3	0.03	1 500	45	0.55	825	24.75	250	7.5	425	12.75
	0.6	0.06	1 500	90	0.60	900	54	250	15	350	21
	0.1	0.01	1 500	15	0.65	975	9.75	250	2.5	275	2.75
合计		1.00		1 190			702.1		195		292.9

提示：

国家发展改革委等四部门发布关于做好 2022 年降成本重点工作的通知。通知提出，延续并优化部分税费支持政策。延续实施扶持制造业、小微企业和个体工商户的减税降费政策，并提高减免幅度、扩大适用范围。对小规模纳税人阶段性免征增值税。对小微企业年应纳税所得额 100 万元至 300 万元部分，再减半征收企业所得税。实施促进工业增长和服务业领域困难行业恢复发展的税费政策措施。对留抵税额提前实行大规模退税。优先安排小微企业，对小微企业的存量留抵税额于 6 月底前一次性全部退还，增量留抵税额足额退还。重点支持制造业，全面解决制造业、科研和技术服务、生态环保、电力燃气、交通运输等行业留抵退税问题。

课后导思：成本预算

任务5.4 成本控制

成本控制是根据预定的成本目标，对实际生产经营活动中的一切生产资金耗费，进行指导、限制和监督，发现偏差，及时纠正，以保证更好地实现预定的成本目标，促使成本不断降低。成本管理需要一定的基础，有其固有的工作过程，其内容和方法也随着成本范围的扩大和管理手段的发展不断扩大和变化。

课前导引：成本控制

5.4.1 认识成本控制

1. 成本控制的概念

成本控制有广义和狭义之分。广义的控制强调对企业生产经营活动的各个阶段、各个方面的所有发生的成本的控制，包括事前的成本规划、事中的监督以及事后的总结评价等。广义的成本控制贯穿于企业生产经营活动的全过程，与成本预测、成本决策、成本预算、成本考核等共同构成了现代成本管理的完整体系。

狭义的成本控制只指成本的过程控制，不包括前馈控制和后馈控制。我们这里讲的是广义的成本控制，既包括目标成本的制订、预算的下达、差异的计算、也包括事后的汇总、成本的计算和分析。

2. 成本控制的原则

任何管理制度实施时，都要遵照它们的经济原则，使其产生最大的效果。进行成本控制，也必须遵守它的基本原则，以提高企业的经济效益。成本控制的原则是：

（1）全面介入的原则。全面介入原则是指成本控制是全过程、全方位、全员的控制。①全过程成本控制。全过程控制是指对产品的设计、制造、销售过程进行控制，并将控制的成果在有关报表上加以反映，借以发现缺点和问题。②全方位成本控制。全方位控制是指对产品生产的全部费用要加以控制，不仅对变动费用要控制，对固定费用也要进行控制。③全员控制。全员控制是指要发动领导干部、管理人员、工程技术人员和广大职工树立成本意识，参与成本的控制，认识到成本控制的重要意义，并能付诸行动。

（2）例外管理的原则。成本控制要将注意力集中在超乎常情的情况。因为实际发生的费用往往与预算有上下，如发生的差异不大，也就不一一查明其原因，只要把注意力集中在非正常的例外事项上，并进行信息反馈。

（3）经济效益的原则。成本控制不能狭义地理解为单纯对生产耗费的节约，而是通过投入资源的耗费节约，转化为企业经济效益的提高。因而，应当以单位耗费所获效益最大为目标来实施成本控制。

（4）可控性原则。成本控制主体应对其成本控制的结果承担责任。为了合理反映成本控制主体应承担的责任，其成本控制对象应为可控制成本。一般情况下，可控制成本应具备如下三个条件：第一，成本控制主体能够通过一定的途径和方法，在事前了解将要发生哪些耗费。第二，成本控制主体能够对发生的耗费进行计量。第三，成本控制主体能够对发生的耗费有权加以限制和调整。

（5）及时性原则。在企业发生的实际成本和标准成本发生偏差时，企业应该能够及时地觉察到这种差异，并能够很快地追溯产生这种差异的具体原因，及时采取相应的恰当措施，使不利的差异达到最小化，并同时使不利的后果和影响限制在尽可能小的范围之内，以达到成本控制的时效性。

3. 成本控制的程序

成本控制可按成本发生的时间先后划分为事前控制、事中控制和事后控制三个阶段，也就是成本控制循环中的设计阶段、执行阶段和考核阶段。

第一，事前控制阶段，即在产品投产前对影响成本的生产经营活动所进行的事前预测、规划、审核和监督，选择最佳成本方案。比如，用测定产品目标成本来控制产品设计成本；从成本上对各种工艺方案进行比较，从中选择最优方案；事先制定劳动工时定额、物资消耗定额、费用开支预算及各种产品和零件的成本目标，作为衡量生产费用实际支出超支或节约的依据，以及建立、健全成本责任制，实行成本归口分级管理等。加强成本控制从源头抓起，以保证产品设计的先进性和合理性。

第二，事中控制阶段，即在实际发生生产费用过程中，按成本标准控制费用，及时揭示节约还是浪费，并预测今后发展趋势，把可能导致损失和浪费的苗头，消灭在萌芽状态，并随时把各种成本偏差信息反馈给责任者，以利于及时采取纠正措施，保证成本目标的实现。这就需要建立反映成本发生情况的数据记录，做好收集、传递、汇总和整理工作，及时加以纠正、完善措施，保证成本目标顺利实现。

第三，事后控制阶段，即在产品成本形成之后的综合分析，对实际成本脱离目标（计划）成本的原因，进行深查，查明成本差异形成的主客观原因，确定责任归属，据以评定和考核责任单位业绩，并为下一个成本循环，提出积极有效措施，消除不利差异，发展有利的差异，修正原定的成本控制标准，以促使成本不断降低。

总之，成本控制包括以下几点中心内容：（1）确定目标成本；（2）将实际发生数与目标成本进行比较；（3）分析差异，查明原因，进行信息反馈；（4）把目标成本加减脱离目标的差异，计算产品的实际成本。

以上的成本控制的程序，如图 5 - 3 所示。

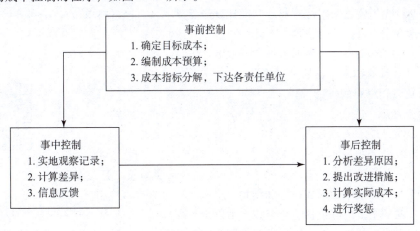

图 5 - 3　成本控制过程的相互关系

5.4.2　了解成本控制与管理的方法

从企业成本管理的发展来看，先后出现的方法有实际成本法、标准成本法、变动成本法、本量利分析法、作业成本法、目标成本法、生命周期

知识导学：成本控制

成本法、战略成本管理、供应链成本管理等方法。这些方法可以分为理念层、中间层和执行层三个层次，其中，属于理念层次的方法有战略成本管理、全生命周期成本、价值链管理等，中间层的方法有供应链成本管理、质量成本法、环境成本法等，执行层的方法有作业成本法、目标成本法、标准成本法、变动成本法、本量利分析法等。这些方法还应该充分考虑应用的时间维度（在企业经营的产品设计、采购、生产和销售等阶段）和空间维度（从企业内部到外部）。

以下成本管理的方法同样可用于成本控制，成本控制方法就是一般成本管理方法在成本控制环节的突出应用。

【例 5 – 6】 光华公司准备生产一种新产品，预计单位售价为 10 000 元，税率为 10%，成本利润率为 25%。

要求：预测该新产品的目标成本。

1. 目标成本法

目标成本法，又称目标成本规划，或直接称为企业企划，它是一种以市场为导向、对有独立制造过程的产品进行利润计划和成本管理的方法。它是以大量市场调查为基础，根据客户认可的价值和竞争者的预期反应，估计出在未来某一时点市场上的目标售价，然后减去企业的目标利润，从而得到目标成本。目标成本法是日本制造业创立的成本管理方法，它以给定的竞争价格为基础决定产品的成本，以保证实现预期的利润。目标成本法使成本管理模式从"客户收入 = 成本价格 + 平均利润贡献"转变到"客户收入 – 目标利润贡献 = 目标成本"。目标成本法的具体做法包括设定目标成本，根据目标成本设计产品，计算成本差距，同时以设定目标成本完成产品生产等几个步骤。

技能导练精实施：
分制造费用的归集

【例 5 – 6】 中：

$$目标成本 = 预测销售收入 \times (1 - 税率) \div (1 + 成本利润率)$$
$$= 10\,000 \times (1 - 10\%) \div (1 + 25\%) = 7\,200 （元）$$

【例 5 – 7】 光华公司采用标准成本制度计算产品成本，直接材料单位产品标准为 135 元，其中：用量标准 3 千克/件，价格标准 45 元/千克。本月购入 A 材料一批 32 000 千克，实际价格 40 元/千克，共计 1 280 000 元。本月投产甲产品 8 000 件，领用 A 材料 30 000 千克。

要求：（1）计算购入材料的价格差异。

（2）计算领用材料的数量差异。

2. 标准成本法

标准成本法是以事先确定的标准成本为基础，用标准成本与实际成本进行比较，核算和分析成本差异的一种产品成本计算方法，也是加强成本控制、评价经营业绩的一种成本控制制度。标准成本制度的核心是按标准

技能导练：划分作业中心

成本记录和反映产品成本的形成过程和结果，借以实现对成本的控制。

标准成本法的主要内容包括：标准成本的制定、成本差异的计算和分析、成本差异的账务处理。其中，标准成本的制定是采用标准成本制度的前提和关键，据此可以达到成本事前控制的目的；成本差异计算和分析是标准成本制度的重点，借此可以促使成本控制目标的实现，并据以进行业绩考评。

标准成本法不仅是一种成本计算方法，而且是配合目标利润进行成本控制的一种制度。它要求在比较高的工作效率和比较好的经营条件下，以预计应该发生的成本为基础，计算出标准成本，并根据产品的标准成本编制成本计划，进行日常控制，因此，标准成本制度是目标成本管理的一种手段，可以与任何一种产品成本计算的基本方法（如分批法和分步法）结

合使用。

【例5-7】中：

(1) 本月购入材料：

$$本月成本 = 32\,000 \times 45 = 1\,440\,000（元）$$

$$实际成本 = 32\,000 \times 40 = 1\,280\,000（元）$$

$$材料价格差异 = 1\,280\,000 - 1\,440\,000 = -1\,600\,00（元）$$

(2) 本月领用材料：

$$材料标准用量 = 8\,000 \times 3 = 24\,000（千克）$$

$$应耗材料标准成本 = 8\,000 \times 3 \times 45 = 1\,080\,000（元）$$

$$实际领用材料标准成本 = 30\,000 \times 45 = 1\,350\,000（元）$$

$$材料数量差异 = 1\,350\,000 - 1\,080\,000 = 270\,000（元）$$

3. 作业成本法

作业成本法是以企业经营过程中的"作业"为对象记录和分配费用，进而计算企业的投入和产出的一种方法。所谓"作业"，是指企业为了生存及可持续发展而消耗资源的活动。作业贯穿于企业生产经营全过程，是可以量化的一种资源的投入和另一种效果产出的过程。

作业管理一般包括确认作业、作业链和成本动因分析、业绩评价以及报告不增值作业成本四个步骤，主要采用作业消除、作业选择、作业减低和作业分享等方法降低成本。（作业成本法的详细内容在本教材项目1.1.3成本会计的发展趋势已有介绍）

4. 定额成本控制法

定额成本控制法是以事先制定的产品定额成本为标准，在生产费用发生时，就及时提供实际发生的费用脱离定额耗费的差异额，以便管理者及时采取措施，控制生产费用的发生额，并且根据定额和差异额计算产品实际成本的一种成本计算和控制的方法。

课后导思：成本控制

德育导行：我对成本有话说——成本控制

任务5.5 成本报表与考核

 【任务导入】

王力是一名会计专业的大学毕业生，毕业后受聘于光华公司，做一名成本会计。20××年年末，王力协助会计师李某编制成本报表，并进行分析。试问：若你是王力，你认为都应编制哪些成本报表？搜集哪些资料？从哪些方面如何进行成本分析？

课前导引：
成本报表与考核

5.5.1 编制产品生产成本表

产品生产成本表是反映企业报告期内生产的全部产品总成本和各种主要产品单位成本及总

成本的报表。该表一般分两种：一种是按产品种类反映；另一种是按成本项目反映。

1. 任务资料

光华公司20××年生产甲、乙、丙三种产品，其中甲、乙为可比产品，丙产品今年投入生产，为不可比产品。相关资料如下。

（1）成本资料如表5-9所示。

表5-9　成本资料

单位：元

单位成本 产品种类	历史先进水平	上年实际成本	本年计划成本
甲产品	260	280	270
乙产品	720	760	750
丙产品			125

（2）20××年产量及单位成本如表5-10所示。

表5-10　产量及单位成本

产品种类	产量（件）			单位成本（元）	
	本年计划	12月份	全年实际	12月份	本年累计 实际平均
甲产品	480	50	500	272	275
乙产品	320	20	300	735	745
丙产品	80	8	70	128	126

你能根据上述资料编制按产品种类反映的产品生产成本表吗？

2. 按产品种类反映的产品生产成本表的编制

1）按产品种类反映的产品生产成本表的结构

按照产品种类反映的产品生产成本表分为基本报表和补充资料两部分。其结构如表5-3所示。

基本报表部分分为实际产量、单位成本、本月总成本和累计总成本四大栏，并按可比产品和不可比产品分别填列。可比产品是指企业在以前的会计期间内正式生产过，并保留有较完整的成本资料可以进行比较的产品；不可比产品是指企业在本会计期间初次生产的新产品，或者虽非初次生产，但是缺乏可比的成本资料的产品，即不具备可比产品条件的产品。对不可比产品来说，由于没有可比的成本资料，因此只列示本期的计划成本和实际成本。

补充资料部分包含可比产品成本降低额、可比产品成本降低率，作为该表的补充资料填列在表的下端。

2）按产品种类反映的产品生产成本表的编制方法

（1）基本报表部分的编制方法如下：

①"产品名称"栏按照企业所生产各种可比产品和不可比产品的名称填列。

②"产量"栏中的"本月实际"和"本年累计实际"分别根据生产成本明细账的本月和从

年初起至本月末止各种产品的实际产量填列。

③ "单位成本" 栏中的 "上年实际平均" 根据上年本表年末的 "本年累计实际平均" 栏填列; "本年计划" 栏根据企业成本计划填列; "本月实际" 和 "本年累计实际平均" 栏分别根据各种产品成本明细账的本月和从年初起至本月止各种产品的单位成本或平均单位成本填列。

④ "本月总成本" 栏中的各项目分别按照各种产品本月实际产量与上年实际平均单位成本、本年计划单位成本及本月实际单位成本的乘积填列。

⑤ "本年累计总成本" 栏中的各项目分别按照各种产品本年累计实际产量与上年实际平均单位成本、本年计划单位成本及本年累计实际平均单位成本的乘积填列。

（2）补充报表部分的各项目分别按照下列公式计算填列：

$$可比产品成本降低额 = 按上年实际平均单位成本计算的可比产品本年累计总成本 - 可比产品本年累计实际总成本$$

$$可比产品成本降低率 = \frac{可比成品成本降低额}{按上年实际平均单位成本计算的可比产品本年累计总成本} \times 100\%$$

如果本年可比产品成本比上年不是降低，而是升高，上列成本的降低额和降低率应用负数填列；如果企业可比产品品种不多，其成本降低额和降低率，也可按产品品种分别计算。

【例 5 – 8】根据任务资料，编制按产品种类反映的产品生产成本表，如表 5 – 11 所示。

表 5 – 11 产品生产成本表（按产品种类反映）

编制单位：光华公司　　　　　　　　　　20×× 年 12 月　　　　　　　　　金额单位：元

产品名称	计量单位	实际产量		单位成本				本月总成本			本年累计总成本		
		本月	本年累计	上年实际平均	本年计划	本月实际	本年累计实际平均	按上年实际平均单位成本计算	按本年计划平均单位成本计算	本月实际	按上年实际平均单位成本计算	按本年计划单位成本计算	本年实际
		(1)	(2)	(3)	(4)	(5)=(9)/(1)	(6)=(12)/(2)	(7)=(1)×(3)	(8)=(1)×(4)	(9)	(10)=(2)×(3)	(11)=(2)×(4)	(12)
可比产品合计								29 200	28 500	28 300	368 000	360 000	361 000
其中：甲	件	50	500	280	270	272	275	14 000	13 500	13 600	140 000	135 000	137 500
乙	件	20	300	760	750	735	745	15 200	15 000	14 700	228 000	225 000	223 500
不可比产品合计								1 000	1 024		8 750	8 820	
其中：丙	件	8	70		125	128	126	1 000	1 024		8 750	8 820	
全部产品成本								29 500	29 324		368 750	369 820	

补充资料：① 可比产品成本降低额 7 000 元；② 可比产品成本降低率 1.902 2%。

$$可比产品成本降低额 = 368\ 000 - 361\ 000 = 7\ 000 (元)$$

$$可比产品成本降低率 = \frac{7\ 000}{368\ 000} \times 100\% = 1.902\ 2\%$$

3. 按成本项目反映的产品生产成本表的编制

按成本项目反映的产品生产成本表是按成本项目汇总反映企业在报告期内发生的全部生产成本以及产品生产成本合计额的报表。

在按成本项目反映的产品生产成本表中，上年实际数应根据上年 12 月份产品生产成本表的本年累计实际数填列；本年计划数应根据成本计划有关资料填列；本年累计实际数应根据本月实际数加上上月本表的本年累计实际数计算填列。

【例 5 - 9】利达公司按成本项目编制的产品生产成本表，如表 5 - 12 所示。

表 5 - 12　产品生产成本表（按成本项目反映）

编制单位：利达公司　　　　　　　　　　20 × × 年 12 月　　　　　　　　　　单位：元

项　　目	上年实际	本年计划	本月实际	本年累计实际
直接材料	423 760	411 310	41 440	421 270
直接人工	323 088	288 070	26 980	294 608
制造费用	174 550	193 840	16 070	182 410
生产成本合计	921 398	893 220	84 490	898 288
加：在产品、自制半成品期初余额	46 360	47 920	4 510	38 498
减：在产品、自制半成品期末余额	38 498	39 860	6 330	50 230
产品生产成本合计	929 260	901 280	82 670	886 556

问题与思考

产品生产成本表分别按产品种类和成本项目反映，它们的作用有何不同？

知识拓展

电子看板：数字化工厂之奥秘探索

企业如何改造成为数字化工厂，需要企业在生产过程中实现透明化、自动化、精益化以及可视化，同时，产品检测、质量检验和分析、生产物流，也应当与生产过程实现闭环集成。其中，电子看板是生产过程中必不可少的核心工具，它指挥和调度整个工厂的生产，能够及时发现并解决突发问题。

1. 什么是电子看板

电子看板管理是目视化、精益化管理的一种方式，它是通过一定的媒介来发出一种需求的信号，从后向前移动，经过信号的快速传递来提高生产流程的运行效率，增强现场的反应速度，为了达到准时生产方式（JIT）控制现场生产流程现代企业管理逐渐将数字作为管理决策的重要手段。

2. 电子看板的作用

在数字化工厂中，电子看板通过与智能工厂 MES 系统对接，能够实现数据的智能化管理。

（1）实时监控订单及人员状态，绩效数据自动采集，系统预警及现场管理决策，从而提高工作效率，同时节约生产成本。

（2）通过电子看板能对车间、产线生产的具体情况进行实时监控，及时发现生产过程中存在的问题和浪费现象，提高生产安全性和效率。

3. 电子看板的特点

（1）简单清晰：在 MSTE 服务过的众多企业中，车间现场普遍存在着无法清晰采集需求数据，需要通过人工查询数据、寻找数据等问题，电子看板为企业排忧解难，能够将生产过程当中的关键数据及时、准确地呈现出来，通过应用电子看板，能够让工厂内所有人员都可以清晰阅览各项关注数据，从而大大地提高生产效率。

（2）需求定制：基于不同的企业项目，不同类型的企业关注的数据类型也会不一样，电子看板采用多级化工艺管理：树型工艺设计，工序及物料层级化配置，可按单、按批、按件进行工艺线路设置，满足企业复杂多样的工艺要求。

（3）数据监控：传统的制造企业都无法及时获取生产现场的异常数据，导致生产异常情况时常出现，利用电子看板可以及时的集中观察车间生产、检验、物料情况等信息，对异常状况及时预警。

（4）快速传递：根据 MSTE 实施多个数字工厂项目的经验，数据无法及时的传递是所有传统制造型企业的普通痛点，通过电子看板可实现各种生产信息的快速传递，防止异常数据的决策滞后。

5.5.2　编制主要产品单位成本表

主要产品单位成本表是反映企业在报告期内生产的各种主要产品单位成本水平及其构成情况的报表。它是企业生产成本中某些主要产品成本的进一步反映，是对全部产品生产成本表的补充说明。

知识导学：
成本报表与考核

1. 任务资料

光华公司 20××年甲产品 12 月份计划产量 50 件，实际产量 50 件，全年计划产量 480 件，全年实际累计产量 500 件，甲产品有关成本资料如表 5-13 和表 5-14 所示。

表 5-13　甲产品的成本项目

编制单位：光华公司　　　　　　　　　　　　　　　　　　　　　　　　　单位：元

成本项目	历史先进水平	上年实际平均	本年计划	本月实际	本年累计实际平均
直接材料	160	174	166	167	170
直接人工	70	75	74	75	75
制造费用	30	31	30	30	30
产品单位成本	260	280	270	272	275

表5－14　甲产品的主要经济指标

编制单位：光华公司

主要技术经济指标	历史先进水平	上年实际平均	本年计划	本月实际	本年累计实际平均
材料耗用量（千克）	19	21	20	16.7	17
工时耗用量（工时）	7.5	8	8	7.5	7.5

你能编制甲产品的单位成本报表吗？

2. 主要产品单位成本表的结构

主要产品单位成本表是反映企业一定时期内主要产品单位生产成本、成本变动及其构成情况的成本报表。该表分为上下两部分：上半部分按成本项目反映报告期内发生额及其各项目的合计数，即产品单位成本；下半部分反映单位产品所耗用的各种主要原材料的数量和生产工时等主要经济技术指标。为了便于考核产品单位成本的变动情况，各成本项目和主要经济技术指标分别按照历史先进水平、上年实际平均、本年计划、本月实际和本年累计实际平均等项目设置不同的专栏。

3. 主要产品单位成本表的编制方法

（1）"成本项目"栏按照财政部门和企业主管部门的规定填列。

（2）"主要经济技术指标"栏中的各项，反映单位产品所耗用的各种主要原材料和生产工时情况，按照企业自己确定的或企业主管部门规定的指标名称和填列方法填列。

（3）"历史先进水平"栏反映单位成本和单位消耗的历史先进水平，根据企业成本和实际单位耗用量最低年度相关资料填列。

（4）"上年实际平均"栏反映上年度各成本项目的平均单位成本和单位消耗，根据上年度产品的实际成本和实际单位耗用量资料填列。

（5）"本年计划"栏反映成本计划规定的各成本项目的单位成本和单位消耗，根据年度计划有关资料填列。

（6）"本月实际"栏反映本月各成本项目的单位成本和单位消耗，根据本月产品成本明细账等有关资料填列。

（7）"本年累计实际平均"栏反映自年初起至本月末止产品的累计平均单位成本和单位平均消耗，根据本产品自年初至本月末止各月累计总成本除以累计总产量和各月累计总用量除以累计总产量计算填列。

【例5－10】根据任务资料编制主要产品单位成本表，如表5－15所示。

表5－15　主要产品单位成本表

20××年12月　　　　　金额单位：元

产品名称：甲产品　　　本年累计计划产量：480件　　　本月计划产量：50件
编制单位：光华公司　　　本年累计实际产量：500件　　　本月实际产量：50件

成本项目	历史先进水平	上年实际平均	本年计划	本月实际	本年累计实际平均
直接材料	160	174	166	167	170
直接人工	70	75	74	75	75

成本项目		历史先进水平	上年实际平均	本年计划	本月实际	本年累计实际平均
制造费用		30	31	30	30	30
产品单位成本		260	280	270	272	275
主要技术经济指标	计量单位	耗用量	耗用量	耗用量	耗用量	耗用量
材料	千克	19	21	20	16.7	17
工时	小时	7.5	8	8	7.5	7.5

5.5.3 编制费用明细表

1. 编制制造费用明细表

制造费用明细表是反映企业在一定会计期间内为组织生产经营而发生的制造费用总额及其明细情况的成本报表。

制造费用明细表能够全面反映企业各生产车间在报告期内制造费用的构成情况，通过与计划数相比较，可以反映制造费用计划完成情况及节约和超支的原因；通过与上年同期实际数的比较，可了解制造费用各项目的变动情况，进而对费用的变动情况进行分析，并结合企业的实际情况得出制造费用的变动趋势，为下一年度制造费用预算的编制提供依据。

【例5-11】光华公司有关制造费用的明细资料如下。

（1）20××年实际发生的制造费用如表5-16所示。

表5-16　20××年制造费用明细账

编制单位：光华公司　　　　　　　　　　　　　　　　　　　　　　　　单位：元

20××年月	20××年日	摘要	职工薪酬	折旧费	修理费	办公费	差旅费	水电费	机物料消耗	保险费	劳动保护费	合计
									项目分析			
12	31	分配电费						200				200
	31	分配职工薪酬	360									360
	31	报销差旅费					42					42
	31	计提折旧		500								500
	31	机物料消耗							300			300
	31	支付修理费			350							350
	31	购办公用品				190						190
	31	支付水费						80				80
	31	摊销劳保费									200	200
	31	支付保险费								240		240

20××年		摘　　要	项 目 分 析									
月	日		职工薪酬	折旧费	修理费	办公费	差旅费	水电费	机物料消耗	保险费	劳动保护费	合计
	31	本月合计	360	500	350	190	42	280	300	240	200	2 462
	31	本年累计	4 250	6 000	4 200	2 160	448	3 600	3 480	2 980	2 490	29 608

（2）上年度实际发生的制造费用、20××年计划的制造费用如表5-17所示。

表5-17　制造费用明细账

编制单位：光华公司　　　　　　　　　　　　　　　　　　　　　　　　单位：元

项目	职工薪酬	折旧费	修理费	办公费	差旅费	水电费	机物料消耗	保险费	劳动保护费	其他	合计
上年实际	4 230	6 126	4 200	2 390	450	3 400	3 580	3 600	2 250		30 226
20××计划	4 200	6 000	4 400	2 200	450	3 500	3 560	3 000	2 500		29 810

你会编制制造费用明细表吗？

1. 制造费用明细表的结构

制造费用明细表的结构如表5-18所示。

该表设置有"上年同期实际数""本年计划数""本月实际数"和"本年同期实际数"四个栏目，分别反映各项制造费用的发生额情况。

制造费用明细表中费用明细项目的划分，可参照财政部有关制度的规定，也可根据企业的具体情况增减，但不宜经常变动，以保持各报告期之间相关数据的可比性。若本年度内对某些明细项目划分做了修改，使得计算结果与上一年不一致，应将上一年有关报表的对应明细项目按本年划分标准进行调整，并在表后的附注中以文字说明。

2. 制造费用明细表的编制方法

（1）"本年计划数"栏应根据企业本年度制造费用的预算资料填列。

（2）"上年同期实际数"栏应根据企业上年度本表的"本年累计实际数"栏填列。

（3）"本月实际数"栏应根据"制造费用"总账账户所属各基本生产车间制造费用明细账的本月合计数汇总填列。

（4）"本年累计实际数"栏应根据企业各生产车间的制造费用明细分类账汇总计算填列。

根据【例5-11】编制制造费用明细表，如表5-18所示。

表5-18　制造费用明细表

编制单位：光华公司　　　　　　　　　　20××年12月　　　　　　　　　　单位：元

项　　目	上年同期实际数	本年计划数	本月实际数	本年累计实际数
职工薪酬	4 230	4 200	360	4 250
折旧费	6 126	6 000	500	6 000
修理费	4 200	4 400	350	4 200

续表

项 目	上年同期实际数	本年计划数	本月实际数	本年累计实际数
办公费	2 390	2 200	190	2 160
差旅费	450	450	42	448
水电费	3 400	3 500	280	3 600
机物料消耗	3 580	3 560	300	3 480
保险费	3 600	3 000	240	2 980
劳动保护费	2 250	2 500	200	2 490
其他	—	—	—	—
合　计	30 226	29 810	2 462	29 608

2. 编制产品销售费用明细表

产品销售费用明细表是反映企业在报告期内发生的全部产品销售费用及其构成情况的报表。

此表按产品销售费用项目分别反映各该费用的"本年计划数""上年同期实际数""本月实际数"和"本年累计实际数"。其中，"本年计划数"应根据本年产品销售费用计划填列；"上年同期实际数"应根据上年同期本表的"累计实际数"填列；本月实际数应根据产品销售费用明细账的"本月合计数"填列；"本年累计实际数"应根据产品销售费用明细账的"本月月末累计数"填列。

【例5-12】光华公司20××年12月产品销售费用明细表如表5-19所示。

表5-19　产品销售费用明细表

编制单位：光华公司　　　　　　　　　　20××年12月　　　　　　　　　　单位：元

项 目	本年计划	上年同期实际数	本月实际数	本年累计实际
工资	1 384 500	1 402 800	117 680	1 412 200
职工福利费	193 830	196 392	15 460	197 708
业务费	1 566	1 540	124	1 608
运输费	15 360	16 426	1 408	16 012
装卸费	2 400	2 562	236	2 661
包装费	16 046	18 024	1 156	13 200
保险费	4 920	4 920	481	5 040
展览费	8 360	8 160	768	9 000
广告费	14 560	15 600	1 205	14 400
差旅费	18 200	18 000	1 498	19 200
租赁费	4 800	5 200	400	4 800
低值易耗品摊销	3 600	3 600	298	3 560
销售部门办公费	8 560	6 408	802	9 441

续表

项　　目	本年计划	上年同期实际数	本月实际数	本年累计实际
物料消耗	1 800	1 926	156	1 752
销售服务费	240	256	22	246
折旧费	2 200	2 200	200	2 400
其他				
合　　计	1 680 942	1 704 014	141 894	1 713 228

3. 编制管理费用明细表

管理费用明细表是反映企业在报告期内发生的全部管理费用及其构成情况的报表。

此表按管理费用项目分别反映各该费用的"本年计划数""上年同期实际数""本月实际数"和"本年累计实际数"。其中，"本年计划数"应根据公司（总厂）或企业行政管理部门的管理费用计划填列；"上年同期实际数"应根据上年同期本表的"累计实际数"填列；"本月实际数"应根据管理费用明细账中的"本月合计数"填列；"本年累计实际数"应根据管理费用明细账的"本月末的累计数"填列。

【例5-13】光华公司20××年12月管理费用明细表如表5-20所示。

表5-20　管理费用明细表

编制单位：光华公司　　　　　　　　　　20××年12月　　　　　　　　　　单位：元

项　　目	本年计划	上年同期实际数	本月实际数	本年累计实际
工资	2 217 680	2 217 440	184 830	2 217 972
职工福利费	310 475	310 442	25 860	310 516
折旧费	219 800	219 800	18 318	219 821
办公费	17 920	17 800	1 548	18 044
差旅费	222 320	222 379	19 200	222 294
运输费	120	144	25	300
保险费	12 040	12 040	988	11 920
租赁费	—	—	—	—
修理费	5 040	5 400	410	4 944
咨询费	1 260	1 680	140	1 600
诉讼费	2 400	2 600	162	1 800
排污费	12 400	12 008	1 128	13 600
绿化费	9 800	9 400	798	9 440
物料消耗	4 200	4 920	324	3 684
低值易耗品摊销	2 800	2 920	212	2 680
无形资产摊销	24 000	20 000	2 000	24 000

续表

项　　目	本年计划	上年同期实际数	本月实际数	本年累计实际
坏账损失	1 200	960	110	1 320
研究开发费	18 800	18 680	1 612	18 800
技术转让费	—	—	—	—
业务招待费	6 400	6 880	512	6 400
工会经费	33 260	33 262	2 625	33 268
职工教育经费	42 680	40 521	3 457	43 254
待业保险费	3 600	3 600	287	3 720
劳动保险费	2 404	2 404	187	1 920
税金：				
房产税	6 000	6 000	500	6 000
车船使用税	2 400	2 376	200	2 400
土地使用税	1 200	1 200	100	1 200
印花税	600	480	50	600
土地损失补偿费	6 000	6 000	600	7 200
材料、产成品盘亏和毁损（减盘盈）	—	—	—	—
其他	4 800	4 015	4 216	4 888
合　　计	3 191 599	3 185 351	270 399	3 193 585

4. 编制财务费用明细表

财务费用明细表是反映企业在报告期内发生的全部财务费用及其构成情况的报表。

此表按财务费用项目分别反映各该费用的"本年计划数""上年同期实际数""本月实际数"和"本年累计实际数"。其中，"本年计划数"应根据"本年财务费用计划"填列；"上年同期实际数"应根据上年同期本表的"累计实际数"填列；"本月实际数"应根据财务费用明细账的"本月合计数"填列；"本年累计实际数"应根据财务费用明细账的"本月末累计数"填列。

【例 5 - 14】光华公司 20××年 12 月财务费用明细表如表 5 - 21 所示。

表 5 - 21　财务费用明细表

编制单位：光华公司　　　　　　　　　　20××年 12 月　　　　　　　　　　单位：元

项　　目	本年计划	上年同期实际数	本月实际数	本年累计实际
利息支出（减利息收入）	4 200	4 320	350	4 150
汇兑损失（减汇兑收益）	2 120	2 006	208	2 280
调剂外汇手续费	762	708	58	768

续表

项　目	本年计划	上年同期实际数	本月实际数	本年累计实际
金融机构手续费	20	22	0	18
其他筹资费用	—	—	—	—
合　计	7 102	7 056	616	7 216

其他成本报表

1. 责任成本报表

责任成本报表是实行责任成本预算和核算的企业，根据各成本责任中心的日常责任成本核算资料编制的，用以反映和考核责任成本预算执行情况的报表。

责任成本是指责任中心可控的成本。责任成本报表的内容通常按各成本中心的可控制成本列示其预算数、预算调整数、实际数、业务量差异和各种差异。责任成本报表内容的详细程度应服从各级成本管理人员的信息需求，越低层次的责任成本报表越概要。责任成本报表的核心是揭示差异，如果预算数小于实际数，称为"不利差异"，表示可控成本的超支，通常用"＋"或"U"表示；如果预算数大于实际数，称为"有利差异"，表示可控成本的节约，通常用"－"或"F"表示。

2. 质量成本报表

质量成本报表是根据质量成本的日常核算资料，结合企业质量管理的需要进行编制，按照质量成本项目计算企业实际发生的质量成本，用以反映、分析和考核一定时期内质量成本预算执行情况的内部成本报表，反映的内容包括故障成本、鉴定成本和预防成本。

质量成本信息发生在生产经营过程的各个环节中，在每一个环节中，控制质量成本需要解决的问题，可能涉及许多部门，这就需要确定追踪和控制质量成本的网点。质量成本表的内容就是根据各网点追踪和控制质量成本的具体内容和对质量管理分工的要求来确定的。各网点的质量成本表和汇总的质量成本表，都应反映质量成本有关项目的预算控制数、实际数和差异数。

表中质量成本的实际数一般来源于原始记录和原始凭证，如废品通知单、返修单、检验工时报告单、质量事故减产损失计算表及各种台账的统计数等。质量管理各网点的核算人员，应负责收集原始资料，进行登记、汇总，并据以编制质量成本表。表中质量成本的预算控制数，应根据计划年度企业制定的质量成本预算控制数逐项填列。表中的差异数应根据质量成本实际数与预算控制数逐项计算填列。"差异"栏中用金额表示的差异应等于实际数减去预算控制数，用百分比表示的差异应根据差异额除以预算控制数求得。

3. 生产损失报表

为了分析各项生产损失产生的原因，企业需要有关部门编制"生产损失报表"。生产损失报表可直接根据"停工损失""废品损失"等账户的记录或其他原始凭证填列。

5.5.4　分析产品总成本

成本分析是企业利用成本核算资料以及其他有关资料，对企业成本费用水平及其构成情况进行分析研究，查明影响成本费用升降的具体原因，寻找降低成本、节约费用的潜力和途径的一项管理活动。产品成本分析分为产品总成本分析和产品单位成本分析。产品总成本分析分为按产品种类反映的产品生产成本表分析和按成本项目反映的产品生产成本表分析。

1. 任务资料

资料1：光华公司产品生产成本表（按产品种类反映）如表5-3所示。

（1）你能对本期实际成本与计划成本进行对比分析吗？

（2）你能对可比产品成本计划完成情况进行分析吗？

资料2：利达公司产品生产成本表（按成本项目反映）如表5-4所示。

你能采用对比分析法、构成比例分析法、相关指标比率分析法对该产品生产成本表进行分析吗？

2. 按产品种类反映的产品生产成本表分析

按产品种类反映的生产成本表的分析，一般可以从以下两个方面进行：一是本期实际成本与计划成本的对比分析；二是本期实际成本与上年实际成本的对比分析。

1）本期实际成本与计划成本的对比分析

进行这一方面成本分析，应当根据产品生产成本表中所列全部产品和各种主要产品的本月实际总成本和本年累计实际总成本，分别与其本月计划总成本和本年累计计划总成本进行比较，确定全部产品和各种主要产品实际成本与计划成本的差异，了解成本计划的执行结果。

下面以全部产品为例进行本期实际成本与计划成本的对比分析（即全部产品成本计划的完成情况分析）。

【例5-15】根据任务资料中的资料1进行本期实际成本与计划成本的对比分析，如表5-22所示。

表5-22 全部产品成本计划完成情况分析表（本年实际和本年计划对比）

编制单位：光华公司　　　　　　　　　　　　　　　　　　　　　　　　金额单位：元

产品名称	计划总成本	实际总成本	实际比计划降低额	实际比计划降低率（%）
一、可比产品	360 000	361 000	-1 000	-0.277 8
其中：甲	135 000	137 500	-2 500	-1.851 9
乙	225 000	223 500	+1 500	+0.666 7
二、不可比产品	8 750	8 820	-70	-0.800 0
其中：丙	8 750	8 820	-70	-0.800 0
合　计	368 750	369 820	-1 070	-0.290 2

$$成本降低额 = 计划总成本 - 实际总成本 = \sum \left[实际产量 \times (计划单位成本 - 实际平均单位成本) \right]$$

$$成本降低率 = \frac{成本降低额}{\sum (实际产量 \times 计划单位成本)} \times 100\%$$

若是负值，表示超支额或超支率。

计算表明，本年累计实际总成本超过计划1 070元，超支比率为0.290 2%。其中，可比产品成本实际比计划超支1 000元，超支主要是由于甲产品超支2 500元，超支比率为1.851 9%；乙产品有一定的节约，节约比率为0.666 7%，乙产品的节约额未能抵消甲产品的超支额，甲产品的超支过大造成的；不可比产品成本实际比计划超支70元。显然，进一步分析的重点是查明甲产品成本超支的原因。

2）本期实际成本与上年实际成本的对比分析（也称为可比产品成本降低计划完成情况分析、可比产品成本计划完成情况分析）

对于可比产品，还可以进行本期实际成本与上年实际成本的对比分析，首先分析可比产品成本的实际升降情况，其次，如果企业规定有可比产品成本降低计划，分析成本的计划降低率或降低额，最后进行可比产品成本降低计划完成情况的分析。

（1）可比产品成本实际升降情况分析。应当根据产品生产成本表中所列全部可比产品和各种可比产品的本月实际总成本和本年累计实际总成本，分别与其本月按上年实际平均单位成本计算的总成本和本年按上年实际平均单位成本计算的累计总成本进行比较，确定全部可比产品和各种可比产品本期实际成本与上年实际成本的差异，了解成本升降的情况。

（2）可比产品成本计划降低分析。根据各种产品的计划产量，按上年实际平均单位成本和按本年计划单位成本计算的总成本，分析可比产品成本的计划降低率或降低额。

（3）可比产品成本降低计划完成情况（也称执行结果）的分析。利用可比产品成本实际升降情况分析结果和可比产品成本计划降低分析的结果进行比较，分析是否完成了计划。

【例 5-16】根据任务资料中的资料 1 进行本期实际成本与上年实际成本的对比分析。

（1）可比产品成本实际升降情况分析如表 5-23 所示。

表 5-23 可比产品成本实际升降情况分析

编制单位：光华公司 金额单位：元

可比产品	总成本		实际降低指标	
	按上年实际平均单位成本计算	本年实际	降低额	降低率（％）
甲	140 000	137 500	2 500	1.785 7
乙	228 000	223 500	4 500	1.973 7
合　　计	368 000	361 000	7 000	1.902 2

$$可比产品成本降低额 = \sum [实际产量 \times (上年实际平均单位成本 -$$
$$本年累计实际平均单位成本)]$$
$$= 368\,000 - 361\,000 = 7\,000（元）$$

$$可比产品成本实际降低率 = \frac{可比产品成本实际降低额}{\sum (实际产量 \times 上年实际平均单位成本)} \times 100\%$$

$$= \frac{7\,000}{368\,000} \times 100\% \approx 1.902\,2\%$$

（2）可比产品成本计划降低分析如表 5-24 所示。

表 5-24 可比产品成本计划降低分析

编制单位：光华公司 金额单位：元

可比产品	全年计划产量（件）	单位成本		总成本		计划降低指标	
		上年实际平均	本年计划	按上年实际平均单位成本计算	按本年计划单位成本计算	降低额	降低率（％）
甲	480	280	270	134 400	129 600	4 800	3.571 4

续表

可比产品	全年计划产量（件）	单位成本		总成本		计划降低指标	
		上年实际平均	本年计划	按上年实际平均单位成本计算	按本年计划单位成本计算	降低额	降低率（%）
乙	320	760	750	243 200	240 000	3 200	1.315 8
合计	—	—	—	377 600	369 600	8 000	2.118 6

$$可比产品成本计划降低额 = \sum [计划产量 \times (上年实际平均单位成本 - $$
$$本年计划单位成本)]$$
$$= 377\ 600 - 369\ 600 = 8\ 000（元）$$

$$可比产品成本计划降低率 = \frac{可比产品成本计划降低额}{\sum(计划产量 \times 上年实际平均单位成本)} \times 100\%$$
$$= \frac{8\ 000}{377\ 600} \times 100\% \approx 2.118\ 6\%$$

（3）分析可比产品成本计划降低的完成情况。

首先，应确定分析的对象，即以可比产品成本实际降低额、降低率指标与计划降低额、降低率指标进行对比，确定实际脱离计划的差异。

计划降低额 8 000 元　　　　　　计划降低率 2.118 6%
实际降低额 7 000 元　　　　　　实际降低率 1.902 2%
实际脱离计划差异：

$$降低额 = 7\ 000 - 8\ 000 = -1\ 000（元）$$
$$降低率 = 1.902\ 2\% - 2.118\ 6\% = -0.216\ 4\%$$

从以上计算中可以看出，可比产品成本降低计划没有完成，实际比计划少降低 1 000 元，或少降低 0.216 4%。

其次，确定影响可比产品成本降低计划完成情况的因素和各因素的影响程度。影响可比产品成本降低计划完成情况的因素，概括起来有三个。

（1）产品产量。成本降低计划是根据计划产量制定的，实际降低额和降低率都是根据实际产量计算的。因此，产品产量的增减，必然会影响可比产品成本降低计划的完成情况。但是，产量变动影响有其特点：假定其他条件不变，即产品品种比重和产品单位成本不变，单纯产量变动，只影响成本降低额，而不影响成本降低率。

（2）产品品种比重。由于各种产品的成本降低程度不同，因此产品品种比重的变动，也会影响成本降低额和降低率同时发生变动。成本降低程度大的产品比重增加，会使成本降低额和降低率增加；反之则会减少。

（3）产品单位成本。可比产品成本计划降低额是本年度计划成本比上年度（或以前年度）实际成本的降低数，而实际降低额则是本年度实际成本比上年度（或以前年度）实际成本的降低数。因此，当本年度可比产品实际单位成本比计划单位成本降低或升高时，必然会引起成本降低额和降低率的变动。产品单位成本的降低意味着生产中活劳动和物化劳动消耗的节约。因此，分析时应特别注意这一因素的变动影响。

问题与思考

（1）大发公司设有第一、第二两个基本生产车间，分别生产甲、乙两种可比产品。20××年结束后，财务人员把成本分析报告送到第一、第二车间，第一车间接到分析报告后，研究发现可比产品甲产品的成本降低率为5%，车间主任张某感到非常奇怪：甲产品的年初核定成本为100元，而实际成本为90元，成本降低10元，成本降低率应为10%，为什么是5%呢？请帮助张某分析一下。

（2）全部产品成本降低额和降低率、可比产品成本降低额和降低率、可比产品成本计划降低额和降低率，这几项指标是怎么计算的，你会区分吗？

提　示

（1）成本降低率5%是本年实际成本和上年实际成本对比，张某所说的成本降低率为10%，是指本年实际成本和本年计划成本对比，是两个不同的概念。

（2）全部产品成本降低额和降低率是本年计划和本年实际的对比，是根据计划总成本和实际总成本的对比计算的，计划总成本和实际总成本等于实际产量乘以本年计划单位成本和本年实际平均单位成本；可比产品成本降低额和降低率是上年实际和本年实际的对比，是根据上年实际总成本和本年实际总成本计算的，上年实际总成本和本年实际总成本等于实际产量乘以上年实际平均单位成本和本年实际平均单位成本；可比产品成本计划降低额和降低率是上年实际和本年计划的对比，是根据上年实际总成本和本年计划总成本计算的，上年实际总成本和本年计划总成本等于本年计划产量乘以上年实际平均单位成本和本年计划单位成本。

3. 按成本项目反映的产品生产成本表分析

按成本项目反映的产品生产成本表，一般可以采用对比分析法、构成比率分析法和相关指标比率分析法进行分析。

1）对比分析法

对比分析法也称比较分析法，它是通过实际数与基数的对比来揭示实际数与基数之间的差异，借以了解经济活动的成绩和问题的一种分析方法。

对比的基数由于分析的目的不同而有所不同，一般有计划数、定额数、前期实际数、以往年度同期实际数以及本企业历史先进水平和国内外同行业的先进水平等。

对比分析法只适用于同质指标的数量对比。在采用这种分析法时，应当注意相比指标的可比性。进行对比的各项指标，在经济内容、计算方法、计算期和影响指标形成的客观条件等方面，应有可比的共同基础。如果相比的指标之间有不可比因素，应先按可比的口径进行调整，然后再进行对比。

2）构成比率分析法

构成比率分析法是通过计算某项指标的各个组成部分占总体的比重，即部分与全部的比率，进行数量分析的方法。这种比率分析法也称比重分析法。通过这种分析，可以反映产品成本或者经营管理费用的构成是否合理。

产品成本构成比率的计算公式列示如下。

$$直接材料比率 = \frac{直接材料}{产品成本} \times 100\%$$

$$直接人工比率 = \frac{直接人工}{产品成本} \times 100\%$$

$$制造费用比率 = \frac{制造费用}{产品成本} \times 100\%$$

3. 相关指标比率分析法

相关指标比率分析法是计算两个性质不同而又相关的指标的比率进行数量分析的方法。在实际工作中，由于企业规模等原因，单纯对比产值、销售收入或利润等绝对数的多少，不能准确说明各个企业经济效益的好坏，如果计算成本与产值、销售收入或利润相比的相对数，即产值成本率、销售收入成本率或成本利润率，就可以反映各企业经济效益的好坏。

产值成本率、销售收入成本率和成本利润率的计算公式如下。

$$产值成本率 = \frac{成本}{产值} \times 100\%$$

$$销售收入成本率 = \frac{成本}{销售收入} \times 100\%$$

$$成本利润率 = \frac{利润}{成本} \times 100\%$$

从上述计算公式可以看出，产值成本率和销售收入成本率高的企业经济效益差；这两种比率低的企业经济效益好。而成本利润率则与之相反，成本利润率高的企业经济效益好；成本利润率低的企业经济效益差。

【例 5 – 17】根据任务资料中的资料 2 进行对比分析。

表 5 – 12 中的产品生产成本合计数，其本年累计实际数不仅低于上年实际数，而且也低于本年计划数。可见该年产品的总成本是降低的。其原因是多方面的，可能是由于节约了生产耗费，降低了产品的单位成本；也可能是由于产品产量和各种产品品种比重的变动（各种产品单位成本升降的程度不同）引起的。应当进一步分析具体原因，才能对产品成本总额的降低是否合理、有利做出评价。

就表 5 – 12 中的生产成本合计数看，其本年累计数（898 288 元）虽然低于上年实际数（921 398 元），但高于本年计划数（893 220 元）。这说明，产品生产成本本年累计实际数低于本年计划数，还有期初、期末在产品和自制半成品余额变动因素计划的期初、期末在产品与自制半成品余额的差额（47 920 元 – 39 860 元 = 8 060 元，正数），大于实际的期初、期末在产品与自制半成品余额的差额（46 360 元 – 38 498 元 = 7 862 元，正数）。

就表 5 – 12 中的各项生产成本来看，直接材料、直接人工和制造费用的本年累计实际数与上年实际数和本年计划数相比，升降的情况和程度各不相同，也应进一步查明原因。

对于各种生产成本，还可计算构成比率，并在本年实际、本月实际、本年计划和上年实际之间进行对比。

（1）本年累计实际构成比率（保留小数点后两位小数）：

$$直接材料比率 = \frac{421\ 270}{898\ 288} \times 100\% \approx 46.90\%$$

$$直接人工比率 = \frac{294\ 608}{898\ 288} \times 100\% \approx 32.80\%$$

$$制造费用比率 = \frac{182\ 410}{898\ 288} \times 100\% \approx 20.30\%$$

（2）本月实际构成比率：

$$直接材料比率 = \frac{41\,440}{84\,490} \times 100\% \approx 49.05\%$$

$$直接人工比率 = \frac{26\,980}{84\,490} \times 100\% \approx 31.93\%$$

$$制造费用比率 = \frac{16\,070}{84\,490} \times 100\% \approx 19.02\%$$

（3）本年计划构成比率：

$$直接材料比率 = \frac{411\,310}{893\,220} \times 100\% \approx 46.05\%$$

$$直接人工比率 = \frac{288\,070}{893\,220} \times 100\% \approx 32.25\%$$

$$制造费用比率 = \frac{193\,840}{893\,220} \times 100\% \approx 21.70\%$$

（4）上年实际构成比率：

$$直接材料比率 = \frac{423\,760}{921\,398} \times 100\% \approx 45.99\%$$

$$直接人工比率 = \frac{323\,088}{921\,398} \times 100\% \approx 35.06\%$$

$$制造费用比率 = \frac{174\,550}{921\,398} \times 100\% \approx 18.95\%$$

根据上列各项构成比率可以看出，本年累计实际构成与本年计划构成相比，本年直接材料和直接人工的比重有所提高，而制造费用的比重有所降低；与上年实际构成相比，本年直接材料和制造费用的比重有所提高，而直接人工的比重则有所降低。本月实际构成也有较大的变动，应当进一步查明这些变动的原因以及变动是否合理。

5.5.5　分析主要产品单位成本

主要产品单位成本表的分析应当选择成本超支或节约较多的产品有重点地进行，以便更有效地降低产品的单位成本。进行分析时，企业可以根据主要产品单位成本表中本期实际的生产成本（即本期实际的单位成本合计数）与其他各种生产成本进行对比，对产品单位成本进行一般的分析，分析的方法主要采用对比分析法和趋势分析法等。然后按其成本项目（包括直接材料成本、直接人工成本、制造费用等）进行具体的分析，主要采用因素分析法。

1. 任务资料

光华公司单位成本项目构成表如表 5-25 所示。

表 5-25　甲产品单位成本的直接材料、直接人工、制造费用耗用表

编制单位：光华公司　　　　　　　　　　20××年　　　　　　　　　　金额单位：元

成本项目	计　　划			实　　际		
	数量（千克）	单价	金额	数量（千克）	单价	金额
直接材料	20	8.3	166	17	10	170

续表

成本项目	计 划			实 际		
直接人工	耗用工时（工时）	小时工资率	金额	耗用工时（工时）	小时工资率	金额
	8	9.25	74	7.5	10	75
制造费用	耗用工时（工时）	制造费用分配率	金额	耗用工时（工时）	制造费用分配率	金额
	8	3.75	30	7.5	4	30

（1）你能对甲产品单位成本进行一般的分析吗？

（2）你能对甲产品的成本项目进行分析吗？

2. 一般分析

1）对比分析

【例 5－18】根据任务资料进行对比分析。

甲产品本年累计实际平均成本 275 元虽比上年实际 280 元有所降低，但高于本年计划成本 270 元，没有完成计划，也高于历史先进水平 260 元，成本有超支的现象。

从上年的实际高于历史先进水平看，该产品的实际成本不是降低的，可能是提高的。从本年计划和本年累计实际平均成本均低于上年实际成本可以看出，企业在制定本年计划时就已预见成本有可能降低，只是实际降低数比计划少。此外，从 12 月份的实际成本低于本年累计实际平均成本可以看出，本年内成本可能是逐月降低的。下面分析一下成本的变动趋势。

2. 趋势分析

趋势分析法是通过连续若干期相同指标的对比，来揭示各期之间的增减变化，据以预测经济发展趋势的一种分析方法。

采用趋势分析法，在连续的若干期之间，可以按绝对数进行对比，也可以按相对数（即比率）进行对比；可以以某个时期为基期，将其他各期均与该时期的基数进行对比；也可以在各个时期之间进行环比，即分别以上一时期为基期，将下一时期与上一时期的基数进行对比。

【例 5－19】光华公司甲产品 5 年的实际平均单位成本如表 5－26 所示。分析成本的变化趋势。

表 5－26 各年实际平均单位成本

编制单位：光华公司   单位：元

年 份	第 1 年	第 2 年	第 3 年	第 4 年	第 5 年
实际平均单位成本	260	270	275	280	275

以第 1 年为基期，260 元为基数，计算各年与之相比的比率如下（保留小数点后两位小数）。

$$第 2 年：\frac{270}{260} \times 100\% \approx 103.85\%$$

$$第 3 年：\frac{275}{260} \times 100\% \approx 105.77\%$$

$$第 4 年: \frac{280}{260} \times 100\% \approx 107.69\%$$

$$第 5 年: \frac{275}{260} \times 100\% \approx 105.77\%$$

以上年为基数，计算各年的环比比率如下。

$$第 2 年比第 1 年: \frac{270}{260} \times 100\% \approx 103.85\%$$

$$第 3 年比第 2 年: \frac{275}{270} \times 100\% \approx 101.85\%$$

$$第 4 年比第 3 年: \frac{280}{275} \times 100\% \approx 101.82\%$$

$$第 5 年比第 4 年: \frac{275}{280} \times 100\% \approx 98.21\%$$

通过以上分析可以看出，甲产品的单位成本以第 1 年为基数，以后每年均高于第 1 年，只是提高的程度不同，第 4 年提高得最多，第 2 年提高得最少。如果以上一年为基期进行环比，第 2 年比第 1 年提高得最多。而第 5 年比第 4 年有所下降。从以上分析可以看出，第 1 至第 4 年成本是逐年递增的，而第 5 年成本有所下降。应当进一步分析这些变化的具体原因——是由于材料成本增加等客观原因，还是由于成本管理弱化或强化等主观原因造成的。为了查明成本变化的具体原因，还应按成本项目进行具体分析。

3. 成本项目分析

此项分析可针对每个成本项目进行，也可有选择地对个别成本项目进行分析。

【例 5 - 20】根据任务资料进行成本项目分析。

表 5 - 27　单位产品成本成本项目分析

产品：甲产品　　　　　　　　　　20 × × 年　　　　　　　　　金额单位：元

成本项目	单位成本		与本年计划比	
	本年计划	本年实际	降低额	降低率（%）
直接材料	166	170	- 4	- 2.409 6
直接人工	74	75	- 1	- 1.351 3
制造费用	30	30	0	0
合计	270	275	- 5	- 1.851 9

表 5 - 27 表明，甲产品的实际成本比计划超支了 5 元，主要是直接材料超支了 4 元，直接人工超支了 1 元，影响了单位成本降低任务的完成，因此还应进一步对直接材料和直接人工等成本项目进行分析。从【例 5 - 20】中可以看出，材料超支较多，并且材料的价值占整个成本比重的一半以上，因此应重点分析材料的差异。

1. 直接材料分析

直接材料实际成本和计划成本的差额构成了直接材料成本差异。形成该差异的基本原因有：一是单位产品原材料消耗数量偏离标准；二是原材料价格偏离标准。前者按计划价格计算，称为数量差；后者按实际消耗量计算，称为价格差。

技能导练共评价：
降本增效方案评价

【例 5 – 20】中：

$$直接材料差异额 = 170 - 166 = 4（元）$$

$$消耗量变动的影响（量差）= \sum（实际材料单位耗用量 - 计划材料$$
$$单位耗用量）\times 计划材料单价 = （17 - 20）\times 8.3$$
$$= -24.9（元）$$

$$单价变动的影响（价差）= \sum（实际单价 - 计划单价）\times 实际材料单位耗用量$$
$$= （10 - 8.3）\times 17 = 28.9（元）$$

通过以上分析可以看出，直接材料超支了 4 元，由于单位产品材料耗用量的减少（由 20 元降为 17 元），使材料成本节约了 24.9 元；由于材料价格的提高（由 8.3 元提高到 10 元），使材料成本超支了 28.9 元。两者共同作用，超支了 4 元。由此可见，甲产品材料消耗的节约掩盖了绝大部分材料价格提高所引起材料成本的超支。材料节约只要不是偷工减料的结果，一般都是生产车间改革生产工艺、加强成本管理的成绩。材料价格的提高，则要看是由于市场价格上涨等客观原因引起的，还是由于采购人员不得力，致使材料买价偏高或材料运杂费增加所引起的。

上述材料分析是实际和计划的对比分析，同样，本月实际高于计划，本年累计实际平均单位成本低于上年实际，高于历史先进水平，其原因不一定是成本管理造成的，也应从价差和量差进行分析。

2. 直接人工的分析

直接人工实际成本和计划成本的差额构成直接人工成本差异。形成该差异的基本原因有：一是量差，指实际工时偏离计划工时，其差额按计划每小时工资成本（即小时工资率）计算确定金额，称为单位产品所耗工时变动的影响（即人工效率变动影响）；二是价差，指实际每小时工资成本偏离计划每小时工资成本，其差额按实际工时计算确定的金额，称为每小时工资成本变动的影响（即小时工资率变动的影响）。也就是说，直接人工的变动受劳动生产率和工资水平变动的共同影响。

【例 5 – 20】中：

$$直接人工差异额 = 75 - 74 = 1（元）$$

$$单位产品所耗工时变动的影响（量差）= \sum（实际单位产品耗用工时 -$$
$$计划单位产品耗用工时）\times$$
$$计划小时工资率$$
$$= （7.5 - 8）\times 9.25 = -4.625（元）$$

$$每小时工资成本变动的影响（价差）= \sum（实际小时工资率 - 计划小时$$
$$工资率）\times 实际单位产品耗用工时$$
$$= （10 - 9.25）\times 7.5 = 5.625（元）$$

直接人工超支了 1 元，由于单位产品所耗工时节约（从单位产品耗用 8 工时降为 7.5 工时），节约了 4.625 元；由于每小时工资成本超支（由 9.25 提高为 10），超支了 5.625 元。两者共同作用，超支了 1 元。每小时工资成本超支抵消了绝大部分由于工时消耗节约所产生的直接人工成本的降低额。企业应当进一步查明单位产品工时节约和每小时工资成本超支的原因。

单位产品所耗工时的节约，一般是生产工人提高了劳动的熟练程度，从而提高了劳动生产率的结果；但也不排斥是由于偷工减料造成的。应查明节约工时后是否影响了产品质量。通过降低产品质量来节约工时，是不被允许的。

每小时工资成本是以生产工资总额除以生产工时总额计算出来的。工资总额控制得好，生产工资总额减少，会使每小时工资成本节约；否则会使每小时工资成本超支。对生产工资总额变动的分析，可以与前述按成本项目反映的产品生产成本表中直接人工成本的分析结合起来进行。

在工资总额固定的情况下，非生产工时控制得好，减少非生产工时，增加生产工时总额，会使每小时工资成本节约；否则会使每小时工资成本超支。因此，要查明每小时工资成本变动的具体原因，还应对生产工时的利用情况进行调查研究。

3. 制造费用分析

制造费用的变动，主要受单位产品工时耗用量和每小时制造费用分配率的共同影响。

【例 5 - 20】 中：

制造费用差异为 0 元。

$$工时消耗量变动的影响（量差）= \sum（实际单位产品耗用工时 - 计划单位产品耗用工时）\times$$
$$计划小时制造费用分配率 =（7.5 - 8）\times 3.75$$
$$= -1.875 （元）$$

$$小时制造费用分配率变动的影响（价差）= \sum（实际小时制造费用分配率 -$$
$$计划小时制造费用分配率）\times$$
$$实际单位产品耗用工时 =$$
$$（4 - 3.75）\times 7.5 = 1.875 （元）$$

制造费用从表面上看无变化，是由于工时消耗量减少（从单位产品耗用 8 工时降为 7.5 工时），节约了 1.875 元，小时制造费用分配率提高（由 3.75 提高为 4），超支了 1.875 元，二者相互抵消的结果。每小时制造费用分配率的超支正好抵消了工时消耗节约所产生的制造费用的降低额。企业应当进一步查明单位产品工时节约和每小时制造费用分配率超支的原因。

单位产品所耗用工时变动和生产工时利用好坏的原因在直接人工分析中进行了分析。每小时制造费用分配率从制造费用总额变动分析，结合制造费用明细表中各项目的具体变动情况，分析产品单位成本中制造费用变动的原因。

问题与思考

在进行成本项目分析时，价差 =（实际的价值指标 - 计划价值指标）×数量指标，数量指标是用实际值还是计划值？量差 =（实际的数量指标 - 计划的数量指标）×价值指标，价值指标是用实际值还是计划值？

提　示

计算质量差时，数量指标用报告期的数值；计算数量差时，质量指标用基期的数值。

4. 成本报表分析的一般程序

（1）分析成本报表，应从全部产品成本计划完成情况的总评价开始，然后按照影响成本计划完成情况的因素逐步深入、具体地分析。

（2）在分析成本指标实际脱离计划差异的过程中，应将影响成本指标变动的各种因素进行分类，衡量它们的影响程度，并从这些因素的相互关系中找出起决定作用的主要因素。

（3）相互联系地研究生产技术、工艺、生产组织和经营管理等方面的情况，查明各种因素变动的原因，挖掘降低产品成本、节约费用开支的潜力。

（4）以全面、发展的观点，对企业成本工作进行评价。

综上所述，成本报表分析的过程，实际上是成本指标分析（分解）和综合相结合的过程。

5. 报表的分析方法

（1）比较分析法。

（2）比率分析法。

① 相关指标比率分析。

② 构成比率分析。

（3）连环替代法（因素分析法）。连环替代法是用来计算几个相互联系的因素对综合经济指标变动影响程度的一种分析方法。下面以材料费用总额变动分析为例，说明这一分析方法的特点。

影响材料费用总额的因素很多，按其相互关系可归纳为三个：产品产量、单位产品材料消耗量和材料单价。按照各因素的相互依存关系，计算公式为

$$材料费用总额 = 产品产量 \times 单位产品材料消耗量 \times 材料单位$$

【例 5 - 21】某企业各指标的计划和实际资料如表 5 - 28 所示。

表 5 - 28　某企业各指标的计划和实际资料

指　　标	单位	计划数	实际数	差异
产品产量	件	35	36	1
单位产品材料消耗量	千克	25	24	-1
材料单价	元	15	17	2
材料费用总额	元	13 125	14 688	1 563

首先，利用比较法，将材料费用总额的实际数与计划数对比，确定实际脱离计划差异，作为分析对象：14 688 - 13 125 = 1 563（元）。差异是由产量增加、单位产品材料消耗量降低和材料单价升高 3 个因素综合影响的结果。

其次，按照上述计算公式中各因素的排列顺序，用连环替代法测定各因素变动对材料费用总额变动的影响程度。计算程序如下。

（1）以基数（本例为计划数）为计算基础，按照公式中所列因素的同一顺序，逐次以各因素的实际数替换其基数；每次替换后实际数就被保留下来。有几个因素就替换几次，直到所有因素都变成实际数为止；每次替换后都求出新的计算结果。

（2）将每次替换后的所得结果与其相邻近的前一次计算结果相比较，两者的差额就是某一因素变动对综合经济指标变动的影响程度。

（3）计算各因素变动影响数额的代数和。这个代数和应等于被分析指标实际数与基数的总差异数。

以表 5 - 28 中的材料费用总额为例，计算如下。

① 以计划数为基数　　　　　　　　　35 × 25 × 15 = 13 125（元）

② 第一次替换　　　　　　　　　　　36 × 25 × 15 = 13 500（元）

② - ① 产量变动影响　　　　　　　　　　　　　375（元）

③ 第二次替换　　　　　　　　　　　36 × 24 × 15 = 12 960（元）

③ - ② 单位产品材料消耗量变动影响　　　　　-540（元）

④ 第三次替换　　　　　　　　　　　36 × 24 × 17 = 14 688（元）

④ - ③ 材料单价变动影响　　　　　　　　　　1 728（元）

3 次替换之差合计 = 375 - 540 + 1 728 = 1 563（元）

通过计算可以看出，虽然单位产品材料消耗量降低使材料费用节约 540 元，但由于产量增加，使材料费用增多 375 元，特别是材料单价升高，使材料费用增多 1 728 元。进一步分析应查明材料消耗节约和材料价格升高的原因，然后才能对企业材料费用总额变动情况做出评价。

从上述计算程序中，可以看出连环替代法具有以下特点。

① 计算程序的连环性。

② 因素替换的顺序性。

③ 计算条件的假定性。

（4）差额分析法。差额分析法是连环替代法的一种简化形式。运用这一方法时，先要确定各因素实际数与计划数之间的差异，然后按照各因素的排列顺序，依次求出各因素变动的影响程度。可见，这一方法的应用原理与连环替代法相同，只是计算程序不同。仍用【例 5 - 21】中的资料，以因素分析法测定各因素影响程度如下。

① 分析对象。

$$14\ 688 - 13\ 125 = 1\ 563\ （元）$$

② 测定各因素影响程度。

a. 产量变动影响程度 = (36 - 35) × 25 × 15 = 375（元）

b. 单位产量材料消耗量变动影响程度 = 36 × (24 - 25) × 15 = -540（元）

c. 材料单价变动影响程度 = 36 × 24 × (17 - 15) = 1 728（元）

三种因素共同影响程度 = 375 - 540 + 1 728 = 1 563（元）

提　　示

因素分析法的替代顺序：通常先数量指标后质量指标；先实物量指标后价值量指标；先分子后分母；先主要指标后次要指标。

德育导行

赵奢秉公办事

赵奢年轻的时候，曾担任赵国征收田税的小官。官职虽小，可赵奢忠于职守，秉公办事，不畏权势。

一次，赵奢带着几名手下到平原君家去征收田税。这平原君名叫赵胜，是赵国的相王，又是赵王的弟弟，位尊一时。平原君的管家见赵奢前来收税，根本就不把他放在眼里。管家态度十分骄横，蛮不讲理。他召来一伙家丁，把赵奢和几个手下人围了起来，不但拒交田税，还无理取闹。赵奢十分气愤，他大喝道：谁敢聚众闹事，拒交国家税收，我就按国法从事，不论他是谁！管家仗着自己是平原君家的要人，对赵奢的话不以为然，结果，赵奢真的依照当时的国家法律，严肃地处理了这件事，杀了平原君家包括管家在内的 9 个参与闹事的人。

平原君知道这件事后，大发雷霆，扬言要杀掉赵奢。有很多人都劝赵奢赶快逃到别国去躲一躲，免遭杀身之祸。可是赵奢一点也不害怕，他说：我以国家利益为重，依法办事，为什么要逃避？他主动上门到平原君家去，用道理规劝平原君说：您是赵国的王公贵族，不应该放纵家人违反国家法令。如果大家都不遵守国家法律，都拒不交纳国家田税，那国的力量就会遭到削弱。国家一削弱，就会遭到别国的侵犯，甚至还会把我们赵国灭掉。如果到了那一天，您平原君还能保住现在这样的富贵吗？像您这样身处高位的人，如果能带头遵守国家各项法令制度，带头交纳田税，那么上上下下的事情就可以得到公平合理的解决，天下人也会心悦诚服地交租纳税，那么，国家也就会强盛起来。国家强盛，这其实也是平原君您所希望的呀。您身为王族贵公子，又担当相国重任，怎么可以带头轻视国家法令呢？

一席话，说得平原君心服口服，也对赵奢以国家利益为重、秉公办事的态度十分赞赏。他认定赵奢是个贤能的人才，就把赵奢推荐给赵王，赵王命赵奢统管全国赋税。

打这以后，赵国的税赋公正合理，适时按量收缴，谁也不徇私情，国库得到充实，老百姓也富裕起来。

赵奢不畏权势，奉公执法，人人都这样，何愁国家不强盛！

启示：贾谊《过秦论》中有"吴起、孙膑、带佗、倪良、王廖、田忌、廉颇、赵奢之伦制其兵。"之说。"狭路相逢勇者胜"就是源于赵奢的用兵思想。战国八大名将之一的赵奢，年轻时是一名税务官员，正因为他秉公办事，公平公正，在他的治理下，国库充盈，百姓们丰衣足食、赵国日益强盛。于成本会计而言，坚持准则，合规核算，秉公管控，才能真正维护国家和企业的利益，切实做好降本增效服务企业发展。

德育导行：我对成本有话说——管控意识

请在表 5-29 中客观填写每一项工作任务的完成情况。

表 5-29 任务评价表

任务	知识掌握	能力提升	素质养成
任务 5.1 成本预测			
任务 5.2 成本决策			
任务 5.3 成本预算			
任务 5.4 成本控制			
任务 5.5 成本报表与考核			

备注：任务评价以目标完成百分比表示，目标全部达成为 100%，依次递减。

项目小结

课后导思：成本报表与考核教学反思

成本预测是成本管理的首要环节。成本预测一定要有过去和现在的本企业和国内其他企业同类产品的数据为基础，然后将定量分析法和定性分析法结合运用，依据目前生产技术和经济的发展对企业成本可能产生的影响进行计算、比较和分析，最后再做出判断。成本预测的方法随预测对象和预测的期限不同而各有所异，但其基本方法一般可以归纳为两大类：定量分析法和定性分析法。

成本决策是按照既定或要求的总目标，选择达到目标成本最优化的活动，其核心问题是提高经济效益。成本决策对于正确地制定成本计划，促进企业降低成本，提高经济效益都具有十分重要的意义。

成本预算是企业成本管理的重要环节，是在成本预测的基础上编制的。成本预算是用货币表示企业在未来一定时期内经营、财务等方面的收入、支出、现金流的总体计划。正确编制成本预算，是加强企业管理和宏观经济管理的重要手段。

成本报表是企业根据内部成本管理的需要，以账簿及有关资料等为依据编制的，用来反映和分析企业在一定时期内产品的成本水平、成本构成及其变动情况，评价和考核成本计划执行情况和结果的会计报表。正确、及时地编制成本报表是成本会计中的重要工作。通过编制成本报表，能够全面反映企业报告期内的成本管理水平，检查企业成本计划的执行情况，为成本分析提供依据，也为企业编制新的成本计划提供依据。成本分析对成本管理具有重大的意义，通过成本分析可以揭示成本差异，分析成本升降的原因，寻找降低成本的途径。成本分析的目的是加强成本管理，挖掘成本降低的潜力，提高经济效益，降低成本。

成本控制就是根据预定的成本目标，对实际生产经营活动中的一切生产资金耗费，进行指导、限制和监督，发现偏差，及时纠正，以保证更好地实现预定的成本目标，促使成本不断降低。成本控制可按成本发生的时间先后划分为事前控制、事中控制和事后控制三个阶段，也就是成本控制循环中的设计阶段、执行阶段和考核阶段。

思维导图总结如图5-4所示。

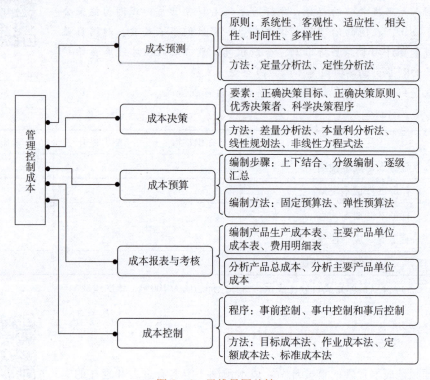

图5-4　思维导图总结

聚焦赛证

对接竞赛
《会计技能竞赛》

1. 能够计算产品生产良品率，编制产品生产良品率分析表，分析良品率变化的原因。

2. 能编制产品单位成本分析表。

3. 能够对当年成本差异比较分析。

4. 能够分析成本性态。

赛证链接：项目五

5. 能够进行产品生产成本实际与预算对比分析，编制生产成本实际与预算对比分析表。

6. 能够分析成本权重。会编制产品成本比较分析表。

7. 能够进行变动性制造费用分析。

8. 能够运用因素分析法分析成本变动情况。

9. 能对车间原材料标准耗用差异分析。

10. 能进行产品成本降低分析，编制产品成本降低分析表。

对接 X 证书

《业财税融合成本管控职业技能等级标准》

工作领域：生产业务核算

中级任务：产品成本计算方法应用

1. 生产成本预算分析

1.1 能根据成本预算制度，选择适当的预算方法，利用大数据技术抓取相关数据，正确编制生产成本预算。

1.2 能根据预算成本和实际成本现状，运用相关方法，分析差异原因。

1.3 能根据实际执行情况和差异分析，协同相关部门对生产成本预算进行动态调整。

1.4 能根据生产成本预算分析结果，编制生产成本预算分析报告。

2. 标准成本分析

2.1 能根据市场环境和企业的产品规划、工艺技术水平和管理要求等，利用大数据技术抓取相关数据，制定直接材料、直接人工、制造费用标准成本。

2.2 能根据标准制定制度和实际生产经营情况等，对直接材料、直接人工、制造费用标准进行修正。

2.3 能根据标准成本差异分析方法，对变动成本差异 进行分析。

2.4 能根据标准成本差异分析方法，对固定制造费用 差异进行分析。

3. 生产成本控制分析

3.1 能根据目标成本控制要求和材料用量标准、价格标准、工时用量标准和工资单价标准，正确编制生产成本预算，开展事前生产成本控制分析。

3.2 能根据材料控制标准、工时控制标准、价格控制标准和制造费用控制标准等，开展事中生产成本控制分析。

3.3 能根据实际成本与计划成本、目标成本与标准成本，开展事后生产成本控制分析。

3.4 能根据事前控制、事中控制和事后控制，编制生产成本控制分析报告。

项目练习

一、单项选择题

1. 下列不属于成本报表的是（　　　）。

A. 产品生产成本表　　　　　　B. 主要产品单位成本表

C. 现金流量表　　　　　　　　D. 制造费用明细表

2. 成本报表是一种以满足企业内部经营管理需要为主要目的的会计报表，它（　　　）。

A. 受外界因素影响

B. 不受外界因素影响

C. 有时受外界因素影响，有时不受外界因素影响

D. 决定于外界因素

3. 乙企业 20×× 年成本为 1 000 万元，利润总额为 400 万元，则企业成本利润率为（　　）。

A. 40%　　　　　　B. 60%　　　　　　C. 166%　　　　　　D. 250%

4. 可比产品成本降低率与可比产品成本降低额，二者之间是（　　）关系。

A. 正比　　　　　B. 反比　　　　　C. 同方向变动　　　　D. 反方向变动

5. 成本报表属于（　　）。

A. 对外报表　　　　　　　　　　　B. 对内报表

C. 既是对内报表，又是对外报表　　D. 对内还是对外由企业决定

6. 下列不属于成本分析的基本方法的是（　　）。

A. 对比分析法　　　B. 产量分析法　　　C. 因素分析法　　　D. 比率分析法

7. 根据实际指标与不同时期的指标对比，来揭示差异、分析差异产生原因的分析方法称为（　　）。

A. 因素分析法　　　　　　　　　　B. 差量分析法

C. 对比分析法　　　　　　　　　　D. 相关分析法

8. 在进行全部产品生产成本分析时，计算成本降低率，是用成本降低额除以（　　）。

A. 按计划产量计算的计划总成本　　B. 按计划产量计算的实际总成本

C. 按实际产量计算的计划总成本　　D. 按实际产量计算的实际总成本

9. 主要产品单位成本的一般分析，通常首先采用（　　）进行分析。

A. 对比分析法　　　B. 趋势分析法　　　C. 比率分析法　　　D. 连环替代法

10. 某企业 20×× 年可比产品按上年实际平均单位成本计算的本年累计总成本为 1 600 万元，按本年计划单位成本计算的本年累计总成本为 1 500 万元，本年累计实际总成本为 1 450 元。则可比产品成本降低额为（　　）万元。

A. 200　　　　　　B. 150　　　　　　C. 100　　　　　　D. 50

11. 下列各项对产品成本的分析方法中，属于构成比率分析的是（　　）。

A. 将本期实际成本与前期实际成本进行比较

B. 计算分析本期成本利润率

C. 计算制造费用占产品成本的比重，并与前期进行比较

D. 计算分析本期销售收入成本率

12. 某企业生产 A 产品，属于可比产品，上年实际平均单位成本为 120 元，上年实际产量为 1 000 件，本年实际产量为 1 200 件，本年实际平均单位成本为 114 元，则本年 A 产品可比产品成本降低额为（　　）元。

A. 7 200　　　　　B. −16 800　　　　C. 6　　　　　　D. 6 000

13. 某企业生产 A 产品，属于可比产品，上年实际平均单位成本为 120 元，上年实际产量为 1 000 件，本年实际产量为 1 200 件，本年实际平均单位成本为 114 元，则本年 A 产品可比产品成本降低率为（　　）。

A. 5%　　　　　　B. 6%　　　　　　C. 4.17%　　　　　D. −11.67%

14. 某企业 A 产品的单位成本为 100 元，其中，原材料 60 元，直接人工 25 元，制造费用 15 元。则 A 产品中原材料的构成比率为（　　）。

A. 25%　　　　　　B. 60%　　　　　　C. 15%　　　　　　D. 40%

15. 根据有关的历史数据，运用一定的方法对未来的成本水平及其发展趋势所做出的科学估

计是（　　）。

 A. 成本分析 B. 成本预测 C. 成本计划 D. 成本决策

16. 成本管理的载体是（　　）。

 A. 基础工作 B. 工作内容 C. 工作组织 D. 工作目标

17. 成本控制按照时间进行分类，可分为（　　）。

 A. 事前、事中和事后成本控制 B. 产品成本控制和质量成本控制

 C. 前馈性成本控制和反馈性成本控制 D. 日常生产阶段产品成本控制

18. （　　）不是成本事前规划的具体手段。

 A. 成本预测 B. 成本决策 C. 成本计划 D. 成本分析

二、多项选择题

1. 产品生产成本表可以反映可比产品与不可比产品的（　　）。

 A. 实际产量   B. 单位成本

 C. 本月总成本   D. 本年累计总成本

2. 制造业企业编制的成本报表有（　　）。

 A. 产品生产成本表   B. 主要产品单位成本表

 C. 制造费用明细表   D. 成本计算单

3. 制造业编制成本报表必须做到（　　）。

 A. 数字准确 B. 内容完整 C. 字迹清楚 D. 编报及时

4. 主要产品单位成本表反映的单位成本包括（　　）。

 A. 本月实际   B. 历史先进水平

 C. 本年计划   D. 本月计划

5. 在企业生产多种产品的情况下，影响可比产品成本降低额的因素有（　　）。

 A. 产品产量   B. 产品单位成本

 C. 产品价格   D. 产品品种结构

6. 下列各项中，影响直接人工差异的有（　　）。

 A. 实际工时   B. 计划工时

 C. 实际每小时工资成本   D. 计划每小时工资成本

7. 成本报表分析常用的方法有（　　）。

 A. 对比分析法   B. 比例分析法

 C. 因素分析法   D. 趋势分析法

8. 采用连环替代法进行成本分析，在确定各因素替代顺序时，下列说法正确的是（　　）。

 A. 先替代数量指标，后替代质量指标

 B. 先替代质量指标，后替代数量指标

 C. 先替代实物量指标，后替代价值量指标

 D. 先替代主要指标，后替代次要指标

9. 下列各项中，属于产品构成比率分析法的有（　　）。

 A. 产值成本率   B. 制造费用比率

 C. 直接材料成本比率   D. 直接人工成本比率

10. 在计算可比产品成本计划降低额时，需要计算的指标有（　　）。

 A. 实际产量按上年实际单位成本计算的总成本

 B. 实际产量按本年实际单位成本计算的总成本

C. 计划产量按上年实际单位成本计算的总成本

D. 计划产量按本年计划单位成本计算的总成本

11. 产品总成本分析方法有（　　）。

A. 对比分析法　　　　　　　　　B. 回归分析法

C. 相关指标比率分析法　　　　　D. 构成比率分析法

12. 产品生产成本表主要有（　　）。

A. 按产品品种反映的产品生产成本表

B. 按销售品种反映的产品生产成本表

C. 按成本项目反映的产品生产成本表

D. 按费用项目反映的产品生产成本表

13. 以下关于产品成本分析方法的提法中，正确的是（　　）。

A. 产值成本率越高，表明企业的经济效益越差

B. 成本利润率越高，表明企业的经济效益越差

C. 构成比率分析法核算的是某项指标的各个组成部分占总体的比重

D. 对比分析法只适用于同质指标的数量对比

14. 成本管理的基础工作的要求包括（　　）。

A. 可比化　　　B. 规范化　　　C. 标准化　　　D. 统一化

E. 程序化

15. 成本管理的基础工作主要有（　　）。

A. 标准化工作　　B. 定额工作　　C. 计量工作　　D. 信息工作

E. 规章制度

16. 加强成本管理基础工作应注意的问题为（　　）。

A. 要对基础工作有一个新的认识　　B. 要对基础工作进行同步协调

C. 要对基础工作不断整顿改进　　　D. 要对基础工作加强组织领导

E. 加强企业管理基础工作必须同企业、职工的经济利益联系起来，使之具有内在的经济动力

17. 在实务中，贯彻成本控制的例外管理原则时，确定"例外"的标志有（　　）。

A. 重要性　　　B. 一贯性　　　C. 统一性　　　D. 可控性

E. 特殊性

18. 成本控制的一般原则有（　　）。

A. 系统原则　　　　　　　　　　B. 效益性原则

C. 例外管理原则　　　　　　　　D. 责任成本控制法

E. 全面原则

19. （　　）属于成本管理的具体目标。

A. 成本预测符合实际　　　　　　B. 成本决策科学合理

C. 成本控制全面实施　　　　　　D. 成本分析全面客观

三、判断题

1. 企业编制的成本报表一般不对外公布，所以，成本报表的种类、项目和编制方法可由企业自行确定。　　　　　　　　　　　　　　　　　　　　　　　　　　　　（　　）

2. 产品生产成本表是反映企业在报告期内生产的全部产品的总成本的报表。　　（　　）

3. 编制制造费用明细表有利于企业分析制造费用的余额变动情况，考核制造费用预算执行

情况，节约费用，降低成本。   （   ）

4. 在分析某个指标时，将与该指标相关但又不同的指标加以对比，分析其相互关系的方法称为对比分析法。   （   ）

5. 主要产品单位成本表的"成本项目"按照财政部门和企业主管部门的规定填列。（   ）

6. 在进行可比产品成本降低任务完成情况的分析时，其他条件不变，由于产品产量因素的变动，只影响成本降低额，不影响成本降低率。   （   ）

7. 可比产品成本实际降低额是用实际产量按上年实际单位成本计算的总成本与实际产量按本年实际单位成本计算的总成本计算的。   （   ）

8. 不可比产品是指上年没有正式生产过，没有上年成本资料的产品。   （   ）

9. 所有的成本报表，都是按成本项目分设专栏的。   （   ）

10. 甲企业 20××年的销售收入成本率为 60%，较上一年 58% 的销售收入成本率增加了两个百分点，这表明企业的经济效益进一步提高了。   （   ）

11. 采用对比分析法可以揭示产品成本产生差异的因素和各因素的影响程度。 （   ）

12. 对比分析法只适用于同质指标的数量对比。   （   ）

13. 某种可比产品成本降低额 = 该产品本年实际产量 × 上年实际平均单位成本 − 本年实际产量 × 本年实际平均单位成本。   （   ）

14. 采用对比分析法可以揭示产品成本产生差异的因素和各因素的影响程度。 （   ）

15. 成本管理过程主要是由成本规划、成本决策、成本分析和成本控制四部分构成。（   ）

16. 成本考核是指不定期考查审核成本目标实现情况和成本计划指标的完成结果，全面评价成本管理工作成绩的过程。（   ）

17. 成本控制的事中控制和事后控制都要对实际执行的信息资料进行收集、整理、加工，并与被控目标对比进行反馈控制。（   ）

18. 狭义的成本控制与成本预测、成本决策、成本预算、成本考核等共同构成了现代成本管理的完整体系。（   ）

四、实务训练

实务训练 1

1. 目的：练习产品生产成本表的编制，练习全部产品和可比产品成本分析。

2. 资料：甲企业 20××年生产 A、B、C 三种产品，其中 C 产品为不可比产品，相关资料如下。

（1）20××年全部产品生产成本表（按产品种类反映）如表 5 – 30 所示。

表 5 – 30 产品生产成本表（按产品种类反映）

编制单位：甲企业　　　　　　　　　20××年 12 月　　　　　　　　金额单位：元

产品名称	计量单位	实际产量		单位成本				本月总成本			本年累计总成本		
		本月	本年累计	上年实际平均	本年计划	本月实际	本年累计实际平均	按上年实际平均单位成本计算	按本年计划平均单位成本计算	本月实际	按上年实际平均单位成本计算	按本年计划单位成本计算	本年实际
可比产品合计													

续表

产品名称	计量单位	实际产量		单位成本				本月总成本			本年累计总成本		
		本月	本年累计	上年实际平均	本年计划	本月实际	本年累计实际平均	按上年实际平均单位成本计算	按本年计划平均单位成本计算	本月实际	按上年实际平均单位成本计算	按本年计划单位成本计算	本年实际
其中：A	件	40	500	120	110	115	116						
B	件	60	750	60	58	60	61						
不可比产品合计													
其中：C	件	10	110		200	210	215						
全部产品成本													

补充资料：① 可比产品成本降低额；② 可比产品成本降低率。

（2）甲企业计划的本年度销售收入成本率为 68%，本期销售收入实际为 195 000 元。

（3）甲企业制定的本年可比产品计划降低额为 1 500 元，计划降低率为 2%。

3. 要求：

（1）根据资料完成产品生产成本表，计算可比产品成本降低额和可比产品成本降低率。

（2）分析全部产品生产成本计划完成情况。

（3）计算本期销售收入成本率，分析企业的经济效益。

（4）对可比产品计划完成情况进行简单分析。

实务训练 2

1. 目的：练习单位产品成本项目的分析。

2. 资料：某企业生产甲产品，有关资料如表 5-31 和表 5-32 所示。

表 5-31　主要产品单位成本表

金额单位：元

成本项目	本年计划	本年实际
原材料	385	388.8
工资及福利费	150	156.8
制造费用	120	122.5
合计	655	668.1

表 5-32　单位甲产品耗用材料、人工、制造费用

项目	本年计划	本期实际
原材料消耗量（千克）	110	108
原材料单价（元）	3.5	3.6

续表

项目	本年计划	本期实际
工时耗用量（工时）	10	9.8
工时工资率	15	16
工时制造费用分配率	12	12.5

3. 要求：

（1）分析影响直接材料费用变动的因素和各因素对变动的影响程度。

（2）分析影响直接人工费用变动的因素和各因素对变动的影响程度。

（3）分析影响制造费用变动的因素和各因素对变动的影响程度。

项目6　成本核算与管理应用

【任务导入】

国丰钢铁股份有限公司是一家钢铁生产企业，该企业经营业绩一直很好。现在企业准备扩展经营业务，欲从事汽车运输、房地产开发、建筑施工等业务。企业财务部为了加强这几项业务的成本核算，决定制定相关的成本核算制度。在企业的财务会议上，总会计师要求财务部为这些新扩展的行业制定成本核算制度，设计成本核算账户，归集成本费用，以便将来能够计算这些不同行业的成本。

你认为各行业成本核算制度应包括哪些内容？应设置哪些账户来归集费用？各个行业成本项目如何确定？本项目教学将为你提供解决这些问题的思路。

任务6.1　商品流通企业成本核算与管理

6.1.1　商品流通企业的成本

商品流通企业的成本主要包括商品成本和其他业务成本。商品成本又分为商品采购成本、商品加工成本、商品其他成本和商品销售成本。

1. 商品成本

（1）商品采购成本。因采购商品而发生的有关支出，即采购商品的实际成本。根据我国《企业会计准则第1号——存货》的规定，商品作为存货的重要组成部分，应按成本进行初始计量，其采购成本包括购买价款、相关税费、运输费、装卸费、保险费以及其他可归属于存货采购成本的费用。

（2）商品加工成本。商品加工成本分为委托加工的商品成本和自营加工的商品成本。委托加工的商品成本包括耗用的原材料或半成品成本、支付的加工费用、运输费、装卸费、保险费、缴纳的加工税金。自营加工的商品成本，按制造过程中的各项实际净支出确定，其加工成本包括直接人工，及按一定方法分配的制造费用。这里所指的制造费用，是指企业为加工商品而发生的各项间接费用。企业可根据制造费用的性质，比照生产企业的做法，合理选择制造费用分配方法。如果在同一加工过程中，同时加工两种或两种以上的商品，并且每种商品的加工成本不能直接区分，其加工成本应当按照合理的方法在各种加工商品之间进行分配。

（3）商品其他成本。商品其他成本是指除商品采购成本、加工成本以外，使商品达到目前场所和状态所发生的其他支出。

（4）商品销售成本。商品销售成本是指已销产品的采购成本。企业可以选择先进先出法、加权平均法或个别计价法等确定已销商品的采购成本。

2. 其他业务成本

其他业务成本是指除了商品销售以外的其他销售或提供其他劳务等发生的直接人工、直接材料、其他直接费用和税金及附加。

为了集中说明商品流通企业商品成本核算的特点，这里主要介绍商品销售成本的核算方法。

知识导学：核算
商品流通企业

6.1.2　商品销售成本核算

1. 库存商品的核算方法概述

库存商品的核算方法包括数量金额核算法和金额核算法两大类。数量金额核算法同时以实物和价值指标核算库存商品的增减变动及结存情况。金额核算法仅以价值指标核算库存商品的增减变动及结存情况。价值指标分为进价和售价，所以每类方法又分为两种具体方法。但无论采用什么价值指标，商品的计价基础都是采购商品的实际成本。

（1）**数量进价金额核算法**。这种方法以实物指标和商品进价核算库存商品，库存商品总账及其明细账按商品进价记录，而且库存商品明细账按商品的编号、品名、规格分户，记载商品增减变动及结存数量和金额。这种方法主要适应于大中型批发企业、农副产品收购企业及经营品种单纯的专业商店和经营贵重商品的商店。

（2）**数量售价金额核算法**。这种方法以实物指标和商品售价核算库存商品，库存商品总账及其明细账按商品售价（含增值税，下同）记录，其账户设置与数量进价金额核算法基本相同。对于库存商品购进价与销售价之间的差额需设置"商品进销差价"账户进行调整，以便于计算商品销售成本。

（3）**售价金额核算法**。这种方法以商品售价核算库存商品，库存商品按商品柜组进行明细核算。由于库存商品是按售价记账，对于库存商品售价与进价之间的差额应设置"商品进销差价"账户来核算，并在期末计算和分摊已销商品的进销差价。这种方法主要适应于零售企业。

(4) 进价金额核算法。库存商品的总账和明细账都按商品进价记账，只记进价金额，不记数量。商品销售后不结转销售成本，月末通过实地盘点倒挤销售成本，这种方法只适用于经营鲜货商品的零售企业。

商品销售成本的核算方法由于对库存商品采用的计价方法不同而有所差别。

提　示

商品流通企业包括的范围比较广，业务处理相对而言比较繁杂，分清业务所属环节，便于确定应采用的核算方法。

2. 库存商品采用进价核算企业销售成本的核算

商品销售成本核算包括两个基本方面：一是成本计算；二是会计账务处理，其中主要的是成本计算。关于成本计算又有两个基本问题：一是已销商品进货单价的确认；二是成本计算顺序。实行进价核算的商品流通企业，库存商品是按进价记账的，因此从理论上来讲可以直接用销售数量乘以原进货单价确认商品销售成本。但在实践中，由于各批次的商品进货单价并不完全相同，从而决定了商品销售成本计算的关键在于进货单价的确认。进货单价的确认方法不同，决定了商品销售成本计算方法的不同。根据现行会计制度，商品销售成本的计算方法主要有月末一次加权平均法、移动加权平均法、个别计价法、先进先出法和毛利率计算法五种方法，企业可自行选择一种方法。但是方法一经确定，为了保证可比性，不能随意变更。加权平均法、个别计价法、先进先出法的计算原理与财务会计中存货核算采用的上述方法相同，故不再重述。这里仅简单介绍毛利率计算法。

毛利率计算法是以上季度全部商品或大类商品实际毛利率或本季度计划毛利率为依据计算毛利，再计算商品销售成本的计算方法。计算公式为

$$本期商品销售毛利 = 本期商品销售收入 × 上季实际或本期计划毛利率$$

$$本期商品销售成本 = 本期商品销售收入 - 本期商品销售毛利$$

也可以采用下列公式直接计算：

$$本期商品销售成本 = 本期商品销售收入 × (1 - 上季实际或本期计划毛利率)$$

【例 6-1】某商品流通企业上季度末商品实际销售毛利率为 20%，本季度 7 月份销售商品 300 万元，8 月份销售商品 250 万元，则

$$7 月份销售商品成本 = 300 × (1 - 20\%) = 240(万元)$$

$$8 月份销售商品成本 = 250 × (1 - 20\%) = 200(万元)$$

编制会计分录如下：

7 月份：

借：主营业务成本　　　　　　　　　　　　　　　　　　　　　　　2 400 000

　　贷：库存商品　　　　　　　　　　　　　　　　　　　　　　　　2 400 000

8 月份：

借：主营业务成本　　　　　　　　　　　　　　　　　　　　　　　2 000 000

　　贷：库存商品　　　　　　　　　　　　　　　　　　　　　　　　2 000 000

这种方法计算简便，但由于各季度的商品结构不完全相同，其毛利率也不完全相同，因此按上季度毛利率计算本期商品销售成本，使得计算的结果不够准确，所以，只能在每个季度的前两

个月采用该方法，最后一个月采用加权平均计算方法或个别计价法进行调整。

【例6-2】承【例6-1】，假定9月份销售成本按加权平均法计算，该企业商品有A、B两种，季初结存商品金额130万元，本季购进总额578万元，9月末结存A商品数量300件，加权平均单价1 000元，结存B商品200件，加权平均单价2 500元。则9月份销售成本计算如下：

$$A 商品结存金额 = 300 \times 1\ 000 = 30（万元）$$
$$B 商品结存金额 = 200 \times 2\ 500 = 50（万元）$$
$$本季度商品销售成本 = 130 + 578 - 30 - 50 = 628（万元）$$
$$9 月份商品销售成本 = 628 - 240 - 200 = 188（万元）$$

编制会计分录如下：

借：主营业务成本   1 880 000
  贷：库存商品   1 880 000

毛利率计算法主要适用于经营品种较多，月度计算销售成本有困难的企业。

3. 库存商品采用售价核算企业销售成本的核算

实行售价核算的企业，库存商品按售价记账，平时商品销售成本也按售价结转，这样商品销售成本中就包含了已经实现的商品进销差价即销售毛利。月末，为了正确计算已销商品的实际成本，就必须采用一定的方法计算已实现的商品进销差价金额，并将其从成本中结转出来。所以，库存商品采用售价核算企业销售成本，实际上就是计算结转已销商品进销差价。商品销售实际成本、商品销售收入和已销商品实现的进销差价的关系可用以下公式表示：

$$商品销售实际成本 = 商品销售收入 - 已销商品实现的进销差价$$

由于在售价核算下，平时商品销售成本是按售价反映，实际上就是商品销售收入，所以，上述公式可以改为

$$商品销售实际成本 = 商品销售售价成本 - 已销商品实现的进销差价$$

从以上公式可知，要求得商品实际销售成本，关键是计算已销商品实现的进销差价。

已销商品进销差价的计算方法目前主要有三种，即综合差价率计算法、分类（柜组）差价率计算法和盘存商品进销差价计算法。

（1）综合差价率计算法。综合差价率计算法是按企业全部商品的存销比例分摊商品进销差价的一种方法。计算公式为

$$综合差价率 = \frac{期末调整前的"商品进销差价"账户余额}{"库存商品"账户期末余额 + "委托代销商品"账户期末余额 + "发出商品"账户期末余额 + 本期"主营业务收入"账户贷方发生额} \times 100\%$$

$$本期已销商品应分摊的进销差价 = 本期"主营业务收入"贷方发生额 \times 综合差价率$$

【例6-3】某商品流通企业月末有关账户余额为："库存商品"账户200万元，"委托代销商品"账户100万元，调整前的"商品进销差价"账户250万元，"主营业务收入"账户贷方发生额700万元，则用综合差价率法计算如下。

$$综合差价率 = \frac{250}{700 + 200 + 100} \times 100\% = 25\%$$

$$已销商品应分摊的进销差价 = 700 \times 25\% = 175（万元）$$

根据计算结果做如下会计分录：

借：商品进销差价　　　　　　　　　　　　　　　　　　　　　　　　　　1 750 000
　　贷：主营业务成本　　　　　　　　　　　　　　　　　　　　　　　　　　　　1 750 000

综合差价率法计算简便，它一般适用于经营的商品各品种进销差价相差不大的企业。如果商品各品种进销差价相差较大，各种商品销售又不均匀的企业采用此方法，计算出的已销商品进销差价结果就不够准确。

（2）分类（柜组）差价率计算法。分类（柜组）差价率计算法是按照各大类（或柜组）商品的存销比例分摊各大类（或柜组）商品进销差价的一种方法。该方法的计算原理与综合差价率计算原理相同，只是将计算对象的范围缩小了。所以，在采用这种方法下，要求"主营业务收入""主营业务成本""库存商品""商品进销差价"账户必须按大类（或柜组）设置明细账进行明细核算。

【例6-4】某商品流通企业月末"库存商品""主营业务收入""商品进销差价"账户资料如表6-1所示。

表6-1　有关账户资料

20××年×月　　　　　　　　　　　　　　　　　　　　　　　　　单位：元

柜组	"商品进销差价"账户余额	"主营业务收入"账户本月贷方发生额	"库存商品"账户余额
服装柜	60 360	184 600	117 200
鞋帽柜	110 096	536 000	250 400
针织柜	46 062	295 000	216 800
合计	216 518	1 015 600	584 400

要求：用分类（或柜组）差价率计算方法，计算本月已销商品进销差价。

计算结果如表6-2所示。

表6-2　已销商品差价计算表

单位：元

类别	月末分摊前商品进销差价余额(1)	本月"主营业务收入"账户贷方发生额(2)	月末"库存商品"账户余额(3)	存销商品总额(4)＝(2)＋(3)	差价率(5)＝(1)÷(4)	已销商品进销差价(6)＝(2)×(5)库	存商品结存进销差价(7)＝(1)－(6)
服装柜	60 360	184 600	117 200	301 800	20%	36 920	23 440
鞋帽柜	110 096	536 000	250 400	786 400	14%	75 040	35 056
针织柜	46 062	295 000	216 800	511 800	9%	26 550	19 512
合计	216 518	1 015 600	584 400	1 600 000		138 510	78 008

根据表6-2计算结果，编制会计分录如下：

借：商品进销差价——服装柜 36 920

           ——鞋帽柜 75 040

           ——针织柜 26 550

  贷：主营业务成本——服装柜 36 920

             ——鞋帽柜 75 040

             ——针织柜 26 550

这种计算方法的计算结果比综合差价率法相对准确些，这是因为同一大类商品的进销差价比较接近。

（3）盘存商品进销差价计算法。盘存商品进销差价计算法是结合商品盘点工作进行的，即以盘存数量分别乘以商品的单位进价和单位售价，求出结存商品应保留的差价，然后再倒求已销商品进销差价的一种计算方法。计算公式为

$$期末库存商品进价总额 = \sum（期末各种商品数量 \times 各种商品进货单价）$$
$$期末库存商品售价总额 = \sum（期末各种商品数量 \times 各种商品销售单价）$$
$$库存商品应保留差价 = 期末库存商品售价总额 - 期末库存商品进价总额$$
$$已销商品进销差价 = 月末商品进销差价账户余额 - 库存商品应保留差价$$

【例6-5】某商场鞋帽柜组中女鞋专柜在20××年年末对其库存商品进行了实地盘点，其结果如表6-3所示。该柜组年末"商品进销差价"账户余额为113 000元。

表6-3 商品盘存及进销价格计算表

柜组：女鞋柜组   20××年   单位：元

商品货号	单位	盘存	购进价		零售价	
			单价	金额	单价	金额
SM210642	双	80	600	48 000	850	68 000
SM220654	双	60	480	28 800	680	40 800
SM230666	双	40	310	12 400	440	17 600
SM240678	双	75	300	22 500	400	30 000
SM250688	双	50	228	11 400	320	16 000
合计		—		123 100	—	172 400

根据表6-3资料计算有关指标。

    库存商品应保留进销差价 = 172 400 - 123 100 = 49 300（元）

    已销商品应分摊的进销差价 = 113 000 - 49 300 = 63 700（元）

编制会计分录如下：

借：商品进销差价——女鞋柜 63 700

  贷：主营业务成本——女鞋柜 63 700

分类（柜组）差价率计算法比前两种方法计算结果都准确，但它由于要结合盘点进行，同时又要计算每一种商品进价总额，因而计算工作量大，平时一般不便采用，按现行会计制度规定，一般只在年度终了核实调整商品进销差价时采用。

6.1.3 商品流通企业成本管理

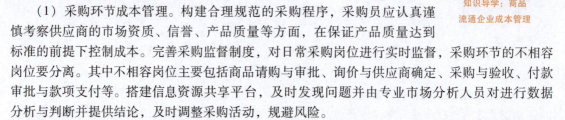

知识导学：商品
流通企业成本管理

1. 控制成本影响因素

（1）采购环节成本管理。构建合理规范的采购程序，采购员应认真谨慎考察供应商的市场资质、信誉、产品质量等方面，在保证产品质量达到标准的前提下控制成本。完善采购监督制度，对日常采购岗位进行实时监督，采购环节的不相容岗位要分离。其中不相容岗位主要包括商品请购与审批、询价与供应商确定、采购与验收、付款审批与款项支付等。搭建信息资源共享平台，及时发现问题并由专业市场分析人员对进行数据分析与判断并提供结论，及时调整采购活动，规避风险。

（2）运输环节成本管理。运输费用在商品流通企业成本支出中占较大比重，要重视运输环节的成本管理。树立运输环节成本控制理念，搭建信息管理平台，通过数据分析控制运输成本与费用。积极引入专业运输管理人才，做好运输队伍、运输线路以及运输工具的合理选择和安排，高效节约完成运输活动。

（3）库存环节成本管理。商品的存储环节最关键的是确定合理的商品存储量。应结合历史数据，准确预测市场下科学估计库存数量。首先要制定科学的管理制度。其次可以改变商品的摆放方法，最大地节约存储空间、节约存储费用。再次要重视先进保管方法的使用，保证商品的完整和安全。

（4）销售环节成本管理。设置合理的商业网点是降低销售环节成本支出的有效方法。首先应当对销售费用进行预算管理，参照当前的销售数量配置合理的销售费用，同时应保证销售费用预算金额的制定与审批工作相互分离，实施收支两条线管理制度。其次应当重视对销售费用支出的监督，实施内部审计，保证销售费用支出的合法性和公允性。

2. 整合价值链强化成本管理

商品流通企业可以通过采用新的营销策略、业务流程再造、供应商协同策略等措施再造价值链，从根本上改变成本结构，为控制成本奠定基础。可以通过价值链横向整合与规模经济、分权管理等措施改善成本构成因素之间的联系；另一方面可以借助价值链纵向整合、强化质量成本控制等措施提高成本管理水平。

问题与思考

商品流通企业的商品进销差价就应该是企业的销售毛利。这种观点你认为正确吗？说明理由。

知识拓展

零售企业三大成本控制策略

1. 采购成本　通常降低采购成本空间是有限的，但对于零售企业并不是没有任何做为的，笔者认为零售企业至少可以从以下三个方面来降低采购成本：一是拓展产品渠道，同时作为多家供货企业代理商；二是调整产品结构，在商品类别中优先毛利较高的产品销售；三是加快产品周转率，调整产品周转速度。

2. 门店经营成本　通常情况下门店经营成本能占到零售企业销售额 20% 左右，这部分成本属于零售企业的固定成本，无论企业经营好坏均需向房东支付。在房地产价格居高不下的大环境下，想要降低租金成本确实需要花些心思，笔者认为零售企业可以从以下几个方面控制成本：一是控制店门数量，及时果断关停持续亏损的门店；二是新店开设选址慎重，多做流量、购买力数据评估；三是开设线上虚拟门店，线上线下相结合；四是与房东进行租金谈判，设法降低租金或者给予较长的免租期；五是改变经营模式，考虑让房东入股，共同承担经营风险。

3. 人力成本　传统零售企业人力成本通常能达到销售额的 30% 左右，这是由零售行业特点决定，开了门店就需要配置对应数量的营业员，与营业员相关的工资、奖金、福利等构成了零售企业的人力成本。这部分成本控制主要思路有两个：一是提升单人销售效率，分摊固定成本，比如 2019 年人均销售额 30 万，那么到 2020 年就应该达到 35 万；二是强化风险共担意识，可以将门店作为单个经营体，引入合伙人机制，将销售员变为经营体的合伙人，将销售人员工资变为劳动分红，充分调动一线销售人员积极性。人力资本控制的目的不是降低员工的薪资，相反是要在提升效率的同时增加员工的收入，实现企业与员工的共赢。

摘自：《德居正财税咨询》，作者：石波

课后导思：商品流通企业成本核算与管理

任务 6.2　交通运输企业成本核算与管理

6.2.1　交通运输企业成本核算概述

课前导引：到底要不要拓展交通运输业务

1. 交通运输企业的概念

交通运输企业是运用交通工具使旅客或货物发生空间移动的生产经营单位，按照运输方式划分为铁路、公路、水路、航空、管道五种类型。其生产经营活动与其他企业有较大的不同。

2. 交通运输企业成本核算的特点

（1）交通运输企业成本核算对象为运送旅客和货物的各种运输服务，主要分为客货运输业务、旅客运输业务、货物运输业务和装卸与堆存业务。其成本还可以按照运输工具的类型或单车、单船、航次、作业区等设置成本核算对象。

（2）交通运输企业的成本核算单位是旅客或货物的周转量。它既要考虑计算对象的位移距离的大小，还要考虑计算对象的数量，所以运输成本的计算单位一般采用复合单位如吨·千米、人·千米等来计算单位成本。

（3）交通运输企业的运输生产过程与销售过程是统一的，其生产成本和销售成本也是统一在一起的。

（4）在交通运输企业的成本构成中，由于不创造实物产品，不消耗劳动对象，因此其成本支出中没有构成产品实体的原材料支出，占运输支出比重较大的是运输设备和工具的折旧费、修理费、燃料费等。

（5）交通运输企业的成本受自然地理环境、运输距离的长短、空驶运行等的影响较大。

3. 交通运输企业成本核算需设置的账户

为核算公路运输企业成本，应设置"劳务成本"账户，该账户下设"车辆营运成本""营运辅助成本"和"其他间接费用"三个明细账户。对发生的人工费用、燃料费用、轮胎费用、保养修理费、折旧费、事故费用和间接费用等，分别在各相关账户进行归集，最后转入车辆营运成本，形成公路运输的劳务成本。

6.2.2 汽车运输企业成本核算

知识导学：核算
交通运输企业成本

汽车运输企业是在公路上以汽车作为交通工具运送旅客和货物的生产经营单位。汽车运输企业在我国的交通运输企业数目中所占的比重较大。

1. 汽车运输企业成本核算的特点

（1）**成本核算对象**。汽车运输企业的成本核算对象是客车和货车的运输业务，即按客车运输和货车运输分别归集费用，核算成本；还可进一步核算各种车型成本，即以车型为成本核算对象。

（2）**成本核算单位**。客车运输成本核算单位是元·千人$^{-1}$·千米$^{-1}$，货车运输成本核算单位是元·千吨$^{-1}$·千米$^{-1}$。如果客车附带捎运货物或货车临时载客，则应将客车附带捎运货物完成的周转量或货车临时载客完成的周转量，按一定的换算比率换算为各自的周转量，并据以核算单位成本。货物周转量和旅客周转量的换算比例为 1 吨·千米 = 10 人·千米。

（3）**成本核算期**。汽车运输企业按月、按季、按年核算成本。

（4）**成本项目**。汽车运输成本项目分为车辆费用和营运间接费用。

① 车辆费用是指营运车辆从事运输生产所发生的各项费用，包括司、助人员的职工薪酬、燃料、轮胎、修理费、折旧费、运输管理费、车辆保险费以及事故损失等。

② 营运间接费用是指在营运过程中发生的不能直接计入成本核算对象的各种费用，包括分公司以及站、队、场人员的职工薪酬、办公费、水电费、差旅费、劳动保护费和折旧费等；不包括企业管理部门的管理费用。

2. 汽车运输企业的成本核算

汽车运输的总成本分为客车运输总成本、货车运输总成本和客、货车运输综合总成本。

汽车运输总成本除以运输周转量即为汽车运输单位成本。汽车运输成本包括车辆费用和营运间接费用。

（1）车辆费用的归集。汽车运输企业应按照不同的成本核算对象归集车辆费用。由于汽车运输企业一般以车别（客车、货车）或车型作为成本核算对象，因此，凡属于直接费用性质的车辆费用应直接计入客车货车的成本；凡是客车、货车共同发生的车辆费用，分配后分别计入客车和货车的运输成本。所归集的车辆费用计入"劳务成本"账户，并按客车或货车设置车辆费用明细账。

（2）营运间接费用的归集和分配。交通运输企业应按车队、车场归集各车队、车场为管理运输车辆和组织运输生产活动而发生的费用。由于这些费用不能直接计入客车、货车成本，因此，所发生的费用先归集计入"营运间接费用"账户，月终再按实际发生额，在客车、货车等各成本核算对象之间进行分配，一般可按客车、货车费用比例或营运车日进行分配，并计入"劳务成本"账户。

汽车运输企业月末应编制汽车运输成本计算表，以反映总成本与单位成本情况。汽车运输成本计算表的格式如表 6 - 4 所示。

表 6-4　汽车运输成本计算表

编制单位：×汽车运输公司　　　　　　　　20××年×月　　　　　　　　金额单位：万元

项　目	行次	计划数（略）	本期实际数			本年累计数		
			合计	客车	货车	合计	客车	货车
一、车辆费用 　1. 职工薪酬 　2. 燃料 　……								
二、营运间接费用								
三、运输总成本								
四、周转量（千换算吨·千米、千人·千米、千吨·千米）								
五、单位成本（元·千换算吨$^{-1}$·千米$^{-1}$、元·千人$^{-1}$·千米$^{-1}$、元·千吨$^{-1}$·千米$^{-1}$）								

6.2.3　水上运输企业成本核算

水上运输企业从事的是运送旅客和货物的运输业务。水上运输按船舶航行水域不同，可分为沿海运输、远洋运输和内河运输。沿海运输是指海运企业的船舶在近海航线上航行，往来于国内沿海港口之间；远洋运输是指远洋运输企业的船舶在国际航线上航行，往来于国内外港口之间；内河运输是指内河运输企业的船舶航行于江河航线上，往来于江河港口之间。

1. 水上运输成本核算的特点

（1）**成本核算对象**。水上运输企业以客、货运输业务作为成本核算对象，为加强成本管理，还必须分别以航线、航次、船舶类型（客轮、货轮、油轮、拖轮等）和单船作为成本核算对象。单船成本是基础，据此可以进一步计算客运成本、货运成本、航线成本和船舶类型成本，而将单船成本按航次进一步分解就可得出航次成本。

内河运输企业由于航行运输时间较短，一般不以航次作为成本核算对象。

（2）**成本计算期**。水上运输企业可以按月、按季、按年核算成本。

（3）**成本核算单位**。沿海、远洋运输企业的成本核算单位，客运成本为：元·千人$^{-1}$·海里$^{-1}$，货运成本为：元·千吨$^{-1}$·海里$^{-1}$，客货运输综合成本为：千元·换算吨$^{-1}$·海里$^{-1}$。客货周转量的换算，以一个吨·海里等于一个铺位·人·海里或三个座位·人·海里计算。

内河运输企业的成本核算单位，客运成本为：元·千人$^{-1}$·千米$^{-1}$，货运成本为：元·千吨$^{-1}$·千米$^{-1}$，客货运输综合成本为：千元·换算吨$^{-1}$·千米$^{-1}$。客货周转量的换算，以一个吨·千米等于一个铺位·人·千米或三个座位·人·千米计算。

（4）**成本项目**，具体包括：

① 沿海、远洋运输企业的成本项目包括航次运行费用、船舶固定费用、集装箱固定费用、船舶租费和营运间接费用等项目。

航次运行费用是指船舶在运输生产过程中发生的直接费用，包括燃料费、港口费、货物费、中转费、垫隔材料、速遣费、客运费、事故损失以及其他费用等。

船舶固定费用是指为保持船舶适航状态所发生的费用，包括职工薪酬、折旧费、修理费、保险费、物料、车船使用税、船舶非营运期间费用以及船舶业务费等。

集装箱固定费用是指企业自有或租入的集装箱在营运过程中发生的固定费用，包括集装箱的保管费、折旧费、租费、修理费、保险费、底盘车费以及其他费用等。

船舶租费是指企业租入运输船舶参加营运，按规定应计入成本的期租费或程租费。

营运间接费用是指企业的船队为营运作业而发生的各项管理费用和业务费用。

② 内河运输企业的成本项目一般包括船舶航行费用、船舶维护费用、集装箱固定费用、船租费用和营运间接费用。

船舶航行费用是指运输船舶在航行中发生的直接费用，具体项目参见上述航次运行费用和船舶固定费用。

船舶维护费用是指内河运输企业在封冻、枯水等非通航期所发生的、应由通航期成本负担的船舶维护费用。

2. 水上运输企业的成本核算

（1）沿海运输企业成本核算。沿海运输企业的运输总成本包括航次运行费用、船舶固定费用、船舶租费、集装箱固定费用和营运间接费用，运输总成本除以周转量即为单位成本。

① 航次运行费用、船舶固定费用、船租费用的归集。沿海运输企业所发生的这三项费用通过"劳务成本"账户进行核算，并按各成本核算对象进行归集，即按客运、货运、单船和船舶类型进行归集。所发生的费用能直接分清客运和货运的，直接分别计入客运成本和货运成本，凡不能直接计入客运、货运的共同性费用，应采用一定的方法分配计入客运和货运成本。其分配方法有以下四种。

第一种：按客、货轮核定的客、货定额收入的比例分配。

第二种：按客、货轮核定的客位定额人·天和载货定额吨·天的比例分配，以1个铺位·人·天或3个座位·人·天等于1个吨·天计算。

第三种：按客位和货运所占船舱容积的比例分配。

第四种：按客、货轮实际完成的客、货运换算周转量的比例分配。

② 集装箱固定费用和营运间接费用的归集和分配。沿海运输企业所发生的这两项费用是先通过"集装箱固定费用"和"营运间接费用"两个账户进行归集，月末将所归集的费用采用一定的方法进行分配转入"劳务成本"账户，并计入各成本计算对象。分配标准为：船舶数、船舶吨位、营运吨天数或船舶费用。

沿海运输企业月末应编制沿海运输成本计算表，以反映运输总成本和单位成本情况。沿海运输成本计算表的格式如表6-5所示。

表 6－5　沿海运输成本计算表

编制单位：某海运公司　　　　　　　　20×× 年 × 月　　　　　　　　金额单位：万元

项　　目	行次	计划数	本期实际数			本年累计数		
			合计	客车	货车	合计	客车	货车
一、航次运行费用		略				略		
1. 燃料费								
2. 港口费								
……								
二、船舶固定费用								
三、集装箱固定费用								
四、营运间接费用								
五、运输总成本								
六、运输周转量（千换算吨·海里）								
七、运输单位成本								

（2）远洋运输企业成本核算。远洋运输企业是以客、货运输业务作为成本核算对象，按航次计算运输总成本，用航次的运输总成本除以周转量即为单位成本。

① 航次运行费用的归集。航次运行费用应按单船分航次在"劳务成本"账户中进行归集。

② 航次间接费用。航次间接费用是指船舶固定费用、集装箱固定费用和营运间接费用。企业所发生的航次间接费用先在"船舶固定费用""集装箱固定费用"和"营运间接费用"账户中进行归集，月末采用一定的方法进行分配转入"劳务成本"账户，并计入各航次成本中去。航次间接费用的分配方法参照沿海运输成本计算。

远洋运输企业月末应编制远洋运输成本计算表，以反映运输总成本和单位成本情况。远洋运输成本计算表的格式参见沿海运输成本计算表。

（3）内河运输企业成本核算。内河运输企业的运输总成本和单位成本的计算与沿海运输企业的成本计算基本相同。

6.2.4　港口业务成本核算

港口企业包括海港、河港企业，主要经营货物装卸、堆存和其他业务。

1. 港口业务成本核算的特点

（1）成本核算对象。港口企业成本核算对象为港口的货物装卸业务和堆存业务，其成本核算就是计算装卸业务的成本和堆存业务的成本。装卸业务成本可以以主要货种（煤、矿、石油、木材等）和责任部门（装卸队等）作为成本核算对象；堆存业务的成本可以以港口仓库、堆场等作为成本核算对象。

（2）成本核算期。港口企业成本核算均采用按月定期核算。

（3）成本核算单位。港口企业中，装卸业务的成本核算单位为元/千吨，堆存业务的成本核算单位为堆存元·吨$^{-1}$·天$^{-1}$。

（4）成本项目。装卸业务的成本项目可划分为直接费用和作业区费用。堆存业务的成本项目划分为堆存直接费用和作业区费用。

① 装卸直接费用是指海河港口企业为装卸货物而提供作业所发生的直接费用，包括职工薪酬、燃料、材料、低值易耗品摊销、动力、折旧费、修理费、租费、外付装卸费、劳动保护费、事故损失和保险费等。

② 堆存直接费用是指海河港口企业库场等堆存设备因堆存保管货物而发生的直接费用，其包括的内容与装卸直接费用基本相同。

③ 作业区费用是指海河港口企业所属作业区的管理费用和业务费用，包括作业区服务和管理人员职工薪酬、燃料费、材料费、动力费、折旧费、修理费、劳动保护费、办公费、通信费、差旅费、票据印刷及其他费用等。

2. 装卸成本和堆存成本计算

港口企业的装卸直接费用、堆存直接费用加上作业区费用，即构成装卸成本和堆存成本，将装卸成本和堆存成本分别除以装卸工作量（千吨）和堆存量（吨·天），即为装卸单位成本和堆存单位成本。

（1）装卸、堆存直接费用的归集。装卸直接费用通过"劳务成本——装卸支出"账户进行归集，堆存直接费用通过"劳务成本——堆存支出"账户进行归集。

（2）作业区费用的归集。作业区费用通过"营运间接费用"账户进行归集，月末再将这些费用按装卸、堆存支出的直接费用比例进行分配，分别计入"劳务成本——装卸支出"和"劳务成本——堆存支出"账户，计入各成本计算对象。

港口企业月末应编制海河港口装卸成本计算表和堆存成本计算表，以反映企业装卸、堆存业务总成本和单位成本情况，其格式如表6-6所示。

表6-6　海河港口堆存成本计算表

编制单位：某港口公司　　　　　　　　　20××年×月　　　　　　　　金额单位：万元

项　目	行次	计划数	实际数	累计数
一、堆存直接费用 　1. 职工薪酬 　2. 燃料费 　……				
二、作业区管理费用 三、减：与堆存成本无关费用 四、堆存总成本 五、堆存量（千吨·天） 六、堆存单位成本（元/千吨·天）				

6.2.5　其他运输企业成本核算

铁路运输一般以客运、货运作业作为成本核算对象，航空运输一般以机型作为成本核算对象计算每一种机型的成本，具体成本核算特点及方法参见汽车运输成本核算。

6.2.6 交通运输企业成本管理

知识导学：交通
运输企业成本管理

1. 渗透成本管理理念，增强成本控制意识

交通运输企业大部分从业人员对成本管理的认识不到位，造成成本管控工作难以推进。需要通过培训、宣传，引导从业人员在思想意识层面重视成本管理，了解这是每一位员工的职责，树立全员参与成本控制的意识。建立配套考核制度，提升从业人员职业素养，为成本管理工作顺利开展奠定基础。

2. 精准科学控制燃料和维修成本

交通运输企业要依据运输工具的实际燃料耗用情况，制定统一的耗用标准，合理控制运输设备的燃料耗用，严格明确和规范运输工具燃料耗用测量人员的职责，确保精准、有效监测每一运输工具的燃料耗用状况，以便进行成本控制。科学设置运输工具维修点，确保规范化维修。

3. 健全预算管理机制

交通运输企业要建立有效的预算管理机制，实施全面预算管理，引导企业全员参与，建立配套的成本费用评价体系，做好绩效考核，提升预算管理效率。

知识拓展

快递物流企业以技术驱动降本增效

最近两年看，原本劳动密集型的快递行业正在加速走向技术密集型。在科技的驱动下，最典型的就是，从仓储到干线运输再到末端配送，物流"无人化"正缓缓铺开。这主要体现在配送机器人、无人仓、无人机、正在部署的无人驾驶技术、以及转运中心全自动分拣等大规模应用。

1. 顺丰

独具科技基因的顺丰，基于人工智能、物联网、机器学习、智能设备等技术的综合应用，让机器解放双手、让人工智能助力决策、让智能设备汇集数据之源，促使物流行业进入智能化、数字化、可视化、精细化的新时代，提升运作效率。

仅在无人机上，顺丰就搭建了"三段式空运"网络。快件通过大型有人运输机、支线大型无人机以及末端小型无人机，机动匹配并覆盖国家干线、城市干线及偏远地区"最后一公里"的运输需求，实现36小时快件通达全国。行业内有分析认为，未来3~5年内，快递企业在部分地区和场景或将代替人工，实现无人化配送。

2. 中通

自2016年起，中通便成立了应用和技术平台研发团队，专门从事微服务应用架构、深度学习和人工智能、大数据、私有云和混合云、DevOps自动化运维等先进技术的研发。

具体到数据上，仅就自动化分拣设备，目前中通已投入使用68套自动化分拣流水线，8小时约分拣14万多件。这意味着什么呢？我们来看一下人工和机器的对比就更清晰了。若按正常一人一个班操作1 000件计算，14万件包裹，需要140个人。由此可见，使用自动化分拣流水线后只需25个人，节省了超过82%的人力。

3. 申通

素有中国快递第一股的申通，在大型转运中心不断投入自动化分拣、自动化扫描、自动化称重、自动化计泡等自动化设备，实现库内的操作"无人化"。比如"小黄人"自动化分拣系统、

交叉带分拣系统等都最大化地提高了运营效率。最新财报显示，申通快递自动化分拣设备的投入预计可以节约70%的人工成本。

以上所述，都是些物流大佬对技术的理解和应用，体现了明显的成本管控意识，对技术的大力投入，这是成本控制的需要，也是企业发展的需要。

摘自：《物流CTO》，作者：夏瑾

课后导思：交通运输
企业成本核算与管理

任务6.3 房地产开发企业成本核算与管理

 提 示

课前导引：到底要不要
拓展房地产开发业务

房地产开发企业成本核算执行《企业会计制度》，上市公司自2007年1月1日起施行《企业会计准则——基本准则》和《企业会计准则——具体准则》。

6.3.1 房地产开发企业成本核算概述

知识导学：核算
房地产开发企业成本

1. 房地产开发企业成本核算的特点

房地产开发企业是指从事土地、房屋建设的开发、销售、出租等生产经营活动的企业。它向社会提供的是房屋、土地等不动产形式的产品，主要业务包括土地开发、房屋开发、配套设施开发和代建工程开发等。其成本核算的特点如下。

（1）成本核算对象。房地产开发企业的成本核算对象应根据开发项目的地点、用途、结构、装修、层高、施工队伍等因素加以确定。成本核算对象，就是承担开发建设费用的开发产品。具体来说，房地产开发企业成本核算对象有以下三种情况。

① 一般的开发项目，可以以每一独立编制的设计概（预）算，或以每一独立的施工图预算所列的单项开发工程为成本核算对象。

② 同一开发地点、结构类型相同的群体开发建设项目，如果开工、竣工时间相近，由同一施工单位施工，可以合并作为一个成本核算对象。

③ 对于规模较大、工期较长的开发项目，可以结合经济责任制的需要，按开发项目的一定区域或部分，划分成若干个分部开发项目，然后以分部开发项目作为成本核算对象。

成本核算对象应在开发项目开工前确定，一经确定就不能随意改变，更不能相互混淆。

（2）成本核算期。开发产品的成本核算期，一般以开发产品的开发周期为准。

（3）成本核算项目。房地产开发产品在核算上包括下列五个成本项目。

① 土地征用及拆迁补偿费，指房地产开发企业按照城市建设总体规划进行土地开发而发生的各项费用，包括土地征用费、耕地占用费、劳动力安置费，有关地上、地下附着物拆迁补偿的净支出（即扣除拆迁旧建筑物回收的残值收入）以及安置动迁用房支出等。

② 前期工程费，指开发项目在前期工程阶段发生的各项费用，包括规划、设计、项目可行性研究、水文、地质、勘察和测绘等支出。

③ 建筑安装费，指开发项目在开发过程中发生的各种建筑工程费用，包括企业以出包方式

支付给承包单位的建筑安装工程费用和自营方式发生的各种建筑安装工程费用。

④ 基础设施费，指开发项目在开发过程中发生的各项基础性设施支出，包括开发小区内道路、供水、供电、供气、排污、排洪、通信、照明、环卫和绿化等工程发生的支出。例如，"三通一平"和"七通一平"，"三通"指通水、通电、通道路，"七通"指通水、通电、通道路、通气、通热、通信、通排水，"一平"指平整土地。

⑤ 公共配套设施费，指不能有偿转让的开发小区内公共配套设施发生的支出，包括居委会、派出所、幼儿园、消防、水塔以及公共厕所等设施的支出。在确定公共配套设施支出的内容时应注意两点：一个是公共配套设施必须限定在开发小区内，另一个是公共配套设施的范围必须是不能有偿转让的公共配套设施。凡能有偿转让的公共配套设施如商店、邮局、学校、医院等应在"配套设施成本"账户中单独核算。

⑥ 间接费用，指房地产开发企业在开发现场组织管理开发项目建设而发生的职工薪酬、修理费、折旧费、办公费、水电费、劳动保护费以及周转房摊销等。各行政部门为管理公司而发生的各项费用不在此列，应在"管理费用"账户中核算。

2. 成本核算需设置的账户

为核算企业在土地开发、房屋开发、配套设施开发、代建工程开发过程中发生的各项费用，需设置"开发成本"和"开发间接费用"账户作为成本类账户。

"开发成本"账户反映企业发生的土地征用及拆迁补偿费、前期工程费、基础设施费、建筑安装费等直接费用。本账户应按开发成本的种类，如"土地开发""房屋开发""配套设施开发"和"代建工程开发"等设置明细账。

"开发间接费用"账户反映所发生的间接费用，月末应分配转入开发成本。本账户应按企业内部不同的单位、部门设置明细账。

3. 成本核算程序

（1）归集开发费用，具体包括：

① 在项目开发中发生的各项直接开发费用，直接计入各成本计算对象，即借记"开发成本"账户及其所属明细账户，贷记有关账户。

② 为项目开发服务所发生的各项开发间接费用，可先归集在"开发间接费用"账户，即借记"开发间接费用"账户及其所属明细账户，贷记有关账户。

③ 将"开发间接费用"账户归集的开发间接费用，按一定的方法分配计入各开发成本计算对象，即借记"开发成本"账户及其所属明细账户，贷记"开发间接费用"账户。

（2）计算并结转已完工开发产品的实际成本。计算已完工开发项目从筹建至竣工验收的全部开发成本，并将其结转计入"开发产品"账户，即借记"开发产品"账户，贷记"开发成本"账户。

（3）按已完工开发产品的实际功能和去向，将开发产品实际成本结转有关账户。按已完工开发产品的实际功能和去向，将开发产品的实际成本借记"经营成本""分期收款开发产品""出租开发产品""周转房"等账户，贷记"开发产品"账户。

6.3.2 房地产开发企业开发成本计算

1. 土地开发成本计算

土地开发是房地产开发的主要内容之一，其开发的产品是建设场地。

土地开发成本是指企业因开发土地而发生的各项直接费用和间接费用。发生的直接费用直接计入成本核算对象；发生的间接费用因为涉及两个或两个以上成本核算对象，因此，待场地完工之后，再按一定的标准在各成本核算对象之间进行分配。分配标准通常以直接费用为基础。

【例6-6】 华夏房地产开发有限公司开发甲、乙两地，开发面积分别为400亩和600亩，甲地为商品性建设场地，乙地为建商品房开发的自用建设场地。开发期发生土地征用及拆迁费8 000万元，其中甲地3 000万元，乙地5 000万元；发生规划设计费5万元，其中甲地2万元，乙地3万元；应付给承包工程施工单位基础设施费40万元，其中甲地10万元，乙地30万元；另外，甲、乙两地共发生间接费用80.45万元。间接费用以直接费用为基础分配。其分配结果如表6-7所示。

表6-7 间接费用分配表

20××年×月 单位：万元

成本核算对象	直接费用	分配率	分配金额
甲地	3 012	0.01	30.12
乙地	5 033		50.33
合计	8 045		80.45

土地开发成本核算过程如表6-8所示。

表6-8 土地开发成本核算表

20××年×月 单位：万元

成本核算对象	直接费用						间接费用	合计
	土地征用及拆迁费	前期工程费	建安工程费	基础设施费	公共配套设施费	合计		
甲地	3 000	2	—	10		3 012	30.12	3 042.12
乙地	5 000	3	—	30	—	5 033	50.33	5 083.33
合计	8 000	5	—	40		8 045	80.45	8 125.45

土地开发成本是指企业因开发土地而发生的各项费用，包括土地征用及拆迁补偿费、前期工程费、建筑安装费、基础设施费等，这些费用直接计入"开发成本——土地开发成本"账户，开发间接费用，可先归集在"开发间接费用"账户，期末再分配计入土地开发成本。开发完工后所归集的全部费用，即为土地开发的实际成本。

由于完工后的土地开发项目（即建设场地）的用途不同，开发成本的结转方法也有所区别：为有偿转让而开发的商品性建设用地，开发完成，即形成企业最终产品——开发产品，应于竣工验收时，借记"开发产品"账户及其所属明细账户，贷记"开发成本"账户及其所属明细账户；为建商品房而开发的自用建设场地，开发完成后形成企业的中间产品，应在竣工验收时，将其实际成本由"开发成本"账户所属的"土地开发"明细账，结转到"开发成本"账户所属的"房屋开发"明细账。

根据【例6-6】，会计处理如下。

(1)用银行存款支付土地征用及拆迁费，编制会计分录如下：

借：开发成本——商品性土地开发成本（甲地） 30 000 000

      ——自用土地开发成本（乙地） 50 000 000

　　　　贷：银行存款　　　　　　　　　　　　　　　　　　　80 000 000

（2）用银行存款支付前期工程款，编制会计分录如下：

借：开发成本——商品性土地开发成本（甲地）　　　　　20 000

　　　　——自用土地开发成本（乙地）　　　　　　　30 000

　　　贷：银行存款　　　　　　　　　　　　　　　　　　　50 000

（3）应付承包工程施工单位基础设施工程款，编制会计分录如下：

借：开发成本——商品性土地开发成本（甲地）　　　　100 000

　　　　——自用土地开发成本（乙地）　　　　　　300 000

　　贷：应付账款　　　　　　　　　　　　　　　　　　　400 000

（4）分配开发间接费用，编制会计分录如下：

借：开发成本——商品性土地开发成本（甲地）　　　　301 200

　　　　——自用土地开发成本（乙地）　　　　　　503 300

　　贷：开发间接费用　　　　　　　　　　　　　　　　　804 500

（5）结转竣工场地成本（甲地），编制会计分录如下：

借：开发产品——土地（甲地）　　　　　　　　　　30 421 200

　　贷：开发成本——商品性土地开发成本（甲地）　　30 421 200

（6）竣工验收乙地，编制会计分录如下：

借：开发成本——房屋开发成本（乙地）　　　　　　50 833 300

　　贷：开发成本——自用土地开发成本（乙地）　　　50 833 300

2. 房屋开发成本计算

　　房屋的开发建设是房地产开发企业经营的又一主要内容。房屋开发成本是指房地产开发企业开发各种房屋所发生的各项费用支出。房屋开发的用途可归纳为四类：为销售而开发的商品房；为安置拆迁居民而开发的周转房；为出租而开发的经营房；为受托而开发的代建房。

　　房屋开发成本的计算方法与土地开发成本计算相同。

3. 配套设施开发成本计算

　　配套设施开发是指企业根据城市建设规划的要求，或项目建设设计规划的要求，为满足居住需要，与开发项目配套的各种服务性设施的建设。配套设施分为两大类。一类是非营业性公共配套设施，如居委会、派出所、幼儿园、水塔、公厕等。这类非营业性设施所发生的支出应计入开发项目的成本。另一类是小区内配套设施项目，其中不能或不准备有偿转让的，其支出计入开发项目的成本；凡准备有偿转让的配套设施，其配套设施支出应单独计算其成本，以便计算有偿转让配套设施的盈亏。

4. 代建工程开发成本计算

　　代建工程开发成本是指房地产开发企业受托代为开发建设的工程或中标承建的开发工程，如市政工程等所发生的各项费用支出。其成本计算方法与土地开发成本计算方法相同。

6.3.3　房地产开发企业成本管理

知识导学：房地产
开发企业成本管理

1. 实施项目精细化管理

　　根据项目实际情况，制定适合的项目成本管理制度，以项目精细化管理为目标，明确成本管理的标准及有效办法。设立成本管理部门，引进或培养既懂工程设计、预决算，又懂财务成本管理的复合型专业人才，实时监控项目开发成本，有效保障目标成本的完成。对项目管理人员加强培训，提高成本管理意识，将项目精细化管理理念渗透到企业每个管理人员中。

2. 加强前期开发控制

重视前期立项分析研究，尤其重视土地成本控制。要就项目所在地的地理环境、经济发展状况、产品客户群等因素进行分析。同时要清楚土地性质、政府规划、土地等级和周边发展趋势等方面的相关事项。加强设计阶段的成本管理，要有整体设计框架，要明确委托要求，选择适当的设计单位。进行设计全过程控制管理，对关键节点和不确定问题，设计管理人员要与设计师及时沟通，并向公司管理部门汇报，必要时征询规划、消防等相关政府部门意见，尽早尽快解决问题。重视招标流程控制，通过公开招标可以引进竞争机制，降低成本，是房地产企业的最佳选择。认真编制工程项目标底和标书，确定标的合理的价格区间。招标审核中严格审查施工单位资质等信息，合同中除了明确项目基本条款，还应明确建设施工单位关于意外事件的处理原则、程序等。

3. 加强施工阶段管理

加强施工进度管理，将项目总工期按顺序流程划分为若干阶段，科学制定各阶段的工作事件，协调、控制项目进度，做好监督审核工作。加强施工质量管理，定期对施工过程进行检查和监督，记录督查信息，并据此做出合理评估。选择信誉好、技术力量强的建立公司进行监理，帮助控制工程成本。加强工程变更签证管理。对施工中必需的变更签证等，应分清是属于合同内的还是另外签证的，避免重复计费。

 **知识拓展**

目标成本控制方法在房地产开发企业的应用

1. **房地产成本目标管理原则**

①目标的内涵：不仅限于成本目标值本身、更要关注成本背后的产品目标。

②目标的作用：目标不是上限而是基准，目标的作用在于心中有数。

③目标的范围：成本目标是整个项目团队的目标，目标范围覆盖全成本。

2. **制定的时间**

目标的雏形从立项时开始形成，成本水平是考虑是否立项的要素之一；策划、设计阶段进行各阶段的成本测算，各期测算要有对应，比较变化原因，原则上前期目标控制后期目标；实施方案确定后，形成正式项目发展成本目标。施工图完成后，可根据预算对目标做调整（通常是在偏差较大的情况下），形成内控目标。

3. **目标制定的方法：正向与反向**

正向测算：测算依据——成本首先是由产品的定位与档次决定的，因此成本目标要在与产品目标的互动沟通中共同制定，在发包前的阶段经历由粗到细的过程。一般的依据文件有：项目发展报告、策划报告、各阶段的设计文件和交楼标准。测算方式——根据所掌握的经验数据和项目的特征，不一定是固定方式（如烂尾楼改造、中学等）。团队工作——前期工作尽可能做细，促进策划、设计人员对产品的深入考虑，不要因为今后会发生变化而不作预先设定。

反向倒逼：确定销售价格水平；确定利润要求；反推计算成本水平。目标需经过各方的讨论、审批和正式发布（也可能经集团审批）。

4. **目标制定的要求：成本＋产品**

水平恰当：支持定位，提升价值；既有可行性，又具挑战性；适当考虑风险；

依据充分：产品定位支撑目标数据；合理确定的前提条件：了解市场、结合产品，有充分的数据支持——通过市场调研和数据库。

内容具体明确：成本内容明确（比如同样是高档，各人心目中可能不同）；考虑全面，不要漏项；量化计算：尽可能有量化的计算，量价分离，而不是笼统的总数，便于今后的对比分析。

推行标准化：最好能结合公司产品特点，制定公司通用的标准和表格，各项目的不同点在局部作调整，可以节省时间，减少误解；强调考核作用：尽可能作为绩效考核指标；所有房地产公司都会做测算，只是没有作为正式的目标去执行和监控，没有用成本目标对控制结果进行考核。

摘自：微信公众号"地产精英俱乐部"《房地产开发全过程成本管理》

课后导思：房地产开发
企业成本核算与管理

任务 6.4　施工企业成本核算与管理

6.4.1　施工企业成本核算概述

课前导引：施工企业
成本核算与管理

1. 施工企业成本核算的特点

施工企业是指从事建筑、安装工程的生产经营性企业。其成本核算的特点如下。

（1）成本核算对象。一般情况下，施工企业是以每一独立编制施工图预算的单位工程为成本核算对象的。施工企业的成本核算对象有以下几种情况。

① 规模大、工期长的单位工程，可以将工程划分为若干个分部工程，以各分部工程作为成本核算对象。

② 同一建设项目、同一单位施工、同一施工地点、同一类型结构且开竣工时间相近的若干单位工程，也可以合并作为一个成本核算对象。

③ 改建、扩建的零星工程，可以将开竣工时间接近、同属于一个建设项目的各个单位工程合并为一个成本核算对象。

（2）成本核算期。只要完成预算定额规定的组成部分工程，就视为"已完工程"进行成本核算；当整个工程竣工时，再对竣工工程进行成本决算。

2. 施工企业成本核算的内容

施工企业的工程成本可分为直接成本和间接成本：

（1）直接成本是指施工过程中耗费的构成工程实体或有助于工程实体形成的各项支出，包括人工费、材料费、机械使用费和与设计有关的技术援助费用、施工现场材料的二次搬运费、生产工具和用具使用费、检验试验费、工程定位复测费、场地清理费及其他直接费用。

（2）间接成本是指施工企业各施工队、工程处、工区等这一级单位为组织管理施工生产活动而发生的支出，类似于制造业企业车间一级所发生的制造费用，包括人工费、折旧费、修理费、物料消耗、低值易耗品摊销、取暖费、水电费、办公费、差旅费、财产保险费、检验试验费、工程保修费、劳动保护费、排污费及其他费用。

3. 施工企业成本核算需设置的账户

为反映施工企业在工程施工过程中发生的各项费用支出，需设"工程施工""机械作业"

"辅助生产"等账户。

"工程施工"账户反映施工过程中发生的材料费、人工费、机械使用费、其他直接费用及间接费用等。该账户按成本核算对象和成本项目归集费用。

"机械作业"账户用来反映企业及其内部独立核算的施工单位、机械站和运输队使用自有施工机械和运输设备进行机械作业所发生的各项费用。月末，成本为本单位承包的工程进行机械化施工和运输作业的，转入"工程施工——机械使用费"账户；对外提供机械作业的成本，转入"其他业务成本"账户；从外单位或本企业其他内部独立核算的机械站租入施工机械、按规定的台班费定额支付的机械租赁费，不计入该账户，而是计入"工程施工——机械使用费"账户。

"辅助生产"账户用来核算企业非独立核算的辅助生产部门为工程施工等提供服务（如设备维修、构件的现场制作、供应水电气等）所发生的费用，月末按受益对象进行分配。

6.4.2 施工企业工程成本计算

1. 材料费用归集和分配

材料费用是工程成本的重要组成部分，因其耗用量大，用途不一，月末应根据不同情况进行归集和分配。

（1）凡领用时能够点清数量、分清用料对象的，直接计入各工程成本。

（2）领用时虽然能点清数量，但属于集中配料或统一下料的材料，如油漆、玻璃、木材等，分配计入各工程成本。

（3）既不易点清数量，又难分清受益对象的大堆材料，如砂、石、砖、瓦等，可采用以存计耗制确定本月的实际耗用量。其计算公式为

本期耗用实际数量 = 期初结存数量 + 本期收入数量 − 期末盘存实际数量

根据上述公式计算所得的本期耗用实际数量按工程的定额耗用量比例进行分配，计入各工程成本。

（4）对于周转使用的材料，可分别不同情况采用不同方法计入工程成本。对于租入的周转材料，按实际支付的租赁费用直接计入各工程成本；对自用周转材料，可采用一次摊销法、分期摊销法，计入各工程成本。

2. 人工费用的归集和分配

人工费用的归集和分配应根据企业具体的工资制度而定。采用计件工资制度的，应根据"工程任务单"核算，并直接计入有关的成本核算对象；采用计时工资制度的，按工时分配计入有关的成本核算对象。

3. 机械使用费用的归集和分配

机械使用费用的归集和分配应根据不同情况进行归集和分配。

（1）自有机械作业。自有机械作业所发生的各项费用，首先应通过"机械作业"账户按机械类别或每台机械分别归集，月末再根据各个工程实际使用施工机械的台班数核算应分摊的施工机械使用费。机械作业费用的分配方法主要有以下三种。

① 台班分配法，即按照各个工程使用施工机械的台班数进行分配，其计算公式为

某工程应负担的机械使用费 = 该种机械台班实际成本 × 某工程实际使用台班数

$$某种机械台班实际成本 = \frac{该种机械实际发生费用总数}{该种机械实际工作台班总数}$$

台班分配法适用于按单机或机组进行成本核算的施工机械。

② 预算分配法，即按实际发生的机械作业费用占预算定额规定的机械使用费的比率进行分配的方法。其计算公式为

$$实际机械作业费用占预算机械使用费的比率 = \frac{实际发生的机械作业费用总额}{全部工程预算机械使用费用总额}$$

$$某工程成本应负担机械使用费 = 该工程预算机械使用费 \times$$
$$实际机械作业费用占预算机械使用费的比率$$

预算分配法适用于不便于计算机械使用台班、无机械台班和台班单价预算定额的中小型施工机械。

③ 作业量法，即以各种机械所完成的作业量为基础进行分配的方法。其计算公式为

$$某种机械单位作业量实际成本 = \frac{该种机械实际发生费用总额}{该种机械实际完成作业量}$$

$$某工程应负担的某种机械使用费 = 某种机械单位作业量实际成本 \times$$
$$某机械为工程提供的作业量$$

作业量分配法适用于能计算完成作业量的单台或某类机械。

（2）租入施工机械。从外单位或本企业其他内部独立核算的机械站租入施工机械支付的租赁费，一般可以根据"机械租赁费结算账单"所列金额，直接计入有关工程成本。如果发生的租赁费应由两个或两个以上工程共同负担，应根据所支付的租赁总额和各个工程实际使用台班数分配计入有关工程成本，分配方法同上。

4. 其他直接费用

其他直接费用一般在发生时可以分清受益对象，直接计入对应工程成本。对于所属辅助生产单位供应的水电气等，应先在"辅助生产"账户中归集，然后按受益对象分配转入。

5. 间接成本

间接成本的归集和分配类似于制造业企业的制造费用的归集和分配，可以选用各工程人工费用、直接费用为标准进行分配。

6. 已完工工程成本的计算

建设工程价款的结算方式有按月结算、分段结算、竣工后一次结算，或者按双方约定的其他结算方式。对于采用按月结算工程价款的工程，企业按月结转已完工工程成本；对于采用竣工后一次结算或分段结算价款的工程，应按合同规定的工程价款期，结转已完工工程成本。已完工工程成本可以根据以下公式计算：

$$已完工工程成本 = 期初未完工工程成本 + 本期发生的施工生产费用 -$$
$$期末未完工工程成本$$

在上述公式中，期初未完工工程成本是已知的，本期发生的施工生产费用经过归集分配之后可以确定下来，只要计算出期末未完工工程的成本就可以确定本期完工工程成本。

期末未完工工程成本可按下列公式计算：

$$期末未完工工程成本 = 期末未完工工程折合已完分部分项工程量 \times$$
$$该分部分项工程预算单价$$

或

$$期末未完工工程成本 = 未完工工程某工序完成量 \times 分部分项工程单价 \times$$
$$某工序耗用直接费用占预算单价的百分比$$

施工企业工程成本核算是在"工程施工"明细账内进行的，"工程施工"明细账的格式

如表6－9所示。

表6－9　工程施工成本明细账

工程名称：　　　　　　　　　　　　20××年×月　　　　　　　　　单位：万元

摘　　要	工程实际成本						本月未完工工程成本	已完工工程	
	材料费	人工费	机械使用费	其他直接费	间接费用	合计		实际成本	预算成本
月初累计余额									
分配材料费									
分配人工费									
分配机械使用费									
分配其他直接费									
分配间接费用									
本月合计									
本月累计									

 知识拓展

施工企业成本控制三大环节

首先要将成本事前控制工作做到位，施工之前要预测及规划好成本费用的支出，既要对总支出进行评估，又要细分各个施工环节成本。事前成本管理侧重点放在经济活动中涉及的所有成本的规划、审核以及监督管理，例如，成本造价的科学合理预算，图纸设计环节成本，合同签订执行中成本，材料设备采购环节成本、施工环节所有成本的预测等可能会影响到成本支出的所有因素，不仅要做好成本预测，而且还要确保成本决策的准确性。

其次要做好成本事中控制工作，成本管理有效性的实现需要对产生成本各个环节进行及时更新与汇总，及时将发生的实际成本单据归集到财务部门进行核算，而财务部门需要做的是将这些单据类型进行划分，对超支现象要及时了解原因，如果发现不必要的成本支出，要进行严查。施工环节进行全过程成本的管控，将目标成本细化为各个小目标，进而全面管理，而各个部门、人员都要承担成本管理职责，并做好部门之间的协调工作。

最后要将成本事后控制工作做好，当项目不同环节完工后，要将实际支出与计划支出进行对比，找差异，分析原因，以便于为后续成本管理提供有价值的信息反馈。在反复比较以后，总结常见超支环节，为其他项目编制合理的预算提供依据，减少同一问题发生的频率。将成本事后控制做到位，项目负责人应更好地制定施工计划，为准确决策提供强有力的信息支持，积累经

验，找出规律，以便能够更好地进行成本管理。

摘自：微信公众号"工保科技"《施工企业工程项目成本管理存在的哪些问题？如何优化？》

6.4.3　施工企业成本管理

知识导学：施工
企业成本管理

1. 工程项目生产管理

首先，制定切实可行的项目实施规划，策划是重要关节，也是施工企业成本管理的关键点。其次，在企业内部合理利润原则下，工程人员要在不降低工程质量和安全标准前提下获取项目。第三，确定合理的物资采购方式，选择高素质的施工团队。比如对施工材料进行集中采购，保质保量的基础上降低材料价格。第四，及时与业主签证，控制好双方队伍的工程量，确保工程进度款按时到位。

2. 企业日常运营管理

首先，优化企业组织结构，科学、合理地设置管理部门，控制管理成本占总成本的比例。其次，要合理设计成本管理流程。依据企业经营发展实际情况与工程项目进展情况，制定完善的成本管理制度、工作方法以及评价机制等。再次，施工企业要进一步优化企业融资方案及使用规范。融资成本占经营总成本的比例应为 10%～15%，是企业成本管理的重要内容。

 **德育导行**

职 业 修 养

良好的职业修养是每一个优秀员工必备的素质，良好的职业道德是每一个员工都必须具备的基本品质，这两点是企业对员工最基本的规范和要求，同时也是每个员工担负起自己的工作责任必备的素质。

第一，早到公司。每天提前到公司可以在上班之前准备好完成工作必需的工作条件，调整好需要的工作状态，保证准时开始一天的工作，才叫不迟到。

第二，搞好清洁卫生。做好清洁卫生，可以保证一天整洁有序的工作环境，同时也利于保持良好的工作心情。

第三，工作计划。提前做好工作计划利于有条不紊地开展每天、每周等每一个周期的工作，自然也有利于保证工作的质和量。

第四，开会记录。及时记录必要的工作信息，有助于准确地记载各种有用的信息，帮助日常工作顺利开展。

第五，遵守工作纪律。工作纪律是为了保证正常工作秩序、维持必须工作环境而制定的，不仅有利于工作效率的提升，也有利于工作能力的提高。

第六，工作总结。及时总结每天、每周等阶段性工作中的得与失，可以及时调整自己的工作习惯，总结工作经验，不断完善工作技能。

第七，向上级汇报工作。及时向上级请示汇报工作，不仅有利于工作任务的完成，也可以在上级的指示中学习到更多工作经验和技能，让自己得到提升。

职业习惯是一个职场人士根据工作需要，为了很好地完成工作任务主动或被动地在工作过程中养成的工作习惯，也是保证工作任务和工作质量必须具备的品质。良好的职业习惯，是出色地完成工作任务的必要前提，如果不具备良好的职业习惯就不能按照要求完成自己的工作，所以每一个人都需要有一个良好的职业习惯。

启示：成本会计工作既是一项管理工作，也是一项服务工作，服务于管理层，为企业的成本管控出谋划策；服务于其他部门，便于职能部门节支降费。做好服务，是成本会计的重要工作内容。要做好服务，每一名成本会计都应提高自身素质，增强公平公正、实事求是的服务意识，树立全心全意为企业服务的工作理念。职业修养是职业成败的关键因素之一，关系到工作能否取得成功。我们要不断提升自身的高尚道德情操，不骄不躁，心态平和。注重个人行为和处事的修养，注重内在品质的锻炼，不断完善自我，做一名办实事说实话的会计，做一名正直高尚的会计。

 【任务评价】

请在表 6 – 10 中客观填写每一项工作任务的完成情况。

表 6 – 10　任务评价表

任务	知识掌握	能力提升	素质养成
任务 6.1 商品流通企业成本核算与管理			
任务 6.2 交通运输企业成本核算与管理			
任务 6.3 房地产开发企业成本核算与管理			
任务 6.4 施工企业成本核算与管理			

备注：任务评价以目标完成百分比表示，目标全部达成为 100%，依次递减。

项 目 小 结

各行业之间由于其生产活动的特点不同，决定了其成本核算具有不同的特点，在成本核算对象、成本项目、成本核算期等方面都有所不同。

课后导思：施工企业成本核算与管理

在商品流通企业中，进价核算的商品一般按商品品种作为成本计算对象而且进价本身就是采购成本；售价核算的商品，平时库存商品按售价反映，平时从账面上不能反映出库存商品成本，只有到报告期末采用一定方法计算出库存商品进销差价以后，才能够反映出库存商品的成本。交通运输企业的成本核算对象一般为客货运业务，按运输工具、航次等设置成本核算对象；房地产开发企业一般以各开发项目作为成本计算对象；施工企业一般以各工程作为成本核算对象。

成本核算是通过设置和运用账户来进行的，商品流通企业商品销售成本用"主营业务成本"账户来反映；交通运输企业一般应设置"劳务成本"账户，进行费用归集；房地产开发企业一般设置"开发成本"账户进行费用归集；施工企业一般设置"工程施工""机械作业"等账户，进行费用归集。

思维导图总结如图 6 – 1 所示。

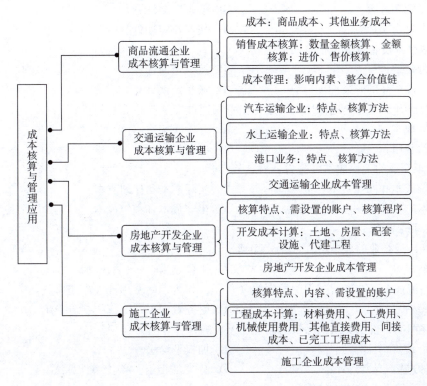

图 6-1 思维导图总结

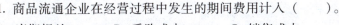

项 目 练 习

德育导行：我对成本
有话说——职业修养

一、单项选择题

1. 商品流通企业在经营过程中发生的期间费用计入（　　　）。

A. 当期损益　　　　B. 采购成本　　　　C. 销售成本　　　　D. 生产成本

2. 经营品种较多，月度计算销售成本有困难的批发企业，商品销售成本确定方法为
（　　　）。

A. 先进先出法　　　B. 加权平均法　　　C. 个别计价法　　　D. 毛利率法

3. 交通运输企业的成本核算单位一般采用（　　　）。

A. 速度单位　　　　B. 复合单位　　　　C. 重量单位　　　　D. 货币单位

4. 公路运输企业成本，应设置（　　　）账户核算。

A. 劳务成本　　　　B. 装卸支出　　　　C. 工程施工　　　　D. 开发成本

5. 汽车运输企业客车运输成本核算单位是（　　　）。

A. 元·千人$^{-1}$·千米$^{-1}$　　　　　　B. 元·人$^{-1}$·千米$^{-1}$

C. 元·千吨$^{-1}$·千米$^{-1}$　　　　　　D. 元·吨$^{-1}$·千米$^{-1}$

6. 交通运输企业的（　　　）是统一的。

A. 运输生产过程和销售过程　　　　B. 采购过程和销售过程

C. 采购过程和生产过程　　　　　　D. 销售过程和售后服务过程

7. 港口企业成本核算均采用（　　　）。

A. 按月定期计算   B. 按季定期计算

C. 按半月定期计算   D. 按半年定期计算

8. 房地产开发企业成本核算期，一般（   ）。

A. 按月定期计算   B. 按季定期计算

C. 按开发产品的开发周期计算   D. 按年定期计算

9. 房地产开发企业土地征用及拆迁补偿费用通过（   ）账户核算。

A. 开发成本   B. 开发间接费用

C. 管理费用   D. 财务费用

10. 施工企业的工程成本可分为（   ）。

A. 直接成本和间接成本   B. 实际成本和计划成本

C. 实际成本和定额成本   D. 生产成本和销售成本

二、多项选择题

1. 商品流通企业的成本由（   ）组成。

A. 采购成本   B. 生产成本   C. 销售成本   D. 加工成本

2. 商品流通企业在经营过程中发生的（   ）作为期间费用计入当期损益。

A. 销售费用   B. 管理费用   C. 财务费用   D. 制造费用

3. 库存商品售价核算法下已销商品进销差价的计算方法为（   ）。

A. 综合差价率计算法   B. 加权平均法

C. 实际进销差价计算法   D. 分类（柜组）差价率计算法

4. 汽车运输企业的成本核算期可（   ）。

A. 按月计算   B. 按季计算   C. 按半年计算   D. 按年计算

5. 汽车运输成本项目分为（   ）。

A. 车辆费用   B. 营运间接费用

C. 人工费用   D. 管理费用

6. 交通运输企业的成本受（   ）等的影响较大。

A. 自然地理环境   B. 原材料

C. 空驶运行   D. 运输距离的长短

7. 沿海运输企业的运输总成本是指沿海运输企业所发生的（   ）。

A. 航次运行费用   B. 船舶固定费用

C. 船舶租费   D. 集装箱固定费用和营运间接费用

8. 汽车运输的总成本分为（   ）。

A. 客车运输总成本   B. 货车运输总成本

C. 客货车运输综合总成本   D. 开发成本

9. 房地产开发企业房屋开发的用途可归纳为（   ）。

A. 为销售而开发的商品房   B. 为安置拆迁居民而开发的周转房

C. 为出租而开发的经营房   D. 为受托而开发的代建房

10. 房地产开发企业，下列（   ）费用在"开发成本"账户核算。

A. 土地征用及拆迁补偿费   B. 前期工程费

C. 基础设施费   D. 建筑安装费

11. 施工企业自有机械作业费用的分配方法主要有（   ）。

A. 台班分配法   B. 作业量法   C. 预算分配法   D. 顺序分配法

12. 施工企业成本核算需要设置（　　　）账户。

A. 工程施工　　　　B. 辅助生产　　　　C. 机械作业　　　　D. 营运间接费用

三、判断题

1. 一般来说，批发销售的商品应该按商品销售价格记账，零售商品则应按商品的进价成本记账。（　　　）

2. 批发企业库存商品一般采用售价金额核算法；零售企业对库存商品一般采用数量进价金额核算法。（　　　）

3. 交通运输企业的运输生产过程与销售过程是统一的，其生产成本和销售成本也是统一在一起的。（　　　）

4. 汽车运输企业的成本核算对象是客车和货车的运输业务，即按客车运输和货车运输分别归集费用，核算成本。（　　　）

5. 交通运输企业按照运输方式分为铁路、公路、水路、航空四种类型的运输企业。（　　　）

6. 交通运输企业的成本受自然地理环境、运输距离的长短、空驶运行等的影响较大。（　　　）

7. 房地产开发企业公共配套设施费是指能够有偿转让的开发小区内公共配套设施发生的支出。（　　　）

8. 房地产开发企业房屋开发成本的计算与土地开发成本计算相同。（　　　）

9. 施工企业一般情况下是以每一独立编制施工图预算的单位工程为成本核算对象的。（　　　）

10. 施工企业的材料费用，凡领用时能够点清数量、分清用料对象的，直接计入各工程成本。（　　　）

参 考 文 献

[1] 中华人民共和国财政部. 企业会计准则——基本准则 [S]. 北京：经济科学出版社，2014.

[2] 中华人民共和国财政部. 企业会计准则应用指南汇编 [M]. 北京：中国财政经济出版社，2024.

[3] 王玉，杨萍，郭美娣. 成本会计 [M]. 成都：西南财经大学出版社，2019.

[4] 汪正峰，杨小芳，钟小茜. 成本会计 [M]. 成都：西南财经大学出版社，2019.

[5] 杨蓉. 成本管理学 [M]. 上海：华东师范大学大学出版社，2017.

[6] 冯志平. 初级会计实务 [M]. 北京：化学工业出版社，2018.

[7] 王丹. 中级会计实务 [M]. 成都：西南财经大学出版社，2019.

[8] 林云刚. 成本会计 [M]. 上海：立信会计出版社，2015.

[9] 张力上. 成本会计 [M]. 成都：西南财经大学出版社，2015.

[10] 于富生，黎来芳. 成本会计学 [M]. 7 版. 北京：中国人民大学出版社，2015.

[11] 徐晓敏，赵文静. 成本会计 [M]. 北京：人民邮电出版社，2018.

[12] 蒋小芸，胡中艾. 成本核算与管理 [M]. 北京：高等教育出版社，2018.

[13] 伊娜. 成本核算与管理 [M]. 北京：中国人民大学出版社，2021.

[14] 于海琳. 成本核算与管理知识点练习与全真实操 [M]. 北京：清华大学出版社，2020.

[15] 杜晓荣，张颖，陆庆春. 成本控制与管理 [M]. 北京：北京交通大学出版社，2018.

[16] 柯于珍. 成本核算与管理习题实训 [M]. 北京：高等教育出版社，2021.

[17] 李爱红. 成本核算与管理 [M]. 北京：高等教育出版社，2020.

[18] 刘飞. 成本核算与管理 [M]. 北京：高等教育出版社，2020.

[19] 尹美群. 成本管理会计 [M]. 北京：高等教育出版社，2020.

[20] 黄治. 房地产开发企业对建设工程项目质量的管控思考 [J]. 经济研究导刊，2020（04）：7-8.

[21] 任艳滢. 房地产开发中成本控制问题及解决措施 [J]. 中国集体经济，2021，7（03）：75-76.

成本核算与管理项目训练

主　编　崔红敏　方　岚
副主编　王久霞　岳　颖　翟昊钰
主　审　高　焕

北京理工大学出版社
BEIJING INSTITUTE OF TECHNOLOGY PRESS

使 用 说 明

　　为了更好地培养高职高专应用型成本核算与管理人才，强化成本核算与管理实践性教学，满足各财经类院校成本核算与管理实训教学的需要，编者依据最新企业会计准则，以制造业成本核算与管理工作为主线，紧密结合实际工作需求，以实用性为主旨，精心编写了本项目训练。本书旨在通过分阶段的实训内容设置和仿真工作流程的案例分析，帮助学生强化成本核算与管理的实践操作技能，提高其在数字化时代的岗位适应和可持续发展能力，为其未来职业发展打下坚实的基础。

　　本书在内容上体现了高等职业教育改革的最新要求，内容契合生产实际，以真实制造业企业实际发生的经济活动为训练资料，力求做到训练资料准确、规范，训练项目设计科学、完善，训练内容具有一定的启发性、应用性、职业性、开放性、综合性。在综合实训模块利用虚拟仿真技术将实际业务操作训练与职业能力培养相结合，提高成本核算与管理教学的质量，以利于培养高素质成本会计人才。本书作为《成本核算与管理》的辅助用书，即可与之配套使用，也可独立使用。

编　者

目　　录

第一部分　分项目训练

项目 1　熟悉成本知识

一、能力目标

通过本项目实训，使学生能够理清成本会计岗位承担的职责，能根据国家的各种成本会计法规，结合本企业的管理需要和生产经营特点，具体制定企业内部成本会计制度，以规范本企业的成本会计工作；能正确划分支出、费用、成本项目，分清生产企业费用要素内容以及产品成本构成项目；能运用成本核算的基本账户解决实际问题；具备从事成本会计工作的职业素质和能力。

二、实训成果

（1）认真阅读案例资料，确定生产费用和期间费用。
（2）根据资料，确定要素费用和产品成本。
（3）制定一个具体企业的成本会计制度，条理清楚，语句通顺。

三、任务描述

（1）完成生产费用和期间费用的计算。
（2）完成要素费用和产品成本的划分，并且完成各个费用要素和产品成本的计算。
（3）根据国家的各种成本会计法规，结合本企业情况，制定出企业成本会计制度。

四、项目训练

（1）张丹和林琳大学毕业以后，合伙开办了一家玩具厂，专门生产玩具。根据需要，他们选定了厂址后，购置了一批新型的生产设备，招聘了 30 多名技术工人和管理人员。假设他们聘请你作为成本核算员，负责企业的成本核算工作，现在需要你为企业制定成本会计制度，你该如何设计？
（2）一生产儿童三轮车的小厂，本月为生产产品发生了下列支出。

钢管：　　　　　　　50 000 元　　　　油漆：　　　　　　　1 000 元

橡胶轮胎：	10 000 元	其他配件：	2 000 元
车间用电：	2 000 元	厂部用电：	1 000 元
工人工资：	20 000 元	设备保险费：	500 元
设备租金：	2 000 元	合计：	98 500 元
生产设备折旧：	2 000 元		
厂部管理人员工资：	8 000 元		

要求：根据资料确定各项要素费用合计；确定产品成本中各个成本项目的金额、产品成本总额以及期间费用金额。

项目 2　核算要素费用

一、能力目标

通过本项目实训，使学生能对产品成本构成各要素费用进行归集与分配核算，能根据分配结果编制各项费用分配表；通过操作掌握各要素费用的分配方法与核算技能，为后续项目内容的学习打下坚实的基础。

二、实训成果

（1）根据案例资料，按要求对各要素费用进行分配。
（2）根据各要素费用分配结果编制费用分配表，并做出会计分录。
（3）理解辅助生产费用各种分配方法的特点及使用范围。

三、任务描述

（1）对各要素费用进行归集与分配。
（2）根据分配结果编制生产费用要素分配表。
（3）进行会计处理。

四、项目训练

1. 练习直接材料费用的分配

资料：长城公司 20××年 7 月生产甲、乙两种产品，共同耗用 A 种原材料 5 720 千克。该材料实际单价为 8 元/千克；本月甲、乙产品投产量分别为 400 件和 200 件，甲、乙两种产品材料消耗定额分别为 10 千克和 6 千克。

要求：根据材料定额消耗量的比例，分配甲、乙两种产品应负担的原材料费用。

2. 练习材料费用的分配（一）

资料：新月公司20××年9月各车间、部门原材料领用情况汇总表如附表1-1所示。

附表1-1 原材料领用情况汇总表

20××年9月   单位：元

领料部门	用　途	金　额
基本生产车间	生产丙产品领用	31 000
	生产丁产品领用	12 800
	丙、丁产品共同耗用	42 000
	一般耗用	2 600
企业管理部门领用	一般耗用	2 800
供电车间	生产耗用	2 500
供水车间	生产耗用	2 000

该企业本月投产丙产品500件，单位产品材料消耗定额为1.2千克；投产丁产品300件，单位产品材料消耗定额为1.5千克。

要求：按材料定额耗用量比例分配丙、丁产品共同耗用的材料费用，并根据计算分配资料编制原材料费用分配表，如附表1-2所示。

附表1-2 原材料费用分配表

20××年9月   金额单位：元

应借账户		成本项目或费用项目	直接计入	分配计入			合计
				定额耗用（千克）	分配率	分配额	
生产成本——基本生产成本	丙产品	直接材料					
	丁产品	直接材料					
	小　计						
生产成本——辅助生产成本	供电车间	直接材料					
	供水车间	直接材料					
	小　计						
制造费用	基本生产	物料消耗					
管理费用		物料消耗					
合　计							

3. 练习材料费用的分配（二）

资料：万达公司基本生产车间生产产品共同领用材料3 024千克，每千克50元，成本共计151 200元，生产A、B产品分别为80件、100件。A产品的材料消耗定额为20千克，B产品的材料消耗定额为12千克；生产A产品直接领用材料23 000元，生产B产品直接领用材料36 000元，辅助生产车间领用材料5 300元，生产车间一般耗用材料2 800元，行政管理部门领用材料 2 000 元。

要求：

（1）计算 A、B 产品各应分配的材料成本。

（2）编制原材料费用分配表，如附表 1-3 所示，并编制耗用材料的会计分录。

附表 1-3 原材料费用分配表

20××年×月 金额单位：元

应借账户		成本项目或费用项目	直接计入	分配计入			合计
				定额耗用（千克）	分配率	分配额	
生产成本——基本生产成本	A 产品	直接材料					
	B 产品	直接材料					
	小　计						
生产成本——辅助生产成本		直接材料					
制造费用	基本生产车间	物料消耗					
管理费用		物料消耗					
合　计							

4. 练习燃料费用的分配

资料：某企业生产 101#、102#两种产品，共同消耗燃料费用 12 000 元，101#、102#两种产品的材料定额耗用量分别为 300 千克和 200 千克。

要求：按燃料定额耗用量比例分配计算两种产品各应负担的燃料费用，并编制会计分录。

5. 练习外购动力费的分配

资料：某企业 6 月份耗电情况如下：基本生产车间生产产品用电 8 500 千瓦·时，照明用电 600 千瓦·时；辅助生产车间用电 2 300 千瓦·时；行政管理部门用电 1 500 千瓦·时。每千瓦·时电 0.86 元。基本生产车间生产 101#、102#两种产品，生产工时分别为 1 500 工时和 2 500 工时。

要求：

（1）按产品生产工时比例分配 101#和 102#两种产品共同耗用的动力费。

（2）编制外购动力费分配表，如附表 1-4 所示，并编制会计分录。

附表 1-4　外购动力费分配表

20××年6月　　　　　　　　　　　　　金额单位：元

应借账户		成本项目或费用项目	耗用电量分配			电费单价[元/（千瓦·时）]	分配金额
			生产工时（工时）	分配率	分配电量（千瓦·时）		
生产成本——基本生产成本	101#产品	燃料及动力					
	102#产品	燃料及动力					
	小计						
生产成本——辅助生产成本		燃料及动力					
制造费用	基本生产车间	电费					
管理费用							
合　计							

6. 练习直接人工费用的分配

资料：某企业生产101#、102#两种产品，共发生工资费用76 000元，其中生产工人工资53 000元，车间管理人员工资7 500元，行政管理人员工资10 000元，辅助生产车间工人工资5 500元。生产101#、102#两种产品的生产工时分别为1 500工时和2 500工时。

要求：按生产工时比例法分配生产工人工资费用，编制职工薪酬（工资）费用分配表，如附表1-5所示，并编制会计分录。

附表 1-5　职工薪酬（工资）费用分配表

金额单位：元

应借账户		产品成本或费用项目	生产工时（工时）	分配率（元/工时）	应分配工资费用
生产成本——基本生产成本	101#产品	直接人工			
	102#产品	直接人工			
	小计				
生产成本——辅助生产成本		直接人工			
制造费用	基本生产车间	工资费用			
管理费用		工资费用			
合　计					

7. 练习辅助生产费用的分配（一）

资料：某企业有运输和供热两个辅助生产车间，运输车间的成本按运输里程比例分配，供热车间的成本按提供热能比例分配。该企业20××年3月有关辅助生产成本资料如下：运输车间本月共发生成本27 500元，提供运输劳务5 500吨·千米；供热车间本月共发生成本78 000元，提供劳务4 000工时。两个辅助生产车间提供劳务及企业各单位受益情况如附表1-6所示。

附表1-6　辅助生产车间提供劳务量汇总表

20××年3月

提供劳务的辅助生产车间	劳务计量单位	提供劳务总量	各受益单位接受劳务量			
			辅助生产车间		基本生产车间	行政管理部门
			运输车间	供热车间		
运输车间	吨·千米	5 500		500	2 600	2 400
供热车间	立方	4 000	800		2 000	1 200

要求：

（1）根据资料，采用直接分配法分配辅助生产成本，并编制辅助生产费用分配表（直接分配法），如附表1-7所示，据以编制会计分录。

（2）根据资料，采用交互分配法分配辅助生产成本，并编制辅助生产费用分配表（交互分配法），如附表1-8所示，据以编制会计分录。

（3）根据资料，采用顺序分配法分配辅助生产成本，并编制辅助生产费用分配表（顺序分配法），如附表1-9所示，据以编制会计分录。

计算过程：

（1）直接分配法。

附表1-7　辅助生产费用分配表（直接分配法）

20××年3月　　　　　　　　　　　　　　　金额单位：元

数量及金额＼辅助车间　项目		运输车间	供热车间	合　计
待分配的辅助生产费用				
提供给辅助车间以外的劳务量				
费用分配率				
受益单位	基本生产车间　受益数量			
	基本生产车间　应分配费用			
	行政管理部门　受益数量			
	行政管理部门　应分配费用			
分配金额合计				

（2）交互分配法。

附表1-8　辅助生产费用分配表（交互分配法）

20××年3月　　　　　　　　　　　　　　　　　　金额单位：元

项目				交互分配		对外分配		
辅助生产车间名称				运输	供热	运输	供热	合计
待分配辅助生产费用								
提供劳务总量								
费用分配率								
各受益单位及部门	辅助生产部门	运输车间	受益数量					
			应分配金额					
		供热车间	受益数量					
			应分配金额					
	基本生产车间		受益数量					
			应分配金额					
	行政管理部门		受益数量					
			应分配金额					
对外分配金额合计								

（3）顺序分配法。

附表1-9　辅助生产费用分配表（顺序分配法）

20××年3月　　　　　　　　　　　　　　　　　　金额单位：元

项目			供热车间	运输车间	合计
提供劳务总量					
可直接分配的辅助费用					
辅助生产车间	供热车间	提供劳务量			
		待分配费用			
		分配率			
	运输车间	提供劳务量			
		待分配费用			
		分配率			
受益单位	运输车间	耗用数量			
		分配金额			
	基本生产车间	耗用数量			
		分配金额			
	行政管理部门	耗用数量			
		分配金额			
合　计					

8. 练习辅助生产费用的分配（二）

资料：某企业有供水和供电两个辅助生产车间。5月份供水车间供水9 000吨，全月共发生的生产费用为21 000元，每吨水计划单位成本3.3元；供电车间供电40 000千瓦·时，全月发生的生产费用为24 800元，每千瓦·时电计划单位成本0.70元。水、电均为一般耗用。本月辅助生产车间提供劳务及各车间、各部门水电耗用情况如附表1-10所示。

附表1-10　辅助车间提供劳务及各车间、各部门水电耗用情况表

提供劳务的辅助生产车间	劳务计量单位	提供劳务总量	各受益单位接受劳务量			
			辅助生产车间		基本生产车间	行政管理部门
			供水车间	供电车间		
供水车间	吨	9 000		2 000	5 500	1 500
供电车间	千瓦·时	40 000	4 000		30 000	6 000

要求：

（1）按计划成本分配法对辅助生产费用进行分配，编制辅助生产费用分配表计划成本分配法，如附表1-11所示，并编制会计分录。

（2）按代数分配法对辅助生产费用进行分配，编制辅助生产费用分配表代数分配法，如附表1-12所示，并编制会计分录。

计算过程：

（1）计划成本分配法。

附表1-11　辅助生产费用分配表（计划成本分配法）

20××年5月　　　　　　　　　　　　　　金额单位：元

项目 辅助车间				供水车间		供电车间		合计
				劳务量	费用	劳务量	费用	
待分配费用								
计划成本分配	计划单位成本							
	受益单位	辅助生产车间	供水车间					
			供电车间					
			小计					
		基本生产车间						
		行政管理部门						
	按计划成本分配合计							
	辅助生产实际成本							

项目	辅助车间	供水车间		供电车间		合计
		劳务量	费用	劳务量	费用	
成本差异分配	待分配成本差异					
	成本差异分配率					
	受益单位 基本生产车间					
	受益单位 行政管理部门					
	成本差异分配合计					

（2）代数分配法。

附表 1 – 12　辅助生产费用分配表（代数分配法）

20××年5月　　　　　　　　　金额单位：元

项　　目				供水车间	供电车间	合计
待分配费用						
提供劳务总量						
费用分配率（单位成本）						
受益单位	辅助生产车间	供水车间	耗用数量			
			分配金额			
		供电车间	耗用数量			
			分配金额			
		分配金额小计				
	基本生产车间		耗用数量			
			分配金额			
	行政管理部门		耗用数量			
			分配金额			
	分配金额合计					

9. 练习按生产工时比例分配制造费用

资料：某企业基本生产车间生产 A、B 两种产品，该车间共发生制造费用 40 000 元。生产 A 产品生产工时为 4 500 工时，生产 B 产品生产工时为 5 500 工时。

要求：按生产工时比例在 A、B 产品间分配各自应负担的制造费用。

10. 练习按年度计划分配率法分配制造费用

资料：某企业只有一个基本生产车间，全年制造费用计划为 81 780 元，全年各种产品的计划产量为：A 产品 1 500 件，B 产品 1 350 件；单位产品的工时定额分别为：A 产品 4 工时，B 产品 6 工时。7 月份的实际产量为：A 产品 300 件，B 产品 200 件；该月实际制造费用为 5 000 元；"制造费用"账户月初有贷方余额 950 元。

要求：按年度计划分配率法，计算 A、B 产品 7 月份各自应负担的制造费用，并编制会计分录。

11. 练习计算不可修复废品的生产成本

资料：某基本生产车间生产丁产品。本月投产 200 件，完工验收入库时发现合格品 180 件，不合格品 20 件（不可修复），合格品的生产工时为 5 400 工时，废品的生产工时为 600 工时。丁产品生产成本明细账所列示的 200 件产品全部费用分别为：直接材料 50 000 元，直接人工 24 000 元，制造费用 18 000 元，废品残料收回 800 元。

要求：根据资料计算不可修复的废品成本及废品损失，编制不可修复废品损失计算表，如附表 1－13 所示，并编制会计分录。

附表 1－13　不可修复废品损失计算表
（废品按实际成本计算废品损失）

生产车间：×基本生产车间

产品名称：丁产品　　　　　　　　　　20××年×月×日　　　　　　　金额单位：元

项　目	产量（件）	直接材料	生产工时（工时）	直接人工	制造费用	成本合计
生产费用						
分配率						
废品成本						
残料收回						
废品损失						

12. 练习可修复废品和不可修复废品成本的计算

资料：某企业 8 月份生产 D 产品 1 500 件，本月完工合格品 1 420 件，发生废品 80 件，其中 30 件可修复，50 件不可修复。为修复可修复废品发生修复费用为：直接材料 1 200 元，直接人工 580 元，制造费用 400 元。不可修复废品 50 件的单位产品材料定额为 30 元，定额工时为 350 工时，每小时费用定额为：直接人工 5 元，制造费用 4 元。不可修复废品的残料估价 1 100 元已入库。

要求：根据资料分别计算可修复废品和不可修复废品的损失，并编制相应的会计分录。

项目 3　分配生产费用

一、能力目标

通过本项目实训，使学生能理解月末在产品成本、本月完工产品成本与月初在产品成本、本月发生生产费用的关系；能认识生产成本在完工产品与月末在产品之间分配的方法，并能运用各种计算分配方法解决问题，为后续项目成本计算方法等内容的学习打下坚实的基础。

二、实训成果

（1）根据案例资料，按要求的方法对生产成本在完工产品与在产品之间分配。

（2）根据案例资料及分配结果编制生产成本分配表（产品成本计算单），并编制会计分录。

（3）归纳总结各种分配方法的特点及使用范围。

三、任务描述

（1）按要求对生产成本在完工产品与在产品之间进行分配。

（2）根据分配结果编制产品成本计算单。

（3）进行会计处理。

四、项目训练

1. 练习在产品成本按所耗材料费用计算

资料：某企业生产 201# 产品，月末在产品只计算原材料费用。该产品月初在产品成本为 2 400 元，本月发生的生产费用分别为：直接材料 10 500 元，直接人工 3 200 元，制造费用 2 800 元。原材料在生产开始一次投入，本月完工产品 200 件，月末在产品 100 件。

要求：采用在产品成本按所耗原材料费用计算法，计算月末在产品成本及完工产品成本并编制产品成本计算单，如附表 1 - 14 所示。

附表 1 - 14　产品成本计算单（在产品成本按所耗原材料费用计价法）

产品名称：201# 产品　　　　　　　　　　　　　　　　　　　　　金额单位：元

项　　目	成 本 项 目			
	直接材料	直接人工	制造费用	合　　计
月初在产品成本				
本月发生的生产费用				

项 目	成 本 项 目			
	直接材料	直接人工	制造费用	合 计
生产费用合计				
完工产品成本（200 件）				
单位成本（元/件）				
月末在产品成本（100 件）				

2. 练习计算在产品约当产量

资料：某企业生产乙产品经过两道工序加工完成。乙产品耗用的原材料在生产开始时一次性投入。20××年 2 月乙产品的有关生产资料如下：乙产品单位工时定额 100 工时，其中第一道工序 40 工时，第二道工序 60 工时，假设各工序内在产品的完工程度均为 50%；本月完工产品 800 件。月末在产品数量为：第一道工序 50 件，第二道工序 100 件。

要求：计算乙产品月末在产品加工程度及约当产量，并编制各工序在产品完工程度及在产品的约当产量计算表，如附表 1-15 所示。

附表 1-15　各工序在产品完工程度及在产品的约当产量计算表

工序	月末在产品数量（件）	工时定额（工时）	完工率（程度）（%）	在产品约当产量（件）
1				
2				
合计				

3. 练习按约当产量法计算在产品成本（一）

资料：某企业生产丙产品经过两道工序加工完成。丙产品所耗原材料费用在生产开始时一次性投入。生产成本在完工产品与在产品之间分配采用约当产量法。20××年 10 月有关丙产品的生产资料如下。

（1）本月完工产品 1 000 件。月末在产品数量及完工程度为：第一道工序 400 件，本工序在产品完工程度相当于完工产品的 30%；第二道工序 100 件，本工序在产品完工程度相当于完工产品的 80%。

（2）丙产品生产费用资料如附表 1-16 所示。

附表 1-16　丙产品生产费用资料　　　　　　单位：元

摘　要	直接材料	直接人工	制造费用	合计
月初在产品成本	14 500	5 200	5 000	24 700
本月发生的生产费用	50 000	32 000	16 000	98 000
生产费用合计	64 500	37 200	21 000	122 700

要求：

（1）编制本月丙产品各工序在产品约当产量计算表，如附表1－17所示。

附表1－17　丙产品各工序在产品约当产量计算表

工序	月末在产品数量（件）	完工程度（%）	在产品约当产量（件）
1			
2			
合计			

（2）采用约当产量法分配计算丙产品完工产品与月末在产品的成本，并编制产品成本计算单，如附表1－18所示。

附表1－18　产品成本计算单（按约当产量法计算在产品成本）

产品名称：丙产品　　　　　　　　　　　　　　　　　　　　　　金额单位：元

项　　目	成 本 项 目			
	直接材料	直接人工	制造费用	合　计
月初在产品费用				
本月发生生产费用				
合计				
月末在产品约当产量				
完工产品数量				
约当产量合计				
费用分配率				
完工产品成本				
月末在产品成本				

（3）编制结转完工入库产品的会计分录。

4. 练习按约当产量法计算在产品成本（二）

资料：某企业生产202#产品经过两道工序加工完成。在产品成本按约当产量法计算。20××年9月202#产品有关生产资料如下。

（1）202#产品本月完工1 000件；月末在产品数量为：第一道工序400件，第二道工序200件。

（2）原材料分次在每道工序开始时投入。第一道工序材料消耗定额20千克，第二道工序材料消耗定额为30千克。

（3）202#产品完工产品工时定额为50工时，其中第一道工序为20工时，第二道工序为30工时。每道工序在产品工时定额均为本工序工时定额的50%。

（4）202#产品月初及本月发生的生产费用为：直接材料费用272 000元，直接人工费用18 300元，制造费用24 400元。

要求：

（1）按材料消耗定额计算202#产品各工序在产品的完工率及在产品约当产量。

（2）按工时定额计算202#产品各工序在产品的完工率及在产品约当产量。

（3）将各项生产费用在完工产品与月末在产品之间进行分配，编制产品成本计算单，如附表1-19所示。

附表1-19 产品成本计算单（按约当产量法计算在产品成本）

产品名称：202#产品 金额单位：元

项　　目	成 本 项 目			
	直接材料	直接人工	制造费用	合 计
月初在产品及本月发生费用				
合　计				
月末在产品约当产量				
完工产品数量				
约当产量合计				
费用分配率				
完工产品成本				
月末在产品成本				

5. 练习按定额成本法计算在产品成本

资料：宏业公司生产103#产品，原材料在生产开始时一次投入，其他费用在生产过程中均衡发生。本月有关成本计算资料表如附表1-20所示。

附表1-20 103#成本计算资料表

单位：元

摘　　要	直接材料	直接人工	制造费用	合计
月初在产品成本	30 000	1 800	3 600	35 400
本月发生的生产费用	105 000	15 000	30 000	150 000
生产费用合计	135 000	16 800	33 600	185 400

该企业本月完工103#产品1 200件，月末在产品300件，直接材料计划单价2元，单位产品材料定额48千克；单位产品工时定额2.5工时；计划每工时费用分配率为：直接人工5元，制造费用10元。

要求：

（1）计算在产品直接材料定额成本。

（2）计算在产品定额工时。

（3）计算在产品直接人工定额成本和在产品制造费用定额成本，并编制月末在产品定额成本计算表，如附表 1-21 所示。

附表 1-21　月末在产品定额成本计算表

金额单位：元

项目	在产品数量（件）	定额材料费用	在产品定额工时（工时）	直接人工	制造费用	定额成本合计
定额费用						
合计						

（4）计算完工产品成本并编制产品成本计算单，如附表 1-22 所示。

附表 1-22　产品成本计算单（在产品按定额成本计价法）

产品名称：103#产品　　　　　　　　　　　　　　　　　　　　　单位：元

项　　目	成本项目			
	直接材料	直接人工	制造费用	合计
月初在产品成本				
本月发生的生产费用				
本月生产费用合计				
月末在产品定额成本				
本月完工产品成本				

6. 练习按定额比例法计算在产品成本

资料：隆达公司生产 B 产品，本月完工产品数量 1 280 件，原材料费用定额为每件产品 100 元，工时定额 2 工时；月末在产品数量 320 件，材料费用定额 100 元，工时定额 1 工时。B 产品生产费用资料如附表 1-23 所示。

附表 1-23　B 产品生产费用资料

单位：元

摘　　要	直接材料	直接人工	制造费用	合计
月初在产品成本	32 000	4 000	8 000	44 000
本月发生的生产费用	112 000	17 600	35 200	164 800
生产费用合计	144 000	21 600	43 200	208 800

要求：

（1）计算 B 产品完工产品和月末在产品定额材料费用和定额工时。

（2）分成本项目计算 B 产品完工产品成本与月末在产品成本。

（3）计算 B 产品本月完工产品及月末在产品成本，编制 B 产品成本计算单，如附表 1－24 所示。

附表 1－24　B 产品成本计算单（定额比例法）

金额单位：元

项　　目		成　本　项　目			
		直接材料	直接人工	制造费用	合　计
月初在产品成本					
本月发生的生产费用					
生产费用合计					
定额材料费用、定额工时	完工产品				
	月末在产品				
费用分配率					
完工产品成本					
月末在产品成本					

项目 4　计算产品成本

一、能力目标

通过本项目的实训，能够根据企业生产工艺的特点和管理要求合理选用不同的产品成本计算方法；并能够正确运用各种成本计算方法核算产品成本，同时能编制产品成本计算单；另外，在运用逐步综合结转分步法核算成本时，能够对综合成本进行成本还原。

二、实训成果

（1）认真阅读案例资料，对共同发生的各项费用按受益对象进行分配，并按分配结果编制会计分录。

（2）归集和分配辅助生产费用，根据分配结果编制会计分录。

（3）归集和分配制造费用，根据分配结果编制会计分录。

（4）采用约当产量法计算本月完工产品的总成本、单位成本和月末在产品成本，编制基本生产成本明细账，并编制结转完工产品成本的会计分录。

（5）登记基本生产成本二级账和各批次基本生产成本明细账。

（6）完成产品成本还原计算表。

（7）根据半成品入库单及领用半成品情况，编制自制半成品明细账。

三、任务描述

（1）用品种法核算产品成本，编制相应的会计分录。

（2）用一般分批法核算产品成本，并编制相应的产品成本计算单。

（3）用简化分批法核算产品成本，并编制相应的产品成本计算单。

（4）用分步法核算产品成本，并编制相应的产品成本计算单。

（5）能够对综合成本进行成本还原。

四、项目训练

1. 练习产品成本计算方法——品种法

资料：丰华企业大量生产甲、乙两种产品，原材料在生产开始时一次投入，该企业设有一个基本生产车间和供电、锅炉两个辅助生产车间，辅助生产车间的制造费用不通过"制造费用"账户核算，发生时直接计入"生产成本——辅助生产成本"账户。根据生产特点和管理要求，该企业采用品种法计算产品成本。丰华企业20××年4月有关成本计算资料如下。

（1）月初在产品成本。甲产品月初在产品成本 44 354 元，其中直接材料 14 000 元，直接人工 18 000 元，制造费用 12 354 元；乙产品无在产品。

（2）本月生产情况。甲产品本月实际生产工时 60 000 工时，本月完工 1 200 件，月末在产品 600 件，加工程度为 50%；乙产品本月实际生产工时 30 000 工时，本月完工 600 件，月末无在产品。

供电车间本月供电 45 000 千瓦·时，其中锅炉车间用 4 500 千瓦·时，产品生产用 30 000 千瓦·时，基本生产车间一般耗用 7 500 千瓦·时，厂部管理部门消耗 3 000 千瓦·时。

锅炉车间本月供汽 22 500 立方米，其中供电车间耗用 1 500 立方米，产品生产耗用 15 000立方米，基本生产车间一般耗用 3 000 立方米，厂部管理部门消耗 3 000 立方米。

（3）本月发生生产费用情况。

① 发出材料汇总表如附表 1-25 所示。

附表 1-25　发出材料汇总表

20××年4月　　　　　　　　　　　　　　　　　　　　单位：元

用　　途	直接领用	共同耗用	合　　计
产品生产直接消耗	90 000	30 000	120 000
甲产品	30 000		30 000

用　　途	直接领用	共同耗用	合　　计
乙产品	60 000		60 000
基本生产车间一般耗用	15 000		15 000
供电车间消耗	750		750
锅炉车间消耗	1 500		1 500
厂部管理部门消耗	900		900
合　　计	108 150	30 000	138 150

② 本月职工工资汇总表如附表 1 - 26 所示。

附表 1 - 26　职工工资汇总表

20××年4月　　　　　　　　　　　　　　单位：元

人员类别	应付职工工资
生产工人	108 000
供电车间人员	22 500
锅炉车间人员	15 000
基本生产车间人员	18 000
厂部管理人员	34 500
合　　计	198 000

③ 本月计提折旧费情况为：基本生产车间 45 000 元，锅炉车间 1 500 元，供电车间 15 000 元，厂部管理部门 13 500 元，共计 75 000 元。

④ 本月用银行存款支付其他费用：基本生产车间水费 18 000 元，办公费 4 500 元；锅炉车间水费 2 700 元，修理费 300 元；供电车间外购电力和水费 7 500 元；行政管理部门办公费 6 000 元，差旅费 3 000 元，共计 42 000 元。

要求：

（1）分别设置甲、乙两种产品基本生产成本明细账；供电车间、锅炉车间设置辅助生产成本明细账；基本生产车间设置制造费用明细账；厂内设置管理费用明细账，其他从略。

（2）根据资料进行费用分配和成本计算，编制产品成本计算单，并编制相关会计分录。

① 根据甲、乙产品直接消耗材料比例分配共同耗用的材料费用，根据分配结果编制材料费用分配表，如附表 1 - 27 所示，并编制会计分录。

分配材料费用（计算过程）：

附表 1 - 27　材料费用分配表

20××年4月　　　　　　　　　　　　　　单位：元

应借账户		成本项目或费用项目	原材料	合计
生产成本——基本生产成本	甲产品	直接材料		
	乙产品	直接材料		
	小　计			
制造费用	基本生产车间	机物料消耗		

应借账户		成本项目或费用项目	原材料	合 计
生产成本——辅助生产成本	供电车间	直接材料		
	锅炉车间	直接材料		
管理费用		机物料消耗		
合　计				

② 根据甲、乙产品的实际生产工时，分配生产工人工资，根据分配结果编制职工工资费用分配表，如附表 1 – 28 所示，并编制会计分录。

分配工资费用（计算过程）：

附表 1 – 28　职工工资费用分配表

20××年4月　　　　　　　　　　　　金额单位：元

应借账户			分配标准（生产工时）	分配率	应付工资	合 计
总账账户	明细账户	成本或费用项目				
生产成本——基本生产成本	甲产品	直接工资				
	乙产品	直接工资				
	小　计					
生产成本——辅助生产成本	供电车间	职工工资				
	锅炉车间	职工工资				
	小　计					
制造费用	基本生产车间	职工工资				
管理费用	管理部门	职工工资				
合　计						

③ 编制本月计提折旧的会计分录。

④ 编制本月以银行存款支付其他费用的会计分录。

⑤ 归集和分配辅助生产费用（辅助生产费用的分配采用直接分配法，产品生产耗用的辅助生产费用按产品实际生产工时比例进行分配）。根据分配结果编制会计分录，并计入有关账户。

a. 根据各种费用分配情况，分别归集供电、锅炉辅助生产车间的生产费用，登记各辅助车间辅助生产成本明细账，如附表 1-29 和附表 1-30 所示。

附表 1-29 辅助生产成本明细账

车间名称：供电车间　　　　　　　　　　　　　　　　　　　　　单位：元

20××年		摘　　要	材料费	职工工资	折旧费	水费及其他	合计
月	日						
4	30	材料费用分配表					
	30	工资费用分配表					
	30	折旧费用					
	30	用银行存款支付费用					
	30	合计					
		本月转出额					

附表 1-30 辅助生产成本明细账

车间名称：锅炉车间　　　　　　　　　　　　　　　　　　　　　单位：元

20××年		摘　　要	材料费	职工工资	折旧费	水费及其他	合计
月	日						
4	30	材料费用分配表					
	30	工资费用分配表					
	30	折旧费用					
	30	用银行存款支付费用					
	30	合计					
		本月转出额					

b. 根据辅助生产成本明细账及供电、锅炉辅助生产车间提供劳务情况，用直接分配法分配辅助生产费用，编制辅助生产费用分配表，如附表 1-31 所示，并编制会计分录。

计算过程：

附表 1-31 辅助生产费用分配表

20××年4月　　　　　　　　　　　　　　　　　　　金额单位：元

项　　目		供电车间	锅炉车间	合　　计
待分配辅助生产费用				
供应辅助生产以外的劳务数量				
分配率				
产品生产	耗用数量			
	分配金额			

项　目		供电车间	锅炉车间	合　计
基本生产车间	耗用数量			
	分配金额			
厂部管理部门	耗用数量			
	分配金额			

⑥ 归集和分配制造费用（按生产工时分配），根据分配结果编制会计分录，并计入有关账户。

a. 归集制造费用，登记制造费用明细账，如附表 1 - 32 所示。

附表 1 - 32　制造费用明细账

车间名称：基本生产车间　　　　　　　20×× 年 4 月　　　　　　　　单位：元

20×× 年		摘　要	材料费	职工工资	折旧费	水费及其他	电费及蒸汽费	合计
月	日							
4	30	材料费用分配表						
	30	工资费用分配表						
	30	折旧费用						
	30	用银行存款支付费用						
	30	辅助生产费用分配表						
	30	合计						
	30	转出						

b. 根据制造费用明细账及生产工时资料分配制造费用，编制制造费用分配表，如附表 1 - 33 所示，并编制会计分录。

附表 1 - 33　制造费用分配表

车间名称：基本生产车间　　　　　　　20×× 年 4 月　　　　　　　金额单位：元

应借账户		分配标准（生产工时）	分配率	应分配金额
总账账户	明细账户			
生产成本——基本生产成本	甲产品			
	乙产品			
合　计				

⑦ 归集产品生产费用，登记基本生产成本明细账，如附表 1 - 34 和附表 1 - 35 所示。采用约当产量法计算甲产品月末在产品成本，编制甲、乙产品成本计算单，并编制结转完工甲、乙产品成本的会计分录。

月末在产品数量：600 件

产品名称：甲产品　　　　　　　完工产品数量：1 200 件　　　　　　金额单位：元

| 20××年 | | 摘　要 | 成本项目 | | | | 合　计 |
月	日		直接材料	直接人工	制造费用	燃料及动力	
4	1	月初在产品成本					
4	30	本月发生的费用					
	30	生产费用合计					
		分配率					
	30	结转完工产品成本					
	30	月末在产品成本					

各项费用分配率的计算如下：

月末在产品数量：0 件

产品名称：乙产品　　　　　　　完工产品数量：600 件　　　　　　单位：元

| 20××年 | | 摘　要 | 成本项目 | | | | 合　计 |
月	日		直接材料	直接人工	制造费用	燃料及动力	
4	1	月初在产品成本					
4	30	本月发生的费用					
	30	生产费用合计					
	30	结转完工产品成本					

⑧ 根据各产品的基本生产成本明细账，编制完工产品成本汇总表，如附表 1－36 所示。

附表 1－36　完工产品成本汇总表

金额单位：元

| 成本项目 | 甲产品（1 200 件） | | 乙产品（600 件） | |
	总成本	单位成本（元/件）	总成本	单位成本（元/件）
直接材料				
直接人工				
制造费用				
燃料和动力				
合　计				

根据附表1-36，编制会计分录。

2. 练习产品成本计算方法——分批法（一）

资料：东风工厂根据购买单位的订单小批生产 A、B、C 三种产品，采用分批法计算产品成本。20××年8月份的产品成本计算资料如下。

（1）产品生产情况如附表1-37所示。

附表1-37　产品生产情况

批别	产品名称	批量（件）	投产日期	完工日期
601	A 产品	1 000	6月15日	8月31日全部完工
702	B 产品	800	7月10日	本月末完工
803	C 产品	3 000	8月12日	本月完工1 500件

（2）期初在产品成本资料如附表1-38所示。

附表1-38　期初在产品成本资料

20××年8月　　　　　　　　　　　　　　　　单位：元

批别	直接材料	燃料与动力	直接人工	制造费用	合　计
601	125 400	10 800	10 800	9 000	156 000
702	60 000	4 500	6 600	3 900	75 000

（3）本月发生的生产费用如附表1-39所示。

附表1-39　本月发生的生产费用

20××年8月　　　　　　　　　　　　　　　　单位：元

批别	直接材料	燃料与动力	直接人工	制造费用	合　计
601	24 600	3 150	6 900	4 350	39 000
702		1 800	7 200	6 000	15 000
803	36 000	2 700	4 800	1 500	45 000

（4）在完工产品与在产品之间分配费用的方法如下。803批号 C 产品，本月完工1 500件，尚有在产品1 500件，在产品完工程度为50%，原材料在生产开始时一次投入，生产费用采用约当产量法在完工产品与在产品之间分配。

要求：

（1）计算601批 A 产品全部完工产品的总成本和单位成本，登记基本生产成本明细账，如附表1-40所示。

（2）计算702批 B 产品在产品成本，登记基本生产成本明细账，如附表1-41所示。

（3）计算803批 C 产品本月完工产品的总成本、单位成本及期末在产品成本，登记基本生产成本明细账，如附表1-42所示。

（4）编制结转完工产品成本的会计分录。

批号：601　　　　　　　　产品名称：A 产品　　　　　　　　单位：元

开工日期：20××年 6 月 15 日　　　　完工日期：20××年 8 月 31 日

20××年		摘　要	直接材料	燃料与动力	直接人工	制造费用	合计
月	日						
8	1	期初在产品成本					
8	31	本月生产费用					
	31	费用合计					
	31	完工产品总成本					
	31	完工产品单位成本					

批号：702　　　　　　　　产品名称：B 产品　　　　　　　　单位：元

开工日期：20××年 7 月 10 日　　　　完工日期：

20××年		摘　要	直接材料	燃料与动力	直接人工	制造费用	合计
月	日						
8	1	期初在产品成本					
8	31	本月生产费用					
8	31	生产费用合计					

批号：803　　　　　　　　产品名称：C 产品　　　　　　　　金额单位：元

开工日期：20××年 8 月 12 日　　　　完工日期：

20××年		摘　要	直接材料	燃料与动力	直接人工	制造费用	合计
月	日						
8	31	本月生产费用					
	31	费用分配率					
	31	完工产品成本					
	31	月末在产品成本					

编制结转完工产品成本的会计分录。

3. 练习产品成本计算方法——分批法（二）

资料：胜利公司生产组织属于小批量生产，产品批数多，月末有多个批号产品不能完工，为简化核算，采用简化的分批法计算产品成本。5 月份有关资料如下。

（1）产品生产情况如附表 1－43 所示。

批号	产品	批量（件）	投产日期	完工日期
401	甲产品	50	1 月 10 日	5 月 18 日

批号	产品	批量（件）	投产日期	完工日期
402	乙产品	40	2月15日	5月23日
403	丙产品	100	3月5日	本月完工60件
404	丁产品	10	4月20日	未完工
405	戊产品	40	5月8日	未完工

（2）5月月初在产品成本为670 000元，其中4批产品的直接材料情况为：401批次200 000元、402批次80 000元、403批次100 000元、404批次20 000元，直接人工费147 500元，制造费用122 500元。5月月初累计生产工时为50 000工时，其中，401批次17 000工时、402批次14 000工时、403批次16 000工时、404批次3 000工时。

（3）5月份发生直接人工费42 100元，制造费用29 812元。本月份实际生产工时13 200工时，其中，401批次3 000工时，402批次2 000工时，403批次3 500工时，404批次2 500工时，405批次2 200工时。此外，405批次戊产品还发生100 000元的材料费。

（4）为简化核算工作，月末在产品视同完工产品分配费用。

要求：

（1）设置基本生产成本二级账，如附表1-44所示，按产品批次设置产品成本明细账，如附表1-45~附表1-49所示，并登记期初余额。

附表1-44 基本生产成本二级账

（各批产品总成本） 金额单位：元

20××年		摘　　要	生产工时（工时）	直接材料	直接人工	制造费用	合计
月	日						
5	1	月初在产品成本					
5	31	本月发生费用					
	31	合计					
	31	全部产品累计间接计入费用分配率					
	31	完工产品转出					
	31	月末在产品成本					

附表1-45 基本生产成本明细账

批号：401　　　　　　　　　　开工日期：1月10日　　　　　　　批量：50件

产品名称：甲产品　　　　　　　完工日期：5月18日　　　　　　金额单位：元

20××年		摘　　要	生产工时（工时）	直接材料	直接人工	制造费用	合计
月	日						
5	1	月初在产品成本					
5	31	本月发生费用					
	31	合计					

20××年		摘　要	生产工时（工时）	直接材料	直接人工	制造费用	合计
月	日						
	31	累计间接费用分配率					
	31	转出完工产品成本					
	31	完工产品单位成本					

附表1–46　基本生产成本明细账

批号：402　　　　　　　　　　　开工日期：2月15日　　　　　　　批量：40件
产品名称：乙产品　　　　　　　　完工日期：5月23日　　　　　　　金额单位：元

20××年		摘　要	生产工时（工时）	直接材料	直接人工	制造费用	合计
月	日						
5	1	月初在产品成本					
5	31	本月发生费用					
	31	合计					
	31	累计间接费用分配率					
	31	转出完工产品成本					
	31	完工产品单位成本					

附表1–47　基本生产成本明细账

批号：403　　　　　　　　　　　开工日期：3月5日　　　　　　　批量：100件
产品名称：丙产品　　　　　　　　本月完工件数：60件　　　　　　金额单位：元

20××年		摘　要	生产工时（工时）	直接材料	直接人工	制造费用	合计
月	日						
5	1	月初在产品成本					
	31	本月发生费用					
	31	合计					
	31	累计间接费用分配率					
	31	转出完工产品成本					
	31	完工产品单位成本					
	31	月末在产品成本					

附表1–48　基本生产成本明细账

批号：404　　　　　　　　　　　开工日期：4月20日　　　　　　　批量：10件
产品名称：丁产品　　　　　　　　完工日期：　　　　　　　　　　金额单位：元

20××年		摘　要	生产工时（工时）	直接材料	直接人工	制造费用	合计
月	日						
5	1	月初在产品成本					
5	31	本月发生费用					

批号：405　　　　　　　　开工日期：5 月 8 日　　　　　　　批量：40 件

产品名称：戊产品　　　　　完工日期：　　　　　　　　　　金额单位：元

20××年		摘　要	生产工时（工时）	直接材料	直接人工	制造费用	合计
月	日						
5	31	本月发生费用					
	31	合计					

（2）登记本月发生的生产费用，并按累计分配法在完工产品和在产品之间分配。

（3）编制完工产品成本汇总表，如附表 1-50 所示，并结转完工产品成本。

附表 1-50　完工产品成本汇总表

20××年 5 月　　　　　　　　　　　　　　　　　　单位：元

成本项目	甲产品（产量 50 件）		乙产品（产量 40 件）		丙产品（产量 60 件）	
	总成本	单位成本（元/件）	总成本	单位成本（元/件）	总成本	单位成本（元/件）
直接材料						
直接人工						
制造费用						
合　计						

编制结转完工产品成本的会计分录。

4. 练习产品成本计算方法——分步法（一）

资料：某企业生产乙产品连续经过两个生产车间，第一车间生产的甲半成品直接转给第二车间继续加工成乙产成品。原材料在生产开始时一次投入，各车间在产品完工程度均为 50%，各项生产费用按约当产量法在完工产品和月末在产品间分配。产品产量和费用资料表如附表 1-51 所示。

附表 1-51　产品产量和费用资料表

金额单位：元

项目	第一车间				第二车间			
	产量（件）	直接材料	直接人工	制造费用	产量（件）	半成品	直接人工	制造费用
月初在产品	160	1 280	600	640	240	2 594	848	1 272
本月生产	1 240	10 200	4 392	4 800	1 160		5 200	7 800
本月完工	1 160				1 120			
月末在产品	240				280			

要求：

（1）按逐步综合结转分步法计算完工产品成本与月末在产品成本，登记基本生产成本明细账，如附表1-52和附表1-53所示。

附表1-52　第一车间基本生产成本明细账

产品名称：甲半成品　　　　　　　　　　　　　　　　　　　　金额单位：元

项　目	直接材料	直接人工	制造费用	合计
月初在产品成本				
本月发生费用				
合　计				
完工半成品数量				
月末在产品约当产量				
单位成本（分配率）				
完工半成品成本				
月末在产品成本				

附表1-53　第二车间基本生产成本明细账

产品名称：乙产成品　　　　　　　　　　　　　　　　　　　　金额单位：元

项　目	半成品	直接人工	制造费用	合计
月初在产品成本				
本月发生费用				
合　计				
完工产成品数量				
月末在产品约当产量				
单位成本（分配率）				
完工产成品成本				
月末在产品成本				

（2）按成本还原分配率法进行成本还原，并编制乙产品成本还原计算表，如附表1-54所示。

附表1-54　乙产品成本还原计算表

金额单位：元

项　目	产量（件）	半成品	直接材料	直接人工	制造费用	合计
还原前产成品成本						
甲半成品成本						
还原分配率						
产成品成本中半成品成本还原						
还原后产成品总成本						
单位成本（元/件）						

5. 练习产品成本计算方法——分步法（二）

资料：某企业生产 C 产品，顺序经过三个步骤加工完成，原材料在生产开始时一次投入，第一步骤生产的甲半成品完工后直接转入第二步骤，加工出乙半成品，第三步骤将乙半成品加工成 C 产成品，各步骤的投入、产出是一致的。该企业 20××年 9 月份有关产量资料如附表 1-55 所示，各步骤月初在产品成本及本月发生的生产费用如附表 1-56 和附表 1-57 所示，采用平行结转分步法计算产品成本。

附表 1-55 各步骤产量情况表

单位：件

摘　　要	第一步骤	第二步骤	第三步骤
月初狭义在产品	90	120	150
本月投入	360	390	420
本月完工	390	420	450
月末狭义在产品	60	90	120
在产品完工程度	50%	50%	50%

附表 1-56 各步骤月初在产品成本资料

单位：元

项　　目	第一步骤	第二步骤	第三步骤
直接材料	11 700		
直接人工	1 170	2 400	3 240
制造费用	1 305	2 550	3 690
合　　计	14 175	4 950	6 930

附表 1-57 本月成本资料

单位：元

项　　目	第一步骤	第二步骤	第三步骤
直接材料	46 800		
直接人工	9 330	12 480	15 120
制造费用	10 455	13 725	16 710
合　　计	66 585	26 205	31 830

要求：

（1）若各步骤生产费用在产成品与广义在产品之间的分配采用约当产量法，计算各步骤生产费用应计入产成品成本的份额及完工产品成本，并编制各步骤基本生产成本明细账，如附表 1-58～附表 1-60 所示。

（2）编制产成品成本汇总计算表，如附表 1-61 所示，并编制结转产成品成本的会计分录。

第一步骤成本计算过程如下：

产品名称：C 产品　　　　　　　　　　20×× 年 9 月　　　　　　　　　　金额单位：元

项　　目	直接材料	直接人工	制造费用	合计
月初在产品成本				
本月生产费用				
合　　计				
费用分配率				
本月产成品数量				
应计入产成品的成本份额				
月末在产品成本				

第二步骤成本计算过程如下：

附表 1－59　第二步骤基本生产成本明细账

产品名称：C 产品　　　　　　　　　　20×× 年 9 月　　　　　　　　　　金额单位：元

项　　目	直接材料	直接人工	制造费用	合计
月初在产品成本				
本月生产费用				
合　　计				
费用分配率				
本月产成品数量				
应计入产成品的成本份额				
月末在产品成本				

第三步骤成本计算过程如下：

附表 1－60　第三步骤基本生产成本明细账

产品名称：C 产品　　　　　　　　　　20×× 年 9 月　　　　　　　　　　金额单位：元

项　　目	直接材料	直接人工	制造费用	合计
月初在产品成本				
本月生产费用				
合　　计				
费用分配率				
本月产成品数量				
应计入产成品的成本份额				
月末在产品成本				

完工产量：450 件

产品名称：C 产品　　　　　　　　20××年 9 月　　　　　　金额单位：元

摘　　要	直接材料	直接人工	制造费用	合计
第一步骤计入产成品成本的份额				
第二步骤计入产成品成本的份额				
第三步骤计入产成品成本的份额				
产成品总成本				
单位成本（元/件）				

编制结转本月完工入库产品的会计分录。

6. 练习产品成本计算方法——分步法（三）

资料：某企业生产 B 产成品顺序经过第一、二两个车间加工，第一车间为第二车间提供 A 半成品，A 半成品经验收后入半成品库。第二车间所耗半成品成本采用加权平均法确认。两车间月末在产品成本均按定额成本法计算，材料于生产开始时一次投入。

（1）第一车间基本生产成本明细账如附表 1-62 所示。

附表 1-62　第一车间基本生产成本明细账

产品名称：A 半成品　　　　　　　20××年 5 月　　　　　　金额单位：元

20××年 月	20××年 日	摘　　要	产量（件）	直接材料	直接人工	其他直接支出	制造费用	合计
5	1	期初在产品成本（定额成本）		8 130	2 790	3 630	1 980	16 530
5	31	本月生产费用		46 500	24 300	29 700	12 900	113 400
	31	生产费用合计						
	31	完工半成品成本转出	6 000					
	31	期末在产品成本（定额成本）		4 980	1 710	2 223	1 212	10 125

（2）自制半成品明细账如附表 1-63 所示。

附表 1-63　自制半成品明细账

产品名称：A 半成品　　　　　　　20××年 5 月　　　　　　金额单位：元

月初余额 数量（件）	月初余额 实际成本	本月增加 数量（件）	本月增加 实际成本	合计 数量	合计 实际成本	本月减少 单位成本	本月减少 数量（件）	本月减少 实际成本
2 400	87 900						7 230	

（3）第二车间基本生产成本明细账如附表 1-64 所示。

产品名称：B 产成品　　　　　　　　　　20×× 年 5 月　　　　　　　　　金额单位：元

20×× 年		摘　　要	产量（件）	半成品	直接工资	其他直接支出	制造费用	合计
月	日							
5	1	期初在产品成本（定额成本）		18 600	1 740	2 280	1 470	24 090
5	31	本月生产费用			21 300	30 000	18 900	
	31	生产费用合计						
	31	完工产品成本转出	3 000					
	31	完工产品单位成本						
	31	期末在产品成本（定额成本）		3 150	3 102	4 065	2 619	12 936

要求：

（1）计算第一车间完工半成品成本。

（2）根据第一车间基本生产成本明细账和半成品入库单，编制会计分录。

（3）根据半成品入库单和第二车间半成品领用单，登记自制半成品明细账。

（4）根据自制半成品明细账和第二车间半成品领用单，编制会计分录。

（5）计算第二车间完工产品成本，并编制产成品入库的会计分录。

7. 练习综合结转分步法——成本还原

资料：某企业 20×× 年 2 月生产甲产品 9 件，经过三个步骤，第一步骤生产出 A 半成品，第二步骤对半成品 A 继续加工，生产出 B 半成品，第三步骤对 B 半成品加工制成甲产成品。半成品和产成品成本资料如附表 1－65 所示。

附表 1－65　半成品和产成品成本资料

单位：元

成　　本	半成品	直接材料	直接工资	制造费用	成本合计
第一步骤 A 半成品成本		1 200	960	720	2 880
第二步骤 B 半成品成本	2 400		700	500	3 600
甲产成品成本	3 240		540	360	4 140

要求：

（1）按成本还原分配率法进行成本还原，编制产成品成本还原计算表（成本还原分配率法），如附表 1－66 所示。

产品名称：甲产品　　　　　　　　　20×× 年 2 月　　　　　　　　金额单位：元

行次	项　　　目	产量（件）	还原分配率	半成品	直接材料	直接人工	制造费用	合计
1	还原前产成品成本							
2	第二步骤半成品成本							
3	第一次成本还原							
4	第一步骤半成品成本							
5	第二次成本还原							
6	还原后产成品总成本							
7	还原后产成品单位成本							

（2）按产品成本项目比重还原法进行成本还原，编制产成品成本还原计算表（产品成本项目比重还原法），如附表 1−67 所示。

附表 1−67　产成品成本还原计算表（产品成本项目比重还原法）

产品名称：甲产品　　　　　　　　　20×× 年 2 月　　　　　　　　金额单位：元

成本项目	第一步骤 A 半成品		第二步骤 B 半成品		第三步骤 甲产成品			原始成本项目合计	还原后的单位成本
	成本	成本项目比重（%）	成本	成本项目比重（%）	成本	还原为第二步	再还原为第一步		
	①	②	③	④	⑤	⑥	⑦	⑧	⑨
B 半成品									
A 半成品									
直接材料									
直接人工									
制造费用									
合计									

项目 5　管理控制成本

一、能力目标

通过本项目实训，使学生能够编制成本报表，并能从报表信息中窥测细微，洞察现实，展示未知，提高分析和解决问题的能力；掌握企业成本报表分析的各种方法和技巧，能从复杂的报表资料中全面分析成本水平及其构成的变动情况，研究影响成本升降的各个因素及其变动的原因，寻找降低成本的规律和潜力，具备为企业有关各方的财务决策提供有价值的信息的能力。

转变传统狭隘的成本观念，结合企业实际情况，充分运用现代先进的成本管理与控制方法，为企业提供全方位的解决方案，帮助企业解决实际管理难题，增强企业的竞争力。

二、实训成果

（1）认真阅读案例资料，正确编制各种成本报表（产品生产成本报表、主要产品单位成本报表）。

（2）根据各项财务指标和相关资料，分析和评价全部产品成本计划的完成情况、可比产品成本计划完成情况。

（3）根据资料，找出影响成本变动的因素以及各个因素的影响程度。

（4）写出成本报表分析报告，学生课后自己去收集一家制造业企业的成本报表数据（全部产品生产成本报表、主要产品单位成本报表任选其一），要求运用方法得当，计算准确步骤严密，文字精练通顺，条理清楚，字数不超过 800 字。

（5）根据资料，分析与评价成本管理与控制的方法。

三、任务描述

（1）完成成本报表的编制。

（2）运用适当的方法，对有关指标进行正确的计算。

（3）进行报表分析。

（4）完成成本报表分析报告的撰写。

（5）结合企业自身情况，分析企业所选择的成本管理与控制的方法。

四、项目训练

1. 练习产品生产成本表的编制与分析

资料：某企业 20××年 12 月份产品产量及生产成本有关资料如附表 1-68 所示。

附表 1-68　产品产量及生产成本资料表（按产品种类反映）

产品名称		产量（件）			单位成本（元/件）			
		本年计划	本月	本年累计	上年实际平均	本年计划	本月实际	本年累计实际平均
可比产品	A 产品	900	100	1 000	20	19	21	19.5
	B 产品	360	30	400	100	98	98	99
不可比产品	C 产品	180	200	3 000		50	51	49

要求：

（1）根据上述资料，编制产品生产成本表（按产品种类反映），如附表 1-69 所示，计算可比产品成本降低额和可比产品成本降低率。

（2）根据产品产量及生产成本资料表和产品生产成本表，编制本期全部产品成本计划完成情况分析表（实际成本与计划成本的对比分析表），如附表 1－70 所示，对全部产品成本计划的完成情况进行分析。

（3）根据产品产量及生产成本资料表和产品生产成本表，编制可比产品成本计划降低分析表，以及可比产品成本实际降低分析表（可比产品成本实际升降情况分析表），如附表 1－71 和附表 1－72 所示，进行本期实际成本与上年实际成本的对比分析（也称为可比产品成本降低计划完成情况分析）。

附表 1－69　产品生产成本表（按产品种类反映）

编制单位：　　　　　　　　　　　　　　20××年12月　　　　　　　　　　　金额单位：元

产品名称	计量单位	实际产量		单位成本			本月总成本			本年累计总成本			
		本月	本年累计	上年实际平均	本年计划	本月实际	本年累计实际平均	按上年实际平均单位成本计算	按本年计划平均单位成本计算	本月实际	按上年实际平均单位成本计算	按本年计划单位成本计算	本年实际
可比产品合计													
其中：A	件	100	1 000	20	19	21	19.5						
B	件	30	400	100	98	98	99						
不可比产品合计													
其中：C	件	200	3 000		50	51	49						
全部产品成本													

补充资料：① 可比产品成本降低额；② 可比产品成本降低率。

附表 1－70　全部产品成本计划完成情况分析表

金额单位：元

产品名称	计划总成本	实际总成本	实际比计划降低额	实际比计划降低率（%）
一、可比产品				
其中：A				
B				
二、不可比产品				
其中：C				
合　计				

金额单位：元

可比产品	全年计划产量（件）	单位成本（元/件）		总　成　本		计划降低指标	
		上年实际平均	本年计划	按上年实际平均单位成本计算	按本年计划单位成本计算	降低额	降低率（％）
A							
B							
合　计							

附表 1 – 72　可比产品成本实际降低分析表

金额单位：元

可比产品	全年实际产量（件）	单位成本（元/件）		总　成　本		实际降低指标	
		上年实际平均	本年累计实际平均	按上年实际平均单位成本计算	按本年累计实际平均单位成本计算	降低额	降低率（％）
A							
B							
C							
合　计							

2. 练习全部产品成本计划完成情况分析

资料：某企业 20××年度生产五种产品，有关产品产量及单位成本资料如附表 1 – 73 所示。

附表 1 – 73　产量及单位成本资料

金额单位：元

产品类别		实际产量（件）	计划单位成本	实际单位成本
可比产品	A 产品	200	150	162
	B 产品	300	200	180
	C 产品	800	1 200	1 150
不可比产品	D 产品	260	380	400
	E 产品	400	760	750

要求：编制全部产品成本计划完成情况分析表，如附表 1 – 74 所示，并对全部产品成本计划的完成情况进行分析。

附表 1 – 74　全部产品成本计划完成情况分析表

金额单位：元

产品名称	计划总成本	实际总成本	实际比计划降低额	实际比计划降低率（％）
一、可比产品				

产品名称	计划总成本	实际总成本	实际比计划降低额	实际比计划降低率（%）
其中：A				
B				
C				
二、不可比产品				
其中：D				
E				
合　计				

3. 练习可比产品成本分析

资料：某企业20××年度生产A、B、C、D四种可比产品，有关资料如附表1-75所示。

附表1-75　产量及单位成本资料

产品名称	产量（件）		单位成本（元/件）		
	计划	实际	上年实际平均	本年计划	本年实际平均
A产品	2 000	2 300	1 000	980	990
B产品	1 000	900	1 500	1 600	1 480
C产品	5 600	6 000	3 000	2 900	2 800
D产品	7 000	6 900	5 900	5 800	5 500

要求：编制可比产品成本降低计划分析表以及可比产品成本实际降低分析表，如附表1-76和附表1-77所示，分析可比产品成本降低计划的完成情况。

附表1-76　可比产品成本计划降低分析表

金额单位：元

可比产品	全年计划产量（件）	单位成本（元/件）		总　成　本		计划降低指标	
		上年实际平均	本年计划	按上年实际平均单位成本计算	按本年计划单位成本计算	降低额	降低率（%）
A							
B							
C							
D							
合　计							

附表1-77　可比产品成本实际降低分析表

金额单位：元

可比产品	全年实际产量（件）	单位成本（元/件）		总　成　本		实际降低指标	
		上年实际平均	本年实际平均	按上年实际平均单位成本计算	按本年实际平均单位成本计算	降低额	降低率（%）
A							

可比产品	全年实际产量（件）	单位成本(元/件)		总　成　本		实际降低指标	
		上年实际平均	本年实际平均	按上年实际平均单位成本计算	按本年实际平均单位成本计算	降低额	降低率（%）
B							
C							
D							
合　计							

4. 练习单位产品成本分析（一）

资料：某企业生产甲产品20××年，有关资料如附表1-78和表1-79所示。

附表1-78　主要产品单位成本表

单位：元

成本项目	本年计划	本年实际
原材料	1 890	2 047
工资及福利费	168	164
制造费用	212	209
合　　计	2 270	2 420

附表1-79　单位甲产品耗用原材料的资料

项　　目	本年计划	本年实际
原材料消耗量（千克）	900	890
原材料单价（元）	2.10	2.30

要求：分析影响直接材料费用变动的因素和各因素对变动的影响程度。

5. 练习单位产品成本分析（二）

资料：某企业生产乙产品，有关资料如附表1-80和附表1-81所示。

附表1-80　主要产品单位成本表

单位：元

成本项目	本年计划	本年实际
原材料	2 090	2 090
工资及福利费	198	216
制造费用	99	108
合　　计	2 387	2 414

附表 1-81　单位乙产品耗用材料、人工、制造费用

项　　目	本年计划	本年实际
原材料消耗量（千克）	950	950
原材料单价（元）	2.2	2.2
工时耗用量（工时）	9	9
工时工资率	22	24
工时制造费用分配率	11	12

要求：分析影响直接人工费用变动的因素和各因素对变动的影响程度，分析影响制造费用变动的因素和各因素对变动的影响程度。

6. 练习产品生产成本分析

资料：甲企业 20×× 年度与成本相关的资料如下。

（1）本年全部产品生产成本表（按成本项目反映）如附表 1-82 所示。

附表 1-82　全部产品生产成本表（按成本项目反映）

20×× 年度　　　　　　　　　　　　　　　　　　　单位：万元

项　　目	本年计划	本年实际
生产费用：		
原材料	2 800	2 660
职工薪酬	1 200	1 210
制造费用	2 000	1 980
生产费用合计	6 000	5 850
加：在产品期初余额	310	320
减：在产品期末余额	275	305
产品生产成本合计	6 035	5 865

（2）甲企业 20×× 年计划销售收入为 8 100 万元，实际销售收入为 8 300 万元；计划利润总额为 1 100 万元，实际利润总额为 1 210 万元。

要求：

（1）计算填列成本分析表，如附表 1-83 所示。

附表 1-83　产品生产成本分析表（按成本项目反映）

20×× 年度　　　　　　　　　　　　　　　　　　　金额单位：万元

项　　目	本年计划	本年实际	实际降低额	实际降低率（%）
原材料	2 800	2 660		
职工薪酬	1 200	1 210		
制造费用	2 000	1 980		
生产费用合计	6 000	5 850		

（2）计算分析实际构成比率和计划构成比率。

（3）计算计划销售收入成本率、计划成本利润率和实际销售收入成本率、实际成本利润率，并分析企业经济效益的变化。

7. 练习生产成本报表的编制与分析

资料：甲企业20××年生产A、B、C三种产品，其中，C产品为不可比产品，相关资料如下。

（1）20××年全部产品生产成本表（按产品种类反映）如附表1-84所示。

附表1-84 全部产品生产成本表（按产品种类反映）

金额单位：元

产品名称	计量单位	实际产量	单位成本（元/台）			本年累计总成本		
			上年实际平均	本年计划	本年实际	按上年实际单位平均成本计算	按本年计划单位成本平均	本年实际
可比产品合计								
A产品	台	100	300	290	285			
B产品	台	70	800	760	750			
不可比产品								
C产品	台	20		510	560			
全部产品合计								

（2）甲企业计划的本年度销售收入成本率为65%，本年销售收入实际为150 000元。

（3）甲企业制定的本年可比产品计划降低额为2 000元，计划降低率为3%。

要求：

（1）根据资料填列产品生产成本表中的总成本。

（2）分析全部产品生产成本计划完成情况。

（3）计算本年实际销售收入成本率。

（4）计算甲企业20××年可比产品成本的降低额和降低率，并对计划完成情况进行简单分析。

8. 有关成本管理与控制的案例分析

Mark Wright公司（WMI）是美国中西部的一家专业冷凉食品加工企业。公司1982年成立以来，便拥有一批忠实的顾客，这批顾客愿意支付溢价购买公司提供的经过特殊加工的高质量冷冻食品。近年来，公司销售额迅速增长，众多顾客要求在全国范围内供应公司产品。WMI努力适应这一需求，但公司扩大加工能力的同时，面临生产成本和经销成本的增加。并且，在其传统销售地区以外，公司遭遇了来自竞争对手的价格压力。

WMI公司力求不断扩张，公司首席执行官Jim Condon聘请了一家顾问公司帮助自己确定最佳行动方案。

顾问公司建议 Jim Condon 在公司内推广标准成本计算系统，以便公司实行弹性的预算制度，以消化市场扩张时可以预见到的需求变化。Jim Condon 会见了公司管理层成员，通报了顾问公司的建议，并要求管理层成员制定标准成本。在与各自员工讨论之后，管理层成员又开始重新讨论这个问题。

采购经理 Jane Morgan 建议，为了满足生产的增长需求，需要从公司传统的采购来源以外采购食品原料，这将增加材料和运输的成本，也有可能导致供货质量的下降。如果保持或降低目前的成本，就要由加工部门来弥补这部分增加的成本。

加工经理 Stan Walters 说，如果提高质量就要加快工期，再加上可能出现的供货质量下降，这将导致产品质量的下降和更高的废品率。在这种情况下，可能难以保持或降低单位人工耗用量，预测未来单位产品的人工比例将变得很困难。

生产工程师 Tom Lopez 说，如果设备没有按照规定每天进行定时的适当维护和彻底清洗，生产的冷冻食品的质量和独特口味很可能受到影响。

销售副总裁 Jack Reid 指出，如果不能保证产品质量，公司预期的销售额就无法实现。

最后，公司管理层将遇到的难题向 Jim Condon 作了汇报，他表示，如果不能确定适当的标准取得一致意见，那么，他将请顾问公司来制定标准，每个人都要接受这一结果。

（1）列出采用标准成本计算系统的主要优点。

（2）列出标准成本计算系统可能导致的不利之处。

项目 6　成本管理拓展

一、能力目标

通过本项目实训，使学生能够分清商品流通企业、交通运输企业、房地产开发企业、施工企业成本核算与制造业企业成本核算存在哪些不同；具备根据不同行业特点进行成本计算的能力，并能根据计算结果进行会计处理，增强职业能力，能适应不同行业会计岗位的工作。

二、实训成果

（1）认真阅读案例资料，库存商品采用进价核算企业销售成本，确定商品销售成本（采用毛利率法、加权平均法计算）。

（2）库存商品采用售价核算企业销售成本，确定已销商品进销差价（分别采用综合差价率法、分类差价率法、盘存商品进销差价计算法）。

（3）根据资料，确定房地产开发企业土地开发成本。

（4）根据所学内容，归纳整理不同行业成本核算的异同，文字精练通顺，条理清楚，字数不超过 600 字。

三、任务描述

（1）完成商品流通企业库存商品采用进价核算企业销售成本。

（2）完成商品流通企业库存商品采用售价核算企业已销商品进销差价。

（3）明确房地产开发企业开发成本包括的内容，计算土地开发成本。

（4）归纳整理不同行业成本核算的异同。

四、项目训练

（1）资料：某商品流通企业商品有 A、B 两种，该企业 20××年度第二季度末商品实际销售毛利率为 20%，第三季度初结存商品金额 40 万元，本季购进总额 400 万元，9 月末结存 A 商品数量 300 件，加权平均单价 900 元，结存 B 商品 200 件，加权平均单价 2 200元。该企业 7 月份销售商品 100 万元，8 月份销售商品 120 万元。

要求：用毛利率法计算 A、B 商品 7 月和 8 月份的销售成本，用加权平均法计算 A、B商品 9 月份的销售成本，并根据计算结果进行相应的会计处理。

（2）凤凰商场 20××年×月月末"库存商品""主营业务收入""商品进销差价"账户资料分别如附表 1-85 所示。

附表 1-85　凤凰商场有关账户资料

20××年×月　　　　　　　　　　　　　　　　　　　　　　单位：元

柜组	结转前"商品进销差价"账户余额	"库存商品"账户余额	"主营业务收入"账户本月贷方发生额
服装柜	10 000	35 000	48 000
食品柜	45 000	55 000	200 000
鞋帽柜	12 000	20 000	68 000
合　计	67 000	110 000	316 000

要求：计算各柜组差价率及各柜组已销商品应分摊的进销差价，完成附表 1-86，并根据计算结果进行相应的会计处理。

附表 1-86　商品进销差价计算表

20××年×月　　　　　　　　　　　　　　　　　　　　　金额单位：元

柜组	月末分摊前"商品进销差价"账户余额（1）	月末"库存商品"账户余额（2）	本月"主营业务收入"账户本月贷方发生额（3）	差价率（4）	已销商品进销差价（5）	库存商品结存进销差价（6）
服装柜						
食品柜						
鞋帽柜						
合　计						

（3）资料：凤凰商场女装专柜在20××年年末对其库存商品进行了实地盘点，其结果如附表1-87所示。该柜组年末"商品进销差价"账户余额为415 000元。

附表1-87　商品盘存及进销价格计算表

柜组：女装　　　　　　　　　　　　　20××年　　　　　　　　　金额单位：元

商品品种	单位	盘存	购进价		零售价	
			单价（元/件）	金额	单价（元/件）	金额
女装（001）	件	800	80	64 000	120	96 000
女装（002）	件	500	100	50 000	150	75 000
女装（003）	件	400	120	48 000	180	72 000
女装（004）	件	700	200	140 000	360	252 000
女装（005）	件	500	300	150 000	500	250 000
合　计		—	—	452 000	—	745 000

要求：采用盘存商品进销差价计算法计算已销商品应分摊的进销差价，并根据计算结果进行相应的会计处理。

（4）资料：某商品流通企业20××年年末有关账户资料如下："库存商品"账户余额458 800元，"商品进销差价"账户余额65 800元。根据各商品盘点数量乘以各自的单位进价求得商品的进价总额为397 650元。

要求：采用盘存商品进销差价计算法计算已销商品应分摊的进销差价，并根据计算结果进行相应的会计处理。

（5）资料：红宝商场20××年×月月末有关账户记录情况如下："库存商品"账户余额为120 000元，"主营业务收入"账户贷方发生额480 000元，期末分摊前"商品进销差价"账户余额132 000元。

要求：采用综合差价率计算法计算已销商品应分摊的进销差价，并根据计算结果进行相应的会计处理。

（6）资料：华夏房地产开发有限公司开发甲、乙两地，开发面积分别为1万平方米和2万平方米。开发期发生土地征用及拆迁费10 000万元，其中甲地3 000万元，乙地7 000万元；发生规划设计费10万元，其中甲地4万元，乙地6万元；发生基础设施费80万元，其中甲地30万元，乙地50万元；另外，甲、乙两地共发生间接费用201.8万元。间接费用以直接费用为基础分配。

要求：计算土地开发成本，完成附表1-88和附表1-89。

附表1-88　间接费用分配表

20××年×月 金额单位：万元

成本核算对象	直接费用	分配率	分配金额
甲地			
乙地			
合计			

附表1-89　土地开发成本核算表

20××年×月 单位：万元

成本核算对象	直接费用						间接费用	合计
	土地征用费	前期工程费	建安工程费	基础设施费	公共配套设施费	合计		
甲地								
乙地								
合计								

（7）归纳整理商品流通企业、交通运输企业、房地产开发企业、施工企业成本核算与制造业成本核算的异同。

第二部分 综合训练

【综合训练概述】

一、能力目标

通过本综合实训，使学生能根据企业生产特点和管理要求选择适当的成本计算方法；能正确使用产品成本计算方法处理成本计算的实际问题。

二、实训成果

(1) 认真阅读项目训练资料，正确选择成本计算方法。

(2) 根据资料，正确运用品种法计算产品成本。

(3) 根据资料，正确运用分步法计算产品成本。

(4) 根据资料，正确运用分批法计算产品成本。

(5) 写出实训报告，学生课后自己去收集一个制造业企业的成本计算数据（品种法、分步法、分批法任选其一），要求运用方法得当，计算准确，步骤严密，文字精练通顺，条理清楚，字数不超过 1 000 字。

三、任务描述

(1) 进行成本计算方法的选择。

(2) 运用适当的方法，正确进行成本计算。

(3) 完成实训报告的撰写。

训练 1 品 种 法

1. 企业基本情况

振华制造厂设有一个基本生产车间和供电、锅炉两个辅助生产车间，大量生产甲、乙两种产品。

2. 20××年 12 月份有关资料

(1) 月初在产品成本：甲产品月初在产品成本 29 600 元，其中：直接材料 9 600 元，直接人工 12 000 元，制造费用 8 000 元；乙产品月初无在产品。

(2) 本月生产数量：甲产品本月实际生产工时 40 000 工时，本月完工 800 件，月末在产品 400 件，在产品原材料已全部投入，加工程度为 50%；乙产品本月实际生产工时 20 000 工时，本月完工 400 件，月末无在产品。

供电车间本月供电 40 000 千瓦·时，其中锅炉车间耗用 3 000 千瓦·时，产品生产耗用 30 000 千瓦·时，基本生产车间一般耗用 5 000 千瓦·时，厂部管理部门耗用 2 000 千瓦·时。

锅炉车间本月供气 17 000 立方米，其中供电车间耗用 1 000 立方米，产品生产耗用

12 000 立方米，基本生产车间一般耗用 2 000 立方米，厂部管理部门耗用 2 000 立方米。

（3）材料费用汇总表如附表 2－1 所示。

附表 2－1　材料费用汇总表

20×× 年 12 月　　　　　　　　　　　　　　　　　　单位：元

用　　途	直接领用	共同耗用	合　　计
产品生产直接耗用	60 000	30 000	90 000
其中：甲产品	20 000		
乙产品	40 000		
基本生产车间一般耗用	10 000		10 000
供电车间耗用	488		488
锅炉车间耗用	1 000		1 000
厂部管理部门耗用	600		600
合　　计	72 088	30 000	102 088

（4）本月职工薪酬汇总表如附表 2－2 所示。

附表 2－2　职工薪酬汇总表

20×× 年 12 月　　　　　　　　　　　　　　　　　　单位：元

人员类别	应付职工薪酬
生产工人	150 000
供电车间人员	15 000
锅炉车间人员	10 000
基本生产车间人员	12 000
厂部管理人员	23 000
合　　计	210 000

（5）本月计提折旧费 50 000 元，其中基本生产车间 30 000 元，锅炉车间 1 000 元，供电车间 10 000 元，厂部管理部门 9 000 元。

（6）本月以银行存款支付费用 28 000 元，其中基本生产车间水费 12 000 元，办公费 3 000 元；锅炉车间水费 1 800 元，修理费 200 元；供电车间外购电力和水费 5 000 元；厂部管理部门办公费 4 000 元，差旅费 2 000 元。

3. 训练要求

（1）根据上述资料，选择产品成本计算方法。

（2）设置甲、乙产品基本生产成本明细账，供电车间、锅炉车间辅助生产成本明细账，基本生产车间制造费用明细账，其他总账、明细账从略。

（3）根据甲、乙产品直接消耗材料的比例分配共同用料，编制材料费用分配表，如附表2-3所示，编制会计分录，并计入有关账户。

附表2-3　材料费用分配表

20××年12月　　　　　　　　　　　　金额单位：元

应借账户		直接计入	间接计入			合计
总账账户	明细账户		分配标准（直接消耗材料）	分配率	分配额	
生产成本——基本生产成本	甲产品					
	乙产品					
	小计					
生产成本——辅助生产成本	供电车间					
	锅炉车间					
	小计					
制造费用	基本生产车间					
管理费用						
合　　计						

根据附表2-3编制会计分录。

（4）根据甲、乙产品的实际生产工时，分配产品生产工人薪酬，编制职工薪酬分配表，如附表2-4所示。同时根据分配结果编制会计分录，并计入有关账户。

附表2-4　职工薪酬分配表

20××年12月　　　　　　　　　　　　金额单位：元

应借账户		分配标准（生产工时）	分配率	分配额	合计
总账账户	明细账户				
生产成本——基本生产成本	甲产品				
	乙产品				
	小计				
生产成本——辅助生产成本	供电车间				
	锅炉车间				
	小计				
制造费用	基本生产车间				
管理费用					
合　　计					

根据附表2-4编制会计分录。

（5）编制本月计提折旧的会计分录，并计入有关账户。

（6）编制本月以银行存款支付的费用的会计分录，并计入有关账户。

（7）登记辅助生产成本明细账，如附表2-5和附表2-6所示，并采用直接分配法编制辅助生产费用分配表（直接分配法），如附表2-7所示。根据分配结果编制会计分录，并计入有关账户。

附表2-5　辅助生产成本明细账

车间名称：供电车间　　　　　　　　　　　　　　　　　　　　　　　　单位：元

20××年		凭证号数	摘　　要	直接材料	直接人工	折旧费用	其他费用	合计	转出	金额
月	日									
12	31	略	分配材料费用							
	31		分配职工薪酬							
	31		分配折旧费用							
	31		分配其他费用							
	31		分配转出							
	31		本期发生额合计							

附表2-6　辅助生产成本明细账

车间名称：锅炉车间　　　　　　　　　　　　　　　　　　　　　　　　单位：元

20××年		凭证号数	摘　　要	直接材料	直接人工	折旧费用	其他费用	合计	转出	金额
月	日									
12	31	略	分配材料费用							
	31		分配职工薪酬							
	31		分配折旧费用							

20××年		凭证号数	摘　要	直接材料	直接人工	折旧费用	其他费用	合计	转出	金额
月	日									
	31		分配其他费用							
	31		分配转出							
	31		本期发生额合计							

附表 2－7　辅助生产费用分配表（直接分配法）

20××年12月　　　　　　　　　　　　　金额单位：元

受益部门	供电车间		锅炉车间		合计
	电量（千瓦·时）	金额	蒸汽（立方米）	金额	
待分配费用					
劳务供应量					
分配率					
分配金额					
甲产品					
乙产品					
合　计					
基本生产车间					
管理部门耗用					
合　计					

根据附表 2－7 编制会计分录。

（8）登记基本生产车间的制造费用明细账，如附表 2－8 所示。编制制造费用分配表，如附表 2－9 所示。根据分配结果编制会计分录，并计入有关账户。

附表 2－8　制造费用明细账

车间名称：基本生产车间　　　　　　　　　　　　　　　　单位：元

20××年		凭证号数	摘　要	消耗材料	工资及福利费	折旧费	其他费用	供电、供气费	合计
月	日								
12	31	略	分配材料费						
	31		分配人工费						
	31		分配折旧费						
	31		分配其他费用						

20××年		凭证号数	摘　要	消耗材料	工资及福利费	折旧费	其他费用	供电、供气费	合计
月	日								
	31		分配辅助生产费用						
	31		待分配费用合计						
	31		分配转出						

附表 2－9　制造费用分配表

20××年12月　　　　　　　　　　　　　　　　金额单位：元

分配对象	分配标准（生产工时）	分配率	应分配金额
甲产品			
乙产品			
合　计			

根据附表 2－9 编制会计分录。

（9）登记基本生产成本明细账，如附表 2－10 和附表 2－11 所示。采用约当产量法计算甲产品月末在产品成本，编制甲、乙产品成本计算单和完工产品成本汇总表，如附表 2－12～附表 2－14 所示，并编制结转完工甲、乙产品成本的会计分录。

附表 2－10　基本生产成本明细账

月末在产品数量：400 件

产品名称：甲产品　　　　　　　完工产品数量：800 件　　　　　　　　　单位：元

20××年		凭证号数	摘　要	成本项目			合计
月	日			直接材料	直接人工	制造费用	
12	1		月初在产品成本				
	31	略	分配材料费用				
	31		分配职工薪酬				
	31		分配辅助生产费用				
	31		分配制造费用				
	31		生产费用合计				

20××年		凭证号数	摘要	成本项目			合计
月	日			直接材料	直接人工	制造费用	
			完工产品与在产品约当产量合计				
			单位成本				
	31		结转完工产品总成本				
	31		期末在产品成本				

附表 2-11 基本生产成本明细账

月末在产品数量：0 件

产品名称：乙产品　　　　　　　完工产品数量：400 件　　　　　　　单位：元

20××年		凭证号数	摘要	成本项目			合计
月	日			直接材料	直接人工	制造费用	
12	1		月初在产品成本				
	31	略	分配材料费用				
	31		分配职工薪酬				
	31		分配辅助生产费用				
	31		分配制造费用				
	31		生产费用合计				
	31		结转完工产品总成本				
			完工产品单位成本				

附表 2-12 产品成本计算单

产品名称：甲产品　　　　　　　完工产品数量：800 件　　　　　　　单位：元

20××年		摘要	直接材料	直接人工	制造费用	合计
月	日					
12	1	月初在产品成本				
	31	本月发生生产费用				
	31	合计				
	31	单位产品成本				
	31	转出完工产品成本				
	31	期末在产品成本				

产品名称：乙产品　　　　　　　完工产品数量：400 件　　　　　　　单位：元

20××年		摘　要	直接材料	直接人工	制造费用	合计
月	日					
12	1	月初在产品成本				
	31	本月发生生产费用				
	31	合计				
	31	转出完工产品成本				
		单位产品成本				

附表 2－14　完工产品成本汇总表

20××年12月　　　　　　　　　　　　　　　　金额单位：元

产品名称	产量（件）	直接材料	直接人工	制造费用	成本合计	单位成本
甲产品						
乙产品						
合　计						

编制结转完工甲、乙产品成本的会计分录如下。

训练 2　分　步　法

1. 企业基本情况

中兴工厂设有两个基本生产车间，即一车间和二车间，大量生产甲、乙两种产品。一车间生产甲半成品和乙半成品，二车间将甲半成品和乙半成品加工成甲产品和乙产品。半成品通过半成品库收发，半成品发出时采用全月一次加权平均法计价。该企业另设有一个辅助生产的机修车间，辅助生产车间的制造费用通过"制造费用"账户核算。根据企业的需要，产品成本项目设有"自制半成品""直接材料""直接人工"和"制造费用"四个成本项目。各车间有关产品的"直接材料"和"自制半成品"成本项目的费用按本车间完工产品和本车间月末在产品数量进行分配，其他成本项目均按本车间完工产品和在产品的约当产量分配。二车间产成品成本中包括的自制半成品成本，按一车间所产半成品成本结构进行成本还原，按原始成本项目反映产成品成本。

2. 20××年9月份有关资料

（1）有关付款凭证汇总的各项货币支出如附表 2－15 所示。

单位：元

项　　目	办公费	劳动保护费	其他费用
一车间	700	500	500
二车间	800	300	300
机修车间	400	300	400
管理费用	2 000	600	500
合　　计	3 900	1 700	1 700

（2）本月编制的领料凭证汇总表如附表 2 – 16 所示，甲产品和乙产品共同耗用 A 材料，本月共耗用 A 材料共计 84 000 元。各产品 A 材料的消耗定额分别为：甲产品 6 千克，乙产品 4 千克。甲产品和乙产品共同耗用的 A 材料按各产品的 A 材料消耗定额分配，所有低值易耗品采用分期摊销法在 5 个月内分期摊销。甲产品和乙产品分别耗用的 B 材料和 C 材料直接计入各产品成本明细账中。

附表 2 – 16　领料凭证汇总表

20 × × 年 9 月

单位：元

项　　目		一车间	二车间	机修车间
原材料	A	84 000		
	B	250 000		60 000
	C	220 000		
	D			
	小计	554 000		60 000
低值易耗品	E	2 000	1 000	
	F	3 000	2 000	
	G			3 000
	H			1 000
	小计	5 000	3 000	4 000
机物料消耗	I	2 000		
	J	2 000		
	K		2 000	1 000
	L			2 000
	小计	4 000	2 000	3 000

（3）各部门的工资费用如附表 2 – 17 所示，各车间生产工人的工资均为计时工资，各车间的计时工资均按各车间生产产品的工时进行分配。

20××年9月　　　　　　　　　　　　　　　　　　单位：元

部　　门	生产人员	管理人员
一车间	60 000	20 000
二车间	50 000	10 000
机修车间	20 000	5 000
行政管理		20 000
合　计	130 000	55 000

（4）各车间有关产品的生产工时资料如附表 2 – 18 所示。

附表 2 – 18 　生产工时资料

20××年9月　　　　　　　　　　　　　　　　　　单位：工时

项　　目		工　时
一车间	甲半成品	3 000
	乙半成品	2 000
	小计	5 000
二车间	甲产成品	1 500
	乙产成品	2 500
	小计	4 000
合　计		9 000

（5）外购动力费用如附表 2 – 19 所示，各车间电费均按各车间生产产品的生产工时分配。

附表 2 – 19 　外购动力费用

20××年9月　　　　　　　　　　　　　　　　　　单位：元

部　　门	生产车间用电	管理部门用电
一车间	10 000	1 000
二车间	8 000	1 000
机修车间	5 000	500
行政管理		2 000
合　计	23 000	4 500

（6）固定资产折旧费如附表 2 – 20 所示。

20××年9月　　　　　　　　　　　　　　　　单位：元

项目	一车间	二车间	机修车间	行政管理	合计
折旧费用	20 000	15 000	20 000	10 000	65 000

（7）9月份摊销应由本月承担的各种低值易耗品费用。

（8）辅助生产的机修车间本月提供机修服务发生的机修工时为1 000工时，其中为一车间提供400工时，为二车间提供500工时，为行政管理部门提供100工时。

（9）各车间的制造费用均按各车间生产产品的生产工时分配。

（10）9月月初有关半成品库结存的半成品资料如附表2－21所示。

附表 2－21　9月月初半成品结存资料

20××年9月　　　　　　　　　　　　　　　金额单位：元

产　　品	实际数量（件）	实际成本
甲半成品	400	154 000
乙半成品	300	147 243
合　　计	700	301 243

（11）9月月初在产品成本资料如附表2－22所示。

附表 2－22　9月月初在产品成本资料

20××年9月　　　　　　　　　　　　　　　　单位：元

项　　目		直接材料	自制半成品	直接人工	制造费用	合计
一车间	甲半成品	53 420		8 200	11 000	72 620
	乙半成品	76 200		7 500	10 020	93 720

（12）有关产量记录如附表2－23所示。

附表 2－23　产量记录表

20××年9月

项　　目		月初在产品（件）	本月投入（件）	本月完工（件）	月末在产品（件）	月末在产品完工程度（%）
一车间	甲半成品	200	1 000	800	400	50
	乙半成品	200	600	700	100	50
二车间	甲产品		600	500	100	50
	乙产品		500	300	200	50

3. 训练要求

（1）根据各项货币支出汇总表，编制会计分录，并计入有关账户。

（2）根据领料凭证汇总表和其他资料，编制材料费用分配表，如附表 2 – 24 所示。同时根据材料费用分配表编制会计分录，并计入有关账户。

附表 2 – 24　材料费用分配表

20××年9月　　　　　　　　　　　　　　　　金额单位：元

| 应借账户 | | 成本或费用项目 | 直接计入 | 间接计入 | | | 合计 |
总账账户	明细账户	成本或费用项目	直接计入	分配标准（定额耗用量）	分配率	分配额	合计
生产成本——基本生产成本	甲半成品	直接材料					
	乙半成品	直接材料					
	小　计						
制造费用	一车间	低值易耗品					
		机物料消耗					
	二车间	低值易耗品					
		机物料消耗					
	机修车间	低值易耗品					
		机物料消耗					
	小　计						
生产成本——辅助生产成本	机修车间	直接材料					
合　计							

根据附表 2 – 24 编制会计分录如下。

（3）根据工资费用资料，编制职工薪酬分配表，如附表 2 – 25 所示。同时根据材料费用分配表编制会计分录，并计入有关账户。

附表 2-25　职工薪酬分配表

20××年9月　　　　　　　　　　　　　　　　金额单位：元

应借账户		成本或 费用项目	分配标准 （生产工时）	分配率	分配额
总账账户	明细账户				
生产成本—— 基本生产成本	甲半成品	直接人工			
	乙半成品	直接人工			
	小　　计				
	甲产品	直接人工			
	乙产品	直接人工			
	小　　计				
制造费用	一车间	工资及福利费			
	二车间	工资及福利费			
	机修车间	工资及福利费			
	小　　计				
生产成本—— 辅助生产成本	机修车间	直接人工			
管理费用		工资及福利费			
合　　　计					

根据附表2-25编制会计分录。

（4）根据有关部门的用电情况，按生产车间各产品的生产工时进行分配，编制电费分配表，如附表2-26所示。同时根据电费分配表编制会计分录，并计入有关账户。

附表 2-26　电费分配表

20××年9月　　　　　　　　　　　　　　　　金额单位：元

应借账户		成本或 费用项目	分配标准 （生产工时）	分配率	分配额
总账账户	明细账户				
生产成本—— 基本生产成本	甲半成品	制造费用			
	乙半成品	制造费用			
	小　　计				
	甲产品	制造费用			
	乙产品	制造费用			
	小　　计				

应借账户		成本或费用项目	分配标准（生产工时）	分配率	分配额
总账账户	明细账户				
制造费用	一车间	电费			
	二车间	电费			
	机修车间	电费			
小　计					
生产成本——辅助生产成本	机修车间	制造费用			
管理费用		电费			
合　计					

根据附表 2 - 26 编制会计分录。

（5）根据固定资产资料，编制固定资产折旧分配表，如附表 2 - 27 所示。同时根据固定资产折旧分配表编制会计分录，并计入有关账户。

附表 2 - 27　固定资产折旧分配表

20 × × 年 9 月　　　　　　　　　　　　　　　　单位：元

项目	生产车间				行政管理	合计
	一车间	二车间	机修车间	小计		
折旧费						

根据附表 2 - 27 编制会计分录。

（6）根据低值易耗品摊销资料，编制低值易耗品费用分配表，如附表 2 - 28 所示。同时根据低值易耗品费用分配表编制会计分录，并计入有关账户。

附表2-28 低值易耗品费用分配表

20××年9月 　　　　　　　　　　　　　　　　　　单位：元

应借账户			摊销金额
制造费用	一车间	低值易耗品	
	二车间	低值易耗品	
	机修车间	低值易耗品	
合　计			

根据附表2-28编制会计分录。

（7）根据各项费用分配表，登记辅助生产车间制造费用明细账，如附表2-29所示。

附表2-29 辅助生产车间制造费用明细账

车间名称：机修车间 　　　　　　　　　　　　　　　　　　单位：元

20××年		凭证号数	摘　要	工资及福利费	机物料消耗	电费	折旧费用	低值易耗品	劳动保护	办公费	其他费用	合计
月	日											
9	30	略	据各项货币支出汇总表									
	30		据材料分配表									
	30		据职工薪酬分配表									
	30		据电费分配表									
	30		据折旧费用分配表									
	30		低值易耗品费用分配									
	30		分配转出									
	30	合　计										

（8）根据辅助生产车间制造费用明细账，编制辅助生产车间制造费用分配表，如附表2-30所示。同时根据辅助生产车间制造费用分配表编制会计分录，并计入有关账户。

附表 2 – 30　辅助生产车间制造费用分配表

20××年9月　　　　　　　　　　　　　　　　　　单位：元

应借账户	金　额
生产成本——辅助生产成本——机修车间	

根据附表 2 – 30 编制会计分录。

（9）根据生产费用分配表，登记辅助生产成本明细账，如附表 2 – 31 所示。

附表 2 – 31　辅助生产成本明细账

车间名称：机修车间　　　　　　　　　　　　　　　　　　单位：元

20××年		凭证号数	摘　要	直接材料	直接人工	制造费用	合计	转出	金额
月	日								
9	30	略	分配材料费用						
	30		分配职工薪酬						
	30		分配电费						
	30		分配制造费用						
	30		分配转出						
	30		本期发生额合计						

（10）根据辅助生产车间生产成本明细账，编制辅助生产车间生产费用分配表，如附表 2 – 32 所示。同时根据辅助生产车间生产费用分配表编制会计分录，并计入有关账户。

附表 2 – 32　辅助生产车间生产费用分配表

车间名称：机修车间　　　　20××年9月　　　　金额单位：元

辅助生产部门名称			机修车间	合　计
待分配费用				
供应辅助生产部门以外单位的劳务量				
费用分配率（单位成本）				
应借账户	制造费用——一车间	耗用数量		
		分配金额		
	制造费用——二车间	耗用数量		
		分配金额		
	管理费用	耗用数量		
		分配金额		
分配金额合计				

根据附表 2 – 32 编制会计分录。

（11）根据生产费用分配表，登记一车间制造费用明细账和二车间制造费用明细账，如附表 2 - 33 和附表 2 - 34 所示。

附表 2 - 33　基本生产车间制造费用明细账

车间名称：一车间　　　　　　　　　　　　　　　　　　　　　　　　　　　　　单位：元

20××年		凭证号数	摘　要	工资及福利费	机物料消耗	电费	折旧费用	低值易耗品	劳动保护	办公费	修理费	其他费用	合计
月	日												
9	30	略	据各项货币支出汇总表										
	30		据材料分配表										
	30		据职工薪酬分配表										
	30		据电费分配表										
	30		据折旧费用分配表										
	30		据低值易耗品分配表										
	30		据辅助生产费用分配表										
	30		分配转出										
	30		合　计										

附表 2 - 34　基本生产车间制造费用明细账

车间名称：二车间　　　　　　　　　　　　　　　　　　　　　　　　　　　　　单位：元

20××年		凭证号数	摘　要	工资及福利费	机物料消耗	电费	折旧费用	低值易耗品	劳动保护	办公费	其他费用	合计
月	日											
9	30	略	据各项货币支出汇总表									
	30		据材料分配表									
	30		据职工薪酬分配表									
	30		据电费分配表									
	30		据折旧费用分配表									
	30		据低值易耗品分配表									
	30		据辅助生产费用分配表									
	30		分配转出									
	30		合　计									

（12）根据基本生产车间制造费用明细账资料，编制一车间制造费用分配表和二车间制造费用分配表，如附表 2 - 35 和附表 2 - 36 所示。同时根据基本生产车间生产费用分配表编制会计分录，并计入有关账户。

车间名称：一车间　　　　　　　　20××年9月　　　　　　金额单位：元

应借账户		生产工时（工时）	分配率（元/工时）	金　　额
生产成本——	甲半成品			
基本生产成本	乙半成品			
合　　计				

附表 2 – 36　基本生产车间制造费用分配表

车间名称：二车间　　　　　　　　20××年9月　　　　　　金额单位：元

应借账户		生产工时（工时）	分配率（元/工时）	金　　额
基本生产成本	甲产成品			
	乙产成品			
合　　计				

根据附表 2 – 36 编制会计分录。

（13）根据基本生产车间制造费用分配表，登记基本生产成本明细账，如附表 2 – 37 和附表 2 – 38 所示。同时根据基本生产成本明细账编制会计分录，并计入有关账户。

附表 2 – 37　基本生产成本明细账

月末在产品数量：400 件

产品名称：甲半成品　　　　　　完工产品数量：800 件　　　　　　单位：元

20××年		凭证号数	摘　　要	成本项目			合计
月	日			直接材料	直接人工	制造费用	
9	1	略	月初在产品成本				
	30		分配材料费用				
	30		分配职工薪酬				
	30		分配电费				
	30		分配制造费用				
	30	略	生产费用合计				
			完工产品与在产品约当产量合计				
			单位成本				

20××年		凭证号数	摘　要	成本项目			合计
月	日			直接材料	直接人工	制造费用	
	30		结转完工产品总成本				
	30		期末在产品成本				

附表 2－38　基本生产成本明细账

月末在产品数量：100 件

产品名称：乙半成品　　　　　　　　完工产品数量：700 件　　　　　　　　　单位：元

20××年		凭证号数	摘　要	成本项目			合计
月	日			直接材料	直接人工	制造费用	
9	1		月初在产品成本				
	30	略	分配材料费用				
	30		分配职工薪酬				
	30		分配电费				
	30		分配制造费用				
	30		生产费用合计				
	30		完工产品与在产品约当产量合计				
	30		单位成本				
	30		结转完工产品总成本				
	30		期末在产品成本				

根据附表 2－37 和附表 2－38 编制结转完工入库产品成本的会计分录。

（14）根据一车间基本生产成本明细账和其他资料，登记自制半成品明细账，如附表 2－39 和附表 2－40 所示。同时根据自制半成品明细账编制会计分录，并计入有关账户。

附表 2－39　自制半成品明细账

产品名称：甲半成品　　　　　　　　　　　　　　　　　　　　　　金额单位：元

20××年		凭证号数	摘　要	收入		发出		结余		
月	日			数量	金额	数量	金额	数量	单价	金额
9	1	略	期初结存							
	30		完工入库							
	30		发出							

产品名称：乙半成品　　　　　　　　　　　　　　　　　　　　　金额单位：元

20××年		凭证号数	摘　要	收入		发出		结余		
月	日			数量	金额	数量	金额	数量	单价	金额
9	1	略	期初结存							
	30		完工入库							
	30		发出							

根据附表 2 – 39 和附表 2 – 40 编制会计分录。

（15）根据二车间领用自制半成品资料，登记基本生产成本明细账，如附表 2 – 41 和附表 2 – 42 所示，计算二车间产品成本。

月末在产品数量：100 件

产品名称：甲产品　　　　　　　完工产品数量：500 件　　　　　　　　单位：元

20××年		凭证号数	摘　要	成本项目				合计
月	日			直接材料	自制半成品	直接人工	制造费用	
9	1	略	月初在产品成本					
	30		领用自制半成品					
	30		分配职工薪酬					
	30		分配电费					
	30		分配制造费用					
	30		生产费用合计					
	30		完工产品与在产品约当产量合计					
	30		单位成本					
	30		结转完工产品总成本					
	30		期末在产品成本					

月末在产品数量：200 件

产品名称：乙产品　　　　　　　完工产品数量：300 件　　　　　　　单位：元

| 20××年 | | 凭证号数 | 摘　要 | 成本项目 | | | | 合计 |
月	日			直接材料	自制半成品	直接人工	制造费用	
9	1	略	月初在产品成本					
	30		领用自制半成品					
	30		分配职工薪酬					
	30		分配电费					
	30		分配制造费用					
	30		生产费用合计					
	30		完工产品与在产品约当产量合计					
	30		单位成本					
	30		结转完工产品总成本					
	30		期末在产品成本					

根据附表 2 - 41 和附表 2 - 42 编制会计分录。

（16）编制产成品成本还原计算表，如附表 2 - 43 和附表 2 - 44 所示。

附表 2 - 43　产成品成本还原计算表

产品名称：甲产品　　　　　　　20××年 9 月　　　　　　　金额单位：元

项　目	还原前产成品成本	本月所产半成品成本	产成品成本中半成品成本还原	还原后产成品总成本	还原后产成品单位成本
产量（件）					
还原分配率					
自制半成品					
直接材料					
直接人工					

项　目	还原前产成品成本	本月所产半成品成本	产成品成本中半成品成本还原	还原后产成品总成本	还原后产成品单位成本
制造费用					
成本合计					

附表 2-44　产成品成本还原计算表

产品名称：乙产品　　　　　　　　　　20××年9月　　　　　　　　　金额单位：元

项　目	还原前产成品成本	本月所产半成品成本	产成品成本中半成品成本还原	还原后产成品总成本	还原后产成品单位成本
产量（件）					
还原分配率					
自制半成品					
直接材料					
直接人工					
制造费用					
成本合计					

训练3　分　批　法

1. 企业基本情况

大华工厂属于小批生产，采用简化的分批法计算产品成本。

2. 20××年4月份有关资料

（1）月初在产品成本：101批号，直接材料3 750元；102批号，直接材料2 200元；103批号，直接材料1 600元。月初直接人工1 725元，制造费用2 350元。

（2）月初在产品耗用累计工时：101批号1 800工时；102批号590工时；103批号960工时。

（3）本月的生产情况如附表2-45所示。

附表 2-45　产品生产情况表

金额单位：元

产品名称	批号	批量（件）	投产日期	完工日期	本月发生工时（工时）	本月发生直接材料
甲	101	10	2月	4月	450	250
乙	102	5	3月	4月	810	300
丙	103	4	3月	6月	1 640	300

（4）本月发生的各项间接费用为：直接人工1 400元，制造费用2 025元。

3. 训练要求

根据上述资料，登记基本生产成本二级账，以及各批产品基本生产成本明细账，如附表 2-46 ~ 附表 2-49 所示。计算完工产品成本并编制会计分录。

附表 2-46　基本生产成本二级账

金额单位：元

20××年		摘　要	生产工时（工时）	直接材料	直接人工	制造费用	合计
月	日						
3	31	累计发生					
4	30	本月发生					
	30	累计发生数					
	30	累计间接费用分配率					
	30	本月完工产品成本转出					
	30	月末在产品					

附表 2-47　基本生产成本明细账

批号：101　　　　　　　　　　投产日期：2 月　　　　　　　　　批量：10 件
产品名称：甲产品　　　　　　　完工日期：4 月　　　　　　　　　金额单位：元

20××年		摘　要	生产工时（工时）	直接材料	直接人工	制造费用	合计
月	日						
3	31	累计发生					
4	30	本月发生					
	30	累计发生数					
	30	累计间接费用分配率					
	30	完工产品应负担间接费					
	30	本月完工产品成本转出					
	30	完工产品单位成本					

附表 2-48　基本生产成本明细账

批号：102　　　　　　　　　　投产日期：3 月　　　　　　　　　批量：5 件
产品名称：乙产品　　　　　　　完工日期：4 月　　　　　　　　　金额单位：元

20××年		摘　要	生产工时（工时）	直接材料	直接人工	制造费用	合计
月	日						
3	31	累计发生					
4	30	本月发生					
	30	累计发生数					
	30	累计间接费用分配率					

20××年		摘 要	生产工时（工时）	直接材料	直接人工	制造费用	合计
月	日						
	30	完工产品应负担间接费					
	30	本月完工产品成本转出					
	30	完工产品单位成本					

附表 2-49　基本生产成本明细账

批号：103　　　　　　　　　　　投产日期：3 月　　　　　　　　　批量：4 件
产品名称：丙产品　　　　　　　　完工日期：6 月　　　　　　　　金额单位：元

20××年		摘 要	生产工时（工时）	直接材料	直接人工	制造费用	合计
月	日						
3	31	累计发生					
4	30	本月发生					

第三部分　真实企业降本增效虚拟仿真综合实训

一、实训目标

三达面业成本核算与管理虚拟仿真实训项目是根据河北省唐山三达面业真实企业项目开发而成，项目设计对接成本岗位最新职业能力，突出成本管理职能转型。

本仿真实训过程模拟企业办公情境，遵循"知识掌握—能力养成—应用实践"的核算管理技能生成的主线逻辑。实训设计将知识目标确定为掌握成本费用的构成、归集分配与管理的基本原理，能力目标为根据企业实际提出成本管控措施，素质目标着重强化成本意识，能够围绕真实企业三达面业降本增效需求进行方案设计，实现知识技能的迁移应用，最终落实课程培养学生服务企业数智化转型、降本增效的职责使命，培育会核算、懂管理、能应用的高技能人才的教学目标。

二、实训成果

（1）正确理解每一个项目的要求，以完成实训平台项目1至项目8的任务作为过程性成果，要求准确掌握生产流程特点，能够从企业实际出发准确运用方法、精准核算、全面分析、科学决策、管控措施得当。

（2）基于项目1至项目8，完成《三达面业挂面生产项目降本增效方案》设计，作为实训的总结性成果，要求方案设计综合全面，符合成本核算与管理工作逻辑，文字精练通顺，条理性强，字数不少于1 500字。

三、任务描述

实训内容围绕成本核算与管理岗位工作职责，按照三达面业挂面生产产前、产中、产后三个环节分为企业认知、成本预算、核算准备、智能核算、成本分析、成本决策、成本控制及方案设计8个项目、17个步骤。实训任务直接对接会计、智能财税技能大赛和《业财税融合成本管控X证书》考评技能要点，以此为导向深入挖掘成本工作中工业互联网、财务机器人、大数据技术、BI云看板、VR等行业新知识、新技术、新工艺和新规范的实践与应用，实现岗课赛证互融互通。

四、平台登录

（1）智慧树平台，直接搜索"三达面业成本核算与管理虚拟仿真实训项目"，课程链接如下：

https：//www.zhihuishu.com/virtual_portals_h5/virtualExperiment.html #/indexPage？ courseId = 2000109867

（2）智慧职教——资源库——省级——大数据与会计资源库（唐山职业技术学院）——虚拟仿真园地。

项目1　企业认知

第一步：了解企业背景

任务布置：点击视频了解企业背景。

企业简介：三达面业有限公司是以食品开发、生产和销售为一体的一般纳税人企业，主要产品有方便面、挂面、粉丝等，每种产品又有若干个品种，比如挂面有普通挂面、龙须面、儿童营养面、菠菜面、五谷杂粮面、骨汤面、风味面等上百个种品。本案例以普通挂面（简称普面）、菠菜挂面（简称菠菜面）和鸡蛋挂面（简称鸡蛋面）为例。

为配合挂面生产车间的生产，三达面业有限公司除了设置基本的采购部、销售部、仓储部、生产部、行政管理部等，还设置有配料车间和机修车间，如附图3-1所示。以菠菜面为例，新鲜菠菜需要先进入配料车间，进行清洗、打汁，再作为原材料被加工车间领用；机修车间负责生产设备和办公设备的日常维修和保养。

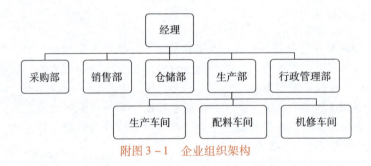

附图3-1　企业组织架构

任务实施：了解完企业挂面生产背景后，完成以下任务。

1.【多选题】企业主要生产以下哪种产品？（　　　）

A. 普通挂面　　　　B. 鸡蛋挂面　　　　C. 方便面　　　　D. 粉条

2.【多选题】生产挂面的主要原材料有哪些？（　　　）

A. 面粉　　　　B. 鸡蛋　　　　C. 蔬菜　　　　D. 盐

第二步：熟悉挂面生产流程

任务布置：点击虚拟仿真动画，熟悉挂面生产流程。

任务实施：了解完挂面生产流程后，简单描述挂面生产流程。

第三步：厘清基础数据

任务布置：进入平台浏览并理清本企业账户设置、期初余额、往来单位信息、存货信息、部门及人员信息、分录簿、期初在产品、挂面BOM清单、降本增效需求等基本信息。

任务实施：通过查看账户设置，了解企业主要的账户有哪些。

项目 2　成本预算

第四步：根据销售预算进行成本预算

任务布置：请根据 2023 年度销售预算、存货量情况及相关成本预算编制说明，编制 2023 年全年生产成本预算。

（1）销售预算情况，如附表 3 – 1 所示。

附表 3 – 1　销售情况预算表

单位：千克

预计销售量	第 1 季度	第 3 季度	第 4 季度	全年
鸡蛋挂面	99 600	110 000	87 800	398 400
普通挂面	534 300	554 000	506 900	2 137 200
菠菜挂面	54 000	52 000	55 000	216 000

（2）三达面业有限公司 2022 年年末存货量情况，如附表 3 – 2 所示。

附表 3 – 2　存货汇总表

单位：千克

品类	12 月月末
鸡蛋挂面	34 000
菠菜挂面	16 000
普通挂面	150 000

（3）成本预算编制说明：

1）经测算，预计在每季度末保有产品库存量为下一季度销售量的 20%，预计 2023 年第 1 季度销售量为 99 800 千克。每一季度的期末材料库存量已在表中给出。

2）预计直接人工小时工资率为 0.4 元/小时。变动制造费用与人工工时密切相关。变动制造费用分配率为 0.3 元/小时，其中：机物料消耗为 0.2 元/小时，其他支出为 0.1 元/小时。假定固定制造费用各季度均衡，全面预计为 750 000 元，其中：车间管理人员薪酬 150 000 元，折旧费 600 000 元。预计所有费用均需当季支付。

任务实施：

（1）根据三达面业有限公司鸡蛋挂面 2023 年年度的销售预算情况、存货量汇总情况，预算全年各季度生产量，完成 2023 年度生产预算表（见附表 3 – 3）的编制。

单位：千克

项目	第 1 季度	第 2 季度	第 3 季度	第 4 季度	全年
预计销售量					
减：预计期初存货					
加：预计期末存货					
预计生产量					

（2）根据鸡蛋挂面 2023 年度生产预算表以及挂面 BOM 清单（见附表 3 - 4），编制直接材料预算表（见附表 3 - 5）。

附表 3 - 4　挂面 BOM 清单

单位：克

原材料名称 产品名称	科技 70 粉	专用 60 粉	食盐	食碱	菠菜	栀子黄	鸡蛋 黄粉	玉米 淀粉
普通挂面（1 000 g）	1 016		25	50				
菠菜挂面（1 000 g）		1 016	25	50	200			
鸡蛋挂面（1 000 g）		1 016	25	50		0.8	1.6	35

附表 3 - 5　2023 年度直接材料预算表（鸡蛋挂面）

单位：千克

项目		第 1 季度	第 2 季度	第 3 季度	第 4 季度	全年
预计生产量						
单耗定额	专用 60 粉	食盐	食碱	栀子黄	鸡蛋黄粉	玉米淀粉
材料用量	专用 60 粉					
	食盐	5 148	6 168	6 333.6	5 412	23 061.60
	食碱	68.64	82.24	84.448	72.16	307.49
	栀子黄	137.28	164.48	168.896	144.32	614.98
	鸡蛋黄粉	3 003	3 598	3 694.6	3 157	13 452.60
	玉米淀粉	98 103.72	117 541.52	120 697.30	103 134.68	439 477.22
	合计	5 148	61 687	6 333.6	5 412	23 061.60

项目		第1季度	第2季度	第3季度	第4季度	全年
加：预计期末材料库存量	专用60粉	8 717.28	10 444.48	10 724.90	9 164.32	39 050.98
	食盐	257.40	308.40	316.68	270.60	1 153.08
	食碱	514.80	616.80	633.36	541.20	2 306.16
	栀子黄	6.86	8.22	8.44	7.22	30.75
	鸡蛋黄粉	13.73	16.45	16.89	14.43	61.50
	玉米淀粉	300.30	359.80	369.46	315.70	1 345.26
减：预计期初材料库存量	专用60粉	13 075.92	15 666.72	16 087.34	13 746.48	58 576.46
	食盐	386.10	462.60	475.02	405.90	1 729.62
	食碱	772.20	925.20	950.04	811.80	3 459.24
	栀子黄	10.30	12.34	12.67	10.82	46.12
	鸡蛋黄粉	20.59	24.67	25.33	21.65	92.25
	玉米淀粉	450.45	539.70	554.19	473.55	2 017.89
预计材料采购量	专用60粉					
	食盐	2 445.30	2 929.80	3 008.46	2 570.70	10 954.26
	食碱	4 890.60	5 859.60	6 016.92	5 141.40	21 908.52
	栀子黄	65.21	78.13	80.23	68.55	292.11
	鸡蛋黄粉	130.42	156.26	160.45	137.10	584.23
	玉米淀粉	2 852.85	3 418.10	3 509.87	2 999.15	12 779.97

（3）根据鸡蛋挂面2023年度生产预算表以及工时定额情况（见附表3-6），编制直接人工预算表（见附表3-7）。

附表3-6 产量及工时统计表

品名	本月投产量（千克）	工时定额/小时	机器工时	60粉消耗定额	废品重量	期初在产品	期末在产品重量（千克）
鸡蛋面	66 000.00	10	9	1.016		1 200.00	
菠菜面	34 000.00	9	8	1.016			
普面	33 000.00	9	8		250.00		1 900.00

附表3-7 2023年年度直接人工预算（鸡蛋挂面）

项目	第1季度	第2季度	第3季度	第4季度	全年
预计生产量（千克）					
工时定额（小时）					

项目	第1季度	第2季度	第3季度	第4季度	全年
人工总工时（小时）					
小时工资（元）	0.4	0.4	0.4	0.4	0.4
人工总成本（元）					

（4）根据鸡蛋挂面2023年度生产预算表以及直接人工预算表，编制制造费用预算表（见附表3-8）。

附表3-8　2023年年度制造费用预算表（鸡蛋挂面）

单位：元

项目		小时费用率	第1季度	第2季度	第3季度	第4季度	全年
变动制造费用	人工总工时（小时）		858 000	1 028 000	1 055 600	902 000	3 843 600
	机物料消耗						
	其他支出						
	小计						
固定制造费用	职工薪酬						
	折旧费		150 000	150 000	150 000	150 000	600 000
	小计		187 500	187 500	187 500	187 500	750 000
制造费用合计							

（5）根据以上任务结果，编制2023年鸡蛋挂面生产成本预算表（见附表3-9）。

附表3-9　2023年度生产成本（鸡蛋挂面）

单位：元

项目	第1季度	第2季度	第3季度	第4季度	全年
直接材料			120 697.30	103 134.68	439 477.22
直接人工	343 200.00	411 200.00			
变动制造费用	257 400.00	308 400.00			
生产成本合计					

任务拓展： 请分别根据三达面业有限公司2023年度普通挂面、菠菜挂面的相关数据，完成2023年度生产成本预算的编制。

第五步：根据成本预算下达采购计划

任务布置： 基于BOM清单完成2023年1月份直接材料预算，并下达采购计划。

（1）BOM清单见第四步。

（2）2023年1月原材料期初和预计期末存货量，如附表3-10所示。

单位：千克

项目	专用60粉	食盐	食碱	栀子黄	鸡蛋黄粉	玉米淀粉	科技70粉	菠菜
预计期末存货量	26 540	105	180	24.5	34.5	245	5 730	70
期初存货量	13 600	84	140	30.5	40.6	185	8 570	40

（3）2023 年 1 月三达面业有限公司预计生产量情况，如附表 3 – 11 所示。

附表 3 – 11 2023 年 1 月预计生产量

单位：千克

项目	预计生产量
鸡蛋挂面	68 000
普通挂面	330 000
菠菜挂面	35 000

任务实施： 先根据各产品的预计生产量与 BOM 清单，预算原材料的生产耗用量，再根据原材料存货量情况预计材料采购量（见附表 3 – 12）。

附表 3 – 12 2023 年 1 月份直接材料预算

单位：千克

项目	预计生产量	用量	专用60粉	食盐	食碱	栀子黄	鸡蛋黄粉	玉米淀粉	科技70粉	菠菜
鸡蛋挂面	68 000	单耗定额								
		生产耗用量								
普通挂面	330 000	单耗定额	专用60粉	食盐	食碱	栀子黄	鸡蛋黄粉	玉米淀粉	科技70粉	菠菜
				0.025	0.05				1.016	
		生产耗用量		8 250	16 500				335 280	
菠菜挂面	35 000	单耗定额	专用60粉	食盐	食碱	栀子黄	鸡蛋黄粉	玉米淀粉	科技70粉	菠菜
			1.016	0.03	0.05					0.2
		生产耗用量	35 560	1 050	1 750					7 000
生产耗用量合计										
加：预计期末存货量			26 540	105	180	24.5	34.5	245	5 730	70
减：期初存货量			13 600	84	140	30.5	40.6	185	8 570	40
预计采购量										

任务拓展：请同学们根据材料预算结果，为生产部门编制一份采购计划。

项目3　核算准备

第六步：数据采集

任务布置：请同学们按照"生产成本数据确认——掌握数据采集方法——完成数据采集决策"的逻辑，完成三达面业数据采集。

任务实施：

（1）确认生产成本数据。按照生产流程结合成本核算逻辑，按照生产准备、要素费用归集分配、完工产品在产品分配3类，对原材料物流跟踪数据、车间设备折旧费用、车间人工成本、车间人工工时、车间设备数据（机器工时）、生产过程数据（投料数、机物料消耗数等）、在产品数、质量数据（废品率）、产成品入库数、厂部办公费、销售部门差旅费、生产贷款利息12项生产成本数据进行分类，如附图3-2所示。

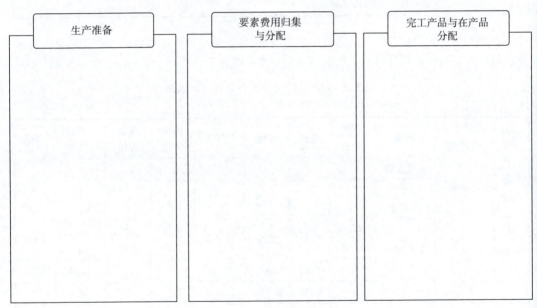

附图3-2　生产成本数据确认

（2）了解数据采集方法。

1）财务系统数据自动获取，如附图3-3所示。

应用场景：分模块生产经营数据采集，例如库存材料、存货周期、原材料价格、制造费用等。

2）二维码扫描采集，如附图3-4所示。

应用场景：条码收集数据的前提是信息可以以编码的方式表达或与预设的数据通过编码建立对应关系，例如产品批号、物料批号、加工资源编号、运输资源编号、人员编号等。

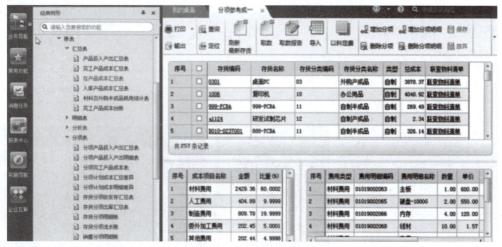

附图 3 - 3　财务系统数据自动获取

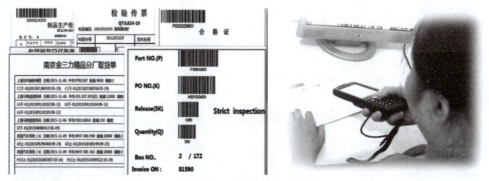

附图 3 - 4　二维码扫描采集

3）工业互联网实时采集，如附图 3 - 5 所示。

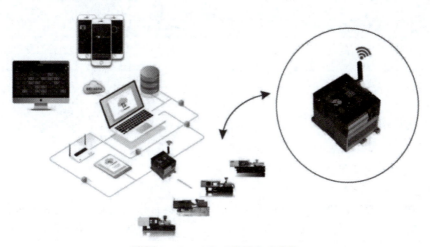

附图 3 - 5　工业互联网实时采集

应用场景：生产过程中的部分由事件触发的数据可以由系统在过程中自动收集，主要包括工序开始操作的时间、结束时间、设备状态等。

4）机器人采集，如附图3-6所示。

附图3-6　机器人采集

应用场景：可以利用RPA机器人扫描票据，也可以直接人工记账

5）手工采集

应用场景：传统票据记录。

（3）完成数据采集决策。根据不同的票据背景，让同学们选择不同的数据获取方式并操作（虚拟仿真平台操作）。

1）如附图3-7所示的生产车间领料单数据如何获取？

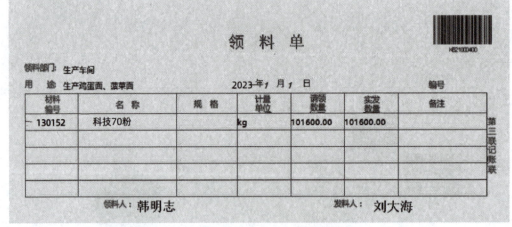

附图3-7　生产车间领料单数据

2）智能制造企业机器生产运转数据如何获取？

第七步：财产清查

任务布置： 2022年12月底，库管员小张对原材料月末剩余量进行清查并进行盈亏核算，经清查，库房中的科技70粉面粉盘盈2袋，每袋50千克，每千克3.72元，专用60粉盘亏5袋，每袋50千克，每千克1.55元。

任务实施：通过清查，填写材料盘点表（见附表 3 – 13）。

附表 3 – 13　材料盘点表

序号	材料代码	材料名称	材料规格	单位	期初实际数量	本期领用数量	本期使用数量	本期数量结存	盘点数量	数量差异	单价（元）	金额差异（元）	备注
1	10001	面粉	科技 70 粉	千克	1 500	9 000	10 100		500		3.72		
2	10002	面粉	专用 60 粉	千克	2 300	32 000	33 250		800		3.78		

按照财务惯例，盘盈冲抵管理费用，短缺的 60 粉应由责任人赔款 500 元，并向其索赔，其余列作管理费用，对上述盘点状况进行账务处理。

任务拓展：请同学们完成拓展资料阅读《成本费用责任归属——原材料成本》，更好地进行盘盈盘亏成本确认。

项目 4　智能核算

第八步：要素费用归集与分配

任务布置：请同学们按照"要素费用数据获取与归集——要素费用分配——完成要素费用分配核算"的逻辑，完成三达面业生产费用归集与分配的计算和核算。

任务实施：

（1）要素费用数据获取与归集。

扫描二维码，获取要素费用数据。

1 月领料汇总表　　1 月工资结算单　　固定资产使用情况表　　其他费用支出单　　水费发票　　电费

天然气发票　　生产量汇总　　水、电、气使用情况表　　普通挂面生产工序的工时定额　　产量及工时统计表　　入库单

（2）要素费用分配表填制及账务处理。

1）填制材料费用分配表和材料费用分配记账凭证。

根据 1 月领料汇总表、产量及工时统计表，填制材料费用分配表（见附表 3 – 14），并根据材料费用分配表，进行账务处理。

附表 3－14　材料费用分配表

数量单位：千克　金额单位：元

应计科目	成本或费用项目	直接计入项目	分配计入（专用 60 粉）					分配计入（加碘盐）				分配计入（碳酸钠）				分配计入（包装材料）				合计
			单位消耗定额	产量	定额消耗量	分配率	分配金额	单位消耗定额	定额消耗量	分配率	分配金额	单位消耗定额	定额消耗量	分配率	分配金额	单位消耗定额	定额消耗量	分配率	分配金额	
基本生产成本	鸡蛋面 直接材料		1.016	66 000.00				0.030				0.06				1.00				
	菠菜面 直接材料		1.016	34 000.00				0.030				0.05				1.00				
	普面 直接材料		1.016	330 000.00				0.025				0.05				1.00				
	小计											0.16								
制造费用	材料费（机油）																			143.00
辅助生产成本	配料车间 材料费																			395.00
	机修车间 材料费																			13.60
合计																				167 989.04

2）填制职工薪酬分配表和职工薪酬分配记账凭证。

根据1月工资结算单和产量及工时统计表，填制职工薪酬分配表（见附表3-15）。完成职工薪酬分配表数据采集，并将生产工人薪酬按包装工的计件工资为标准分配到各产品（见附表3-16）。已知包装计件标准：每500 g产品计付0.036 5元工资。分配率用函数保留4位小数，分配金额用函数保留2位小数。

附表3-15　职工薪酬分配表

单位：元

部门	人员类别	应付职工薪酬总额	应计入的科目
采购部	管理人员		
仓储部	管理人员		
行政管理部	管理人员		
生产部	机修工人		
生产部	配料工人		
生产部	车间管理		
生产部	品控人员		
生产部	生产工人		
生产部	研发人员		
销售部	销售人员		
总计			

附表3-16　生产工人薪酬分配表

单位：元

品种	产量（千克）	计件工资标准（500克）	计件工资	分配率	分配金额
鸡蛋面					
菠菜面					
普面					

根据职工薪酬分配表，进行账务处理。

3）填制折旧费用分配表和折旧费用分配记账凭证。

根据固定资产使用情况表，填制折旧费用分配表（见附表3-17）。

附表3-17　折旧费用分配表

单位：元

应计入的科目	使用部门	折旧费用
管理费用	仓储部	
管理费用	行政管理部	

应计入的科目	使用部门	折旧费用
辅助生产成本	机修车间	
辅助生产成本	配料车间	
制造费用	生产车间	
制造费用	生产管理部	
销售费用	销售部	
总计		

根据折旧费用分配表，进行折旧费用分配账务处理。

4）填制其他费用分配表和其他费用分配记账凭证。

根据其他费用支出单，填制其他费用分配表（见附表3-18）。

附表3-18　其他支出分配表

单位：元

应计入的科目	使用部门及车间	差旅费	劳保费	招待费	办公费	研发费	产品责任保险费	合计
管理费用	仓储部							
管理费用	行政管理部							
辅助生产成本	机修车间							
辅助生产成本	配料车间							
制造费用	生产车间							
制造费用	生产管理人员							
销售费用	销售部							
管理费用	采购部							
管理费用	生产车间							
合计								

根据其他费用分配表，进行其他费用分配账务处理。

5）填制外购动力费用分配表和外购动力分配记账凭证。

根据水费、电费发票、水电气使用情况表等资料，填制外购动力费用分配表（见附表3-19）。

数量单位：千克　金额单位：元

应计科目		成本或费用项目	分配计入（水费）			分配计入（电费）				合计
			产量	分配率	分配金额	机器工时定额	机器工时	分配率	分配金额	
基本生产成本	鸡蛋面	燃料及动力								
	菠菜面	燃料及动力								
	普面	燃料及动力								
	小计									
管理费用	仓储部	水电费								
管理费用	采购部	水电费								
管理费用	行政管理部	水电费								
辅助生产成本	机修车间	水电费								
辅助生产成本	配料车间	水电费								
销售费用	销售部	水电费								
合计										

根据外购动力费用分配表，进行外购动力分配账务处理。

6）填制燃料分配表和燃料费用记账凭证。

根据燃料费用发票、水电气使用情况表等资料，填制燃料费用分配表（见附表 3 – 20）。

数量单位：千克　金额单位：元

应计科目		成本或费用项目	分配计入（燃气费）		
			产量	分配率	分配金额
基本生产成本	鸡蛋面	燃料			
	菠菜面	燃料			
	普面	燃料			
	小计				

根据燃料费用分配表，进行燃料费用分配账务处理。

7）辅助生产费用的归集和分配

用直接分配法分配辅助生产费用，填制辅助生产费用分配表（见附表 3 – 21）。

表 3－21 辅助生产费用分配表

数量单位：千克 金额单位：元

项目			直接分配		
辅助生产车间			配料车间	机修车间	合计
待分配费用					
提供给辅助车间以外的劳务数量					
费用分配率					
菠菜面耗用	基本生产成本	数量			
		金额			
生产车间消耗	制造费用	数量			
		金额			
管理部门	管理费用	数量			
		金额			
销售部门	销售费用	数量			
		金额			
分配费用合计					

根据辅助生产费用分配表，进行辅助生产费用分配账务处理。

8）制造费用分配。

按生产工人工时比例法进行制造费用分配，编制制造费用分配表（见附表 3－22）。

表 3－22 制造费用分配表

数量单位：千克 金额单位：元

应计科目		产量	生产工时	总工时	分配率	分配金额
基本生产成本	鸡蛋面					
	菠菜面					
	普面					
合计						

根据制造费用分配表，进行制造费用分配账务处理。

9）填制废品损失计算表。

查阅相关账簿，完成普面废品损失计算，填制废品损失计算表（见附表 3－23）。废品量 250 千克，分配率用函数保留 4 位小数，其他保留 2 位小数，废品材料回收 95.95 元，按原产品成本结构结转废品损失，材料核算到二级科目。增设废品损失栏目。

表 3-23　废品损失计算表

数量单位：千克　金额单位：元

项目	直接材料	燃料及动力	直接人工	制造费用	辅助成本	合计
生产总成本						
分配标准量						
费用分配率						
废品量						
废品生产成本						

根据废品损失计算表，进行废品损失账务处理。

任务拓展：请完成本期生产费用的结构分析，作图并写出分析报告。

第九步：完工产品与在产品核算

任务布置：请同学们按照"在产品约当产量计算——在产品和完工产品成本计算——完成产品入库核算"的逻辑，完成三达面业完工产品与在产品的核算。

任务实施：

（1）在产品约当产量计算。

依据入库单，计算普面在产品约当产量，填制计算表（见附表 3-24）。

附表 3-24　普面在产品约当产量计算表

普面生产工序	在产品数量（千克）	工时定额（小时）	完工程度	约当产量
加工	0	1	6%	
烘干	1 600	7	50%	
包装	300	1	94%	
合计	1 900	9		

（2）在产品和完工产品成本计算。

计算在产品和完工产品成本，填制生产费用分配表（见附表 3-25、附表 3-26、附表 3-27）。

附表 3-25　普通挂面　生产费用分配表

生产车间：	2022 年 1 月 31 日				金额单位：元

项目	成本项目					合计
	直接材料	燃料和动力	直接人工	制造费用	废品损失	
月初在产品成本						
本月生产费用						
生产费用累计						
本月完工产品数量/件						

项目	成本项目					合计
	直接材料	燃料和动力	直接人工	制造费用	废品损失	
月末在产品数量/件						
在产品约当产量/件						
约当总产量/件						
费用分配率						
月末在产品成本						
完工产品总成本						
完工产品单位成本						
会计主管：			复核：		制单：	

附表 3–26　鸡蛋挂面　生产费用分配表

生产车间：		2022 年 1 月 31 日			金额单位：元	
项目	成本项目					合计
	直接材料	燃料和动力	直接人工	制造费用	废品损失	
月初在产品成本						
本月生产费用						
生产费用累计						
本月完工产品数量/件						
月末在产品数量/件						
在产品约当产量/件						
约当总产量/件						
费用分配率						
月末在产品成本						
完工产品总成本						
完工产品单位成本						
会计主管：			复核：		制单：	

附表 3–27　菠菜挂面　生产费用分配表

生产车间：		2022 年 1 月 31 日			金额单位：元	
项目	成本项目					合计
	直接材料	燃料和动力	直接人工	制造费用	废品损失	
月初在产品成本						
本月生产费用						

项目	成本项目					合计
	直接材料	燃料和动力	直接人工	制造费用	废品损失	
生产费用累计						
本月完工产品数量/件						
月末在产品数量/件						
在产品约当产量/件						
约当总产量/件						
费用分配率						
月末在产品成本						
完工产品总成本						
完工产品单位成本						
会计主管：			复核：		制单：	

（3）进行产品入库账务处理。

任务拓展：请完成本期各种挂面成本构成分析，作图并写出分析报告。

项目5　成本分析

任务背景：

请扫描二维码，根据三达面业有限公司生产公司相关生产表格，了解相关生产数据。

| 重要原材料 | 重要原材料市场 | 存货明细表 | 销售用料结构表 |
| 采购明细表 | 参考价格表 | | |

| 物料库存分析表 | 材料报损单 | 订单用料表 | 生产订单执行表 |

请结合原材料分析指标体系图，参考附图3-8和附表3-28，进行成本分析。

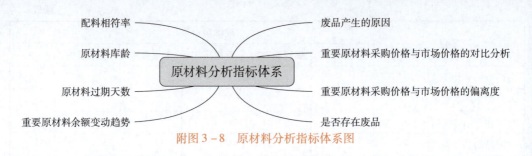

附图 3 – 8　原材料分析指标体系图

附表 3 – 28　图表选择参考

分类	子分类	图表	解释
比较	实际值与目标值对比	仪表图（或称油表）、马表图	实际值与目标值的比较，关注目标值的完成情况
		百分比仪表图（或称进度图）	实际值相对于目标值的占比情况（比如90%）
	项目与项目对比	柱形图	适合 1～2 个维度数据的比较（数据不多的情形）
		条形图	适合 1～2 个维度数据的比较（数据较多的情形）
		雷达图	适合 3 个或更多维度数据的对比
		文字云（或称词云图）	过滤大量低频文本，快速提取高频文本
		树状图	用矩形大小比较同维度下不同的数据
		热力图	通过颜色深浅来表示两个维度数据的大小
	地域与地域对比	地图	不同地域间的数据比较，点越大，数据值越大
序列	连续、有序类别的数据波动（趋势）	折线图 面积图 柱形图	常用于显示随时间变化的数值；折线图和面积图可以展示多个维度的变化数据。
	各阶段递减过程	漏斗图	将数据自上而下分成几个阶段，每个阶段的数据都是整体的一部分

分类	子分类	图表	解释
描述	关键指标	卡片图（或称指标卡）	突出显示关键数据
	数据分组差异	直方图	将数据根据差异进行分类展示
	数据分散	箱线图（或称盒须图）	展示数据的分散情况（最小值、中位数、最大值等）
	数据相关性	散点图、气泡图	识别变量之间的关系
	人或事物之间的关系	关系图	表示人或事物之间的关系
构成	占比	饼图、环形图、南丁格尔玫瑰图	表示某一维度下不同数值的占比情况
	多类别部分到整体	堆积图、百分比堆积图	展示多个维度下某一维度不同数值的部分和整体情况
	各成分分布情况	瀑布图	表达最后一个数据点的数据演变过程

说明：上述分类并非绝对，某些图形不只是属于一种分类，可能会有交叉。比如，柱形图既可以用作比较，也可以用作序列。表 5-1 所述仅供图表选择时作为参考。

提示：同学们请注意，在企业材料管控方面，请注意三个问题：一是生产环节，废料太多；而是采购环节，采购成本高于市场价格；三是存货环境，材料积压。

第十步：存货环节成本分析

任务布置： 查看已知数据表，选择相关数据，对存货环节进行分析。

任务实施：

操作步骤：

①选择和存货环节相关的数据

②确定指标：在指标体系中选择

学生操作：

操作一：选择数据表。从任务背景中提供的 8 个数据表中选择。

操作二：确定指标。从指标体系中选择。

操作三：可视化呈现。请思考：重要原材料余额变动趋势这个指标用什么图来呈现。

操作四：分析总结。是否都存在积压的情况？

任务拓展： 科技 70 粉是否存在积压的情况？（原材料库存周转次数＝时间段内出库的原材料总成本/原材料平均库存，挂面龙头企业一个月的面粉材料周转次数在 2~4 次。相关数据见表 3-29。）

表 3-29 2022 年平均每月发出材料汇总表

编号	材料名称	单位	数量	单价	金额	领用部门	生产途径
130130	专用 60 粉	千克	10 160.00	3.780 0	38 404.80	生产车间	鸡蛋面、菠菜面
130152	科技 70 粉	千克	33 528.00	3.720 0	124 724.16	生产车间	普面

编号	材料名称	单位	数量	单价	金额	领用部门	生产途径
131201	玉米淀粉	千克	231.00	3.200 0	739.20	生产车间	鸡蛋面
141104	栀子黄	千克	5.27	26.999 1	142.20	生产车间	鸡蛋面
141108	鸡蛋黄粉	千克	10.53	85.996 8	905.89	生产车间	鸡蛋面
141101	加碘盐	千克	26.21	2.000 0	52.43	生产车间	鸡蛋面、普面、菠菜面
141102	碳酸钠	千克	13.11	2.300 1	30.15	生产车间	鸡蛋面、普面、菠菜面
170201	普面面纸	张	33 000.00	0.040 0	1 320.00	生产车间	普面

第十一步：采购环节成本分析

任务布置：查看已知数据表，选择相关数据，对采购环节进行分析。

任务实施：

操作步骤：

①选择和采购环节相关的数据

②确定指标：在指标体系中选择

学生操作：

操作一：选择数据表。从 8 个表中选择

操作二：确定指标。从指标体系中选择

操作三：可视化呈现。请选择：重要原材料采购价格与市场价格的对比分析这个指标用什么图来呈现。

操作四：分析总结。是否存在采购价格高于市场价格的情况？

任务拓展：如何避免采购价格高于市场价格？

第十二步：生产环节成本分析

任务布置：查看已知数据表，选择相关数据，对生产环节进行分析

任务实施：

操作步骤：

①选择和存货环节相关的数据

②确定指标：在指标体系中选择

学生操作：

操作一：选择数据表。从 8 个表中选择

操作二：确定指标。从指标体系中选择

操作三：可视化呈现。请选择：废品产生的原因这个指标用什么图来呈现。

操作四：分析总结。是否存在废品的情况？是什么原因造成的？哪种原因占比较大？

任务拓展：是否存在配料不符的情况？如何分析？

项目6 成本决策

第十三步：生产何种新产品决策

任务情景：在三达面业有限公司总经理办公室，总经理强调，当今人们饮食更加注重

营养均衡，为了满足客户的需求，要求公司生产一些新品种。生产部经理提议，根据公司剩余有限生产力，只能生产一种新产品。根据客户的需求，我们可以生产轻卡轻食的荞麦杂粮挂面（见附图3-9）或者儿童无盐胡萝卜挂面（见附图3-10）。因此总经理要求财务部拿出一个"生产何种新产品"的决策方案来。

附图3-9　荞麦杂粮挂面

附图3-10　儿童无盐胡萝卜挂面

任务布置：请根据三达面业有限公司各种产品的有关销售与成本的数据资源，进行"生产何种新产品"的决策。

资源1：由于生产能力有限，只能选择一种新产品投入生产。企业的固定成本为60 000元，并不会因为新产品的投产而增加。

资源2：各种产品的产销情况如附表3-30所示。

附表3-30　各种产品的产销情况

项目	鸡蛋挂面	普通挂面	菠菜挂面	荞麦杂粮挂面	儿童胡萝卜挂面
（预计）产销数量（千克）	66 000	328 100	34 000	60 000	50 000
售价（元/千克）	4	3	5	6	5
单位变动成本	2.5	2	2	2.5	2

任务实施：

（1）分别计算荞麦杂粮挂面与儿童胡萝卜挂面的贡献毛益额，并加以比较，便可做出决策（见附表3-31）。

附表3-31　贡献毛益额

项目	荞麦杂粮挂面	儿童胡萝卜挂面
预计销售量（千克）		
售价		
单位变动成本		
单位贡献毛益		
贡献毛益总额		

（2）通过以上计算，财务部做出最优决策：应选择生产_____，原因是_____。

任务拓展： 请同学们计算并比较鸡蛋挂面、普通挂面、菠菜挂面的贡献毛益额，并指出哪种产品对企业利润目标的实现所做的贡献最大。

第十四步：面粉外购与自产决策

任务布置： 在成本分析环节，已得出进货成本高于市场价格的结论，为了有效控制成本，要求根据相关资源做出面粉是外购还是自产的决策。

任务资源： 三达面业有限公司生产普通挂面需要科技 70 粉，若外购的话，供应商规定，凡一次购买量少于等于 3 000 千克时，单位售价 0.8 元，超过 3 000 千克时，单位售价 0.75 元；若自制的话，单位变动成本为 0.55 元，并需购置 1 台大型全自动磨面机，共计折旧额为 1 000 元的设备。

任务实施： 根据任务资源，确定自制方案与外购方案的成本无差别点。

（1）成本无差别点是指在该业务量水平上，两个不同方案的总成本_____。

（2）假设成本无差别点处业务量为 x，总成本用 y 表示，请列出确定成本无差别点的方程，并解出 x。

（3）根据确定的成本无差别点，确定哪个区域哪个方案更可靠。

当面粉需求量 $x \leqslant$_____时，选择_____成本最低。

当_____$< x <$_____时，选择_____成本最低。

当 $x \geqslant$_____时，选择_____成本最低。

任务拓展： 请同学们将上述资料绘入直角坐标系内，利用图形法再次进行分析并得出结论。

项目 7 成本控制

第十五步：成本差异分析

任务布置： 2023 年 1 月份挂面生产车间生产工人工时见附表 3-32 所示。

附表 3-32 生产车间生产工人工时

工时单位：小时

基本数据		
①1 月生产工人实际工资	②实际工作总工时	③实际人工费率
	2 288	23.4
④1 月生产工人标准工资	⑤标准工作总工时	⑥标准人工费率
	2 150	22

当前三达面业挂面生产车间存在三达面业非生产工人工资占比高、工人工作积极性不高、工作绩效缺乏激励、部分月份实际工资费率高于标准工资费率、工人普遍乐于加班问题，请从人工成本差异视角，提出人工成本管控措施。

任务实施：

（1）计算人工成本差异，判断成本超支或结余情况（见附表3-33）。

提示：接人工成本差异是直接人工实际成本与标准成本之间的差额。

直接人工成本差异＝实际小时×实际人工费率－标准小时×标准人工费率

附表3-33　人工成本差异

工时单位：小时

直接人工实际总成本与直接人工标准总成本		
①3月直接工人实际总成本	②实际工作总工时	③实际人工费率
	2 288	23.4
④3月直接工人标准总成本	⑤标准工作总工时（给定计算）	⑥标准人工费率（给定）
	2 150	22

1）对成本差异进行分析。

2）选择适宜的管控对策。

1）工资率差异可能产生的原因（　　　）

A. 加班工资高　　　　　　　　B. 通货膨胀

C. 招工困难　　　　　　　　　D. 标准成本太苛刻

E. 用工结构变化

2）基于上述工资率差异原因，请提出三达面业挂面生产车间人工成本管控措施

（　　　）

A. 以机换人　　　　　　　　　B. 减少不必要的作业

C. 调整标准工资标准　　　　　D. 加强激励与培训

3）人工效率差异可能产生的原因（　　　）

A. 缺乏绩效激励　　　　　　　B. 缺少培训

C. 设备未及时维修　　　　　　D. 生产工艺变更

E. 原材料低劣

4）基于上述人工效率差异原因，请你提出三达面业挂面生产车间人工成本管控措施（参考答案：①计时计件工资调整②强化精益管理③加强培训④提高加班工资）

任务拓展：请参照人工费用成本差异分析，完成材料费用和制作费用成本差异分析。

第十六步：组建作业中心（三维动画虚拟仿真）

任务布置：作为专业的财务管理人员，我们需将成本管控落实到每一个作业环节，消除非增值作业，提高低效率作业，减少资源浪费，降低成本费用消耗，实现成本管控精益化，达到降本增效的目的。请同学们结合挂面产销流程（三维动画）和流程图（见附图3-11）完成作业中心划分。

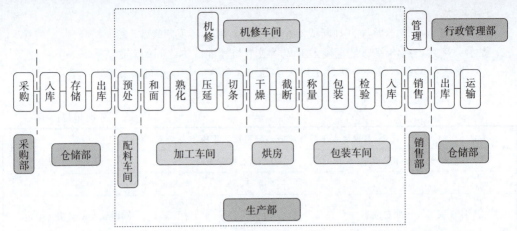

附图 3 – 11　挂面生产流程简易图示

任务实施： 完成作业中心划分，填写作业中心划分表（见附表 3 – 34）。

对于作业中心的划分应坚持：（1）时间原则，该作业中心占用时间较长。（2）比重原则，该作业中心资源消耗比重大。（3）同类合并，动因相同、性质相同或相似的作业归集为一个作业中心。

附表 3 – 34　作业中心划分表

作业中心	主要业务内容

项目 8　方案设计

第十七步： 撰写三达面业降本增效方案

任务布置： 请同学们根据上述项目，完成《三达面业降本增效方案》的设计，应包含主要指标数据、存在的主要问题及改进办法。

任务实施： 设计一个方案模板，有明确的评价标准。

（扫描二维码下载参考模板。）

第十八步：方案分享与评价

任务布置：请同学们分享汇报所设计的《三达面业降本增效方案》。

任务实施：请师生参照附表3-35中的标准进行评价。

附表 3-35　评价标准

评审维度	评审内容	分值
知识技能水平	能根据企业供产销现状，借助可视化图表完成成本数据分析提出合理措施，制定切实可行的成本管控方案。	30 分
岗位适应能力	能够基于真实客户需求、把握成本管控关键因素，方案能覆盖业务场景说明、传统业务痛点。	50 分
个人综合素质	陈述内容结构完整、重点突出、条理清晰，语言简练、口齿清晰，表达准确，流畅、自然。	20 分